LADDER 9

SCS

Neil Wallington

Feuerwehren der Welt

Fahrzeuge, Organisation, Einsätze

Motor buch Verlag

Die englischsprachige Originalausgabe erschien 2003 unter dem Titel *The World Encyclopedia of Fire Engines & Firefighting* bei Lorenz Books in London

Die Übertragung ins Deutsche besorgte Halwart Schrader.

Einbandgestaltung: Dos Luis Santos

Bildnachweis:

ISBN 3-613-02495-0

1. Auflage 2005

Postfach 103743, 70032 Stuttgart
Ein Unternehmen der Paul Pietsch Verlage GmbH + Co

Sie finden uns im Internet unter
www.motorbuch-verlag.de

Druck und Bindung: People Far East, Hong Kong
Printed in China

Danksagung

Als Autor bedanke ich mich für Mitarbeit und wertvollen technischen Rat bei Ron Bentley, Eric Billingham, Gary Chapman, Maurice Cole, Detlef Gerth, Mike Hebbard, Andrew Henry, Jerry Hepworth, Chris Jackson, Simon Rowley, S.W. Stevens-Stratton und Keith Wardell. Mein Dank gilt auch dem Personal zahlreicher Feuerwehren und deren Fotografen von der British Airports Authority in Cheshire, Cleveland (UK), Cornwall, Devon, Dorset, Essex, Exeter, Greater Manchester, Hampshire, Humberside, Kent, Lancashire, Lancastershire, Lincolnshire, London, Mid und West Wales, New Orleans (Capt. Chis Mickel), Wiltshire, West Midlands Fire Service (Edward Ockenden) und West Yorkshire Fire Service (Brian Saville und Andrew Henson), Eurotunnel, ebenso bei der The UK Fire Protection Association und zahlreichen Herstellern von Feuerwehrfahrzeugen, die in diesem Buch aufgeführt sind. Mein Dank gilt ferner den Bibliothekaren der London Fire Brigade Library und der Fire Service College Library, England, ferner Simona Hill von Anness Publishing für ihre engagierte Mitarbeit an diesem Buch und nicht zuletzt meiner Frau Susie, die mir unermüdlich bei der Arbeit geholfen hat.

Von der Verlagsseite aus richtet sich der Dank für großzügige Unterstützung an Shane Mackichan, Andrew Henry, Shaun Ryan, Steven Schueler und Jerry Sires.

Anmerkung

Die typische Bezeichnung für ein Feuerwehrfahrzeug im Sinne dieses Buches ist z. B. der 1990er „Dennis Typ F127 Saxon/Simon ST240 24 m Drehleiter“. Im Klartext heißt das: Das Fahrgestell stammt vom Hersteller Dennis, F127 bezeichnet die Baureihe, Saxon ist der Hersteller des Aufbaus, von der Firma Simon stammt die auf 24 m ausfahrbare Teleskopleiter Typ ST240. Englische Typenbezeichnungen wurden gelegentlich beibehalten, meist aber in deutsche Konfiguration übertragen (z.B. pumper = Löschfahrzeug).
In der alphabetischen Reihenfolge der Fabrikate befinden sich sowohl Hersteller kompletter Fahrzeuge als auch Hersteller von Aufbauten und Gerätschaften. Auch sind eine Anzahl von Fabrikaten enthalten, die seit langem nicht mehr existieren, deren Produkte in der Geschichte der Brandbekämpfung aber eine bedeutende Rolle gespielt haben.

INHALT

EINFÜHRUNG

In der Geschichte der Menschheit hat das Feuer stets zwei Rollen gespielt: Die eines Freundes und die eines Feindes. Im 21. Jahrhundert stellt unkontrolliertes Feuer noch immer eine ebenso tödliche Gefahr dar wie zu Zeiten des alten Rom. Denn wenn es trotz hoch entwickelter Sicherheitsvorkehrungen und technisch raffinierter Warnsysteme zu einem Feuerausbruch kommt, muss der Mensch nach wie vor um sein Leben und um sein Hab und Gut fürchten.

Deshalb stellen sich in aller Welt Männer und Frauen in den Dienst der Feuerwehr. Es wird in intensive Ausbildung und teures Gerät investiert, um Feuer- und anderen Katastrophen begegnen zu können, rund um die Uhr, bei jedem Wetter, in kleinen Gemeinden wir in großen Geschäftszentren. Der Kampf gegen das Feuer und das Rettungswesen stellen gefährliche Unterfangen dar – wann immer die Einsatzfahrzeuge nahen, flüchtet sich der normale Bürger meist in die entgegengesetzte Richtung. Die Furcht ist oft größer als die Neugierde.

Zur Gefahrenbekämpfung auf dem Lande oder in der Stadt, auf einem Industriegelände oder auf einem Flughafen gehört in erster Linie der Einsatz von zweckentsprechenden Fahrzeugen. Sie dienen nicht allein der Feuerwehr- oder Rettungsmannschaft und ihrem Gerät als Transportmittel, sondern sind mobile Vielzweckmaschinen. Sie haben Wasser- und Schaum-

■ Unten links: ***Amerikanische Amoskeag Dampfspritze von ca. 1900 auf dem Weg zur Einsatzstelle. Der Feuerwehrmann musste zugleich ein guter Pferdekutscher sein!***

■ Unten: ***Die Mannschaft der städtischen Feuerwehr von New Orleans in voller Aktion.***

■ Ganz unten: ***London, 19. Jahrhundert. Neugierige sehen den Männern bei der Arbeit an der Dampfkraftpumpe zu.***

■ Oben: ***1987er Segreave mit 32-m-Drehleiter, ein typisch amerikanischer Feuerwehr-Truck des 20. Jahrhunderts, ausgestattet nach dem Standard seiner Zeit.***

löscheinrichtungen an Bord, Stromaggregate für Schneidwerkzeuge und Hebegerät sowie Leitern, mit denen die Mannschaften zu den oberen Stockwerken hoher Gebäude gelangen können. Zum Inventar gehören unter anderem Schutzkleidung sowie Mittel zur Dekontaminierung giftiger Substanzen und zum Schutz gegen Gefahren durch chemische Stoffe. Die Entwicklung von Feuerwehrfahrzeugen nahm im 17. Jahrhundert ihren Anfang, und sie geht einher mit der Geschichte organisierter Feuerbekämpfung durch Berufs- und Freiwillige Feuerwehren.

■ Rechts: ***Modernes Flugplatz-Löschfahrzeug in Allradausführung und mit Teleskop-Schaumkanone auf dem Dach. Damit lässt sich ein Feuer an der Treibstoffanlage eines Flugzeugs bekämpfen, indem die Sauerstoffzufuhr durch Schaum unterbrochen wird.***

TOWER
MACK

TEIL 1

FEUERWEHREN UND IHRE EINSÄTZE

Feuerwehrfahrzeuge gehören zu den auffallendsten Erscheinungen auf öffentlichen Straßen, durch ihre Farbgebung, ihre Warnleuchten, ihre akustischen Signale. Die Mannschaften, die mit diesen Fahrzeugen unterwegs sind, wissen meist nie, was sie am Einsatzort erwartet, eine kleine Routineaktion oder ein Unglück, das womöglich zu einer Katastrophe eskaliert und die sie nach Möglichkeit verhindern müssen. Ihr Job ist aufregend und gefahrvoll. In diesem Teil des Buches wird die Geschichte der Feuerbekämpfung beschrieben, von ihren frühesten Anfängen bis zu heutigen Spezialsystemen unter Einbeziehung jüngster High-Tech-Entwicklungen.

■ Links: ***29 Meter hohe Baker Teleskopleiter auf einem Mack-Fahrzeug in Einsatz bei einem Brand in Brockton, Massachusetts. In Flammen steht ein Mühlengebäude.***

■ Links: ***Waldbrände stellen für Löschtrupps eine enorme Herausforderung dar. Hier nähern sich zwei amerikanische Löschfahrzeuge der Feuerwand.***

Die Geschichte der Brandbekämpfung

Kaum hatte der Mensch gelernt, mit dem Feuer umzugehen, sah er sich auch der rasch zunehmenden Gefahr ausgesetzt, die es darstellte, wenn es außer Kontrolle geriet. Erste Maßnahmen zur systematischen Feuerbekämpfung sind aus dem Römischen Kaiserreich überliefert, doch sie waren noch weit entfernt von jenen, die erst im 17. Jahrhundert professionelle Gestalt annahmen. Verheerenden Bränden in jener Zeit versuchte man mit mechanischen Pumpen zu begegnen, die auf Hand- und später auf Pferdewagen montiert waren; dann kam die Dampfspritze auf, und mit ihr erfolgte die Gründung von Berufsfeuerwehren. Doch erst mit der Erfindung des Verbrennungsmotors und der Entwicklung des Automobilwesens wurden die Feuerwehreinsätze wirklich effizient, weil man rascher am Brandort war. In unserer Zeit des sich immer schneller entwickelnden Fortschritts muss auch die Feuerbekämpfung mit der Technologie Schritt halten, zumal manche Einsätze, wie die jüngste Geschichte zeigt, einst unvorstellbare Dimensionen erreichen.

DIE MACHT DES FEUERS

In der gesamten Menschheitsgeschichte wurde das Feuer sowohl verehrt als auch gefürchtet. Einerseits spendete es schon in frühester Zeit dem Menschen Wärme und Behaglichkeit; Feuer diente ihm zur Zubereitung seiner Speisen und hielt in der Dunkelheit wilde Tiere fern. Die Leuchtkraft der Flammen nahm der Nacht einen Teil ihres Schreckens; um das Feuer gruppierte sich die Familie oder die Jagdgemeinschaft. Man konnte im Feuer Metalle schmelzen, um daraus Waffen und Werkzeuge herzustellen. Feuer selbst konnte als Waffe verwendet werden, schleuderte man brennende Scheite oder Pfeile ins Lager des Gegners.

Kein Wunder, dass die vielen, geradezu magischen Eigenschaften des Feuers schon in frühester Zeit zum Inhalt von Mythen und Brauchtum wurden. In der griechischen Mythologie war es Gott Hephästos, der fürs Feuer zuständig war, vor allem für das Feuer in der Esse der Schmiede. Die Römer beeilten sich, diesen Feuergott auch in ihre Mythologie aufzunehmen: Sie nannten ihn Vulkan und wiesen ihm eine angemessene Schmiedewerkstatt in der Nähe von Neapel zu, deren Schlot schon durch gelegentliches Rauchen verriet, dass es da unten heiß herging.

■ Oben: ***Vulkan, der römische Gott des Feuers und der Metallbearbeitung, beim Besuch einer Schmiede.***

■ Unten: ***So grauenvoll und feurig stellte sich der Maler Hieronymus Bosch (1450-1516) die Zustände in der Hölle vor.***

■ Unten: ***Feuer wurde als Vernichtungswaffe schon in den frühesten Kriegen eingesetzt.***

■ Oben: ***Zum Brennen benötigt eine Flamme, nachdem sie entzündet wurde, Nahrung und Sauerstoff.***

■ Rechts: ***Auf diesem alten Stich laufen Inder über glühende Kohlen, um ihre Unempfindlichkeit gegen Schmerz zu beweisen.***

■ Unten: ***Der Maler Constable hielt von Hampstead aus einen der Großbrände in London fest, die dort im 19. Jahrhundert wüteten.***

Von allen Eigenschaften des Feuers ist es vor allem die seiner schnellen Ausbreitung, die es so gefährlich macht. Rein wissenschaftlich betrachtet benötigt ein Feuer, um entstehen zu können, dreierlei: Nahrung, die es verbrennen kann, Sauerstoff sowie ein Medium von sehr hoher Temperatur, an dem es sich entzündet. Ist Feuer einmal entstanden, breitet es sich umso intensiver aus, je mehr Nahrung es findet, sofern die Zufuhr von Sauerstoff gegeben ist. Direkte Verbrennung

findet statt, wenn die brennbare Nahrung mit dem Feuer direkt in Berührung gerät; aber auch eine Abstrahlung hoher Temperatur durch Feuer kann brennbare Stoffe entflammen, selbst solche, die sich weit vom Brandherd entfernt befinden. Aber auch Hitze, die sich durch Übertragungsmaterialien anderen brennbaren Stoffen mitteilt, etwa durch Stahlträger, kann jene entzünden. Schließlich vermögen extrem heiße Luftströme und durch diese nach oben gewirbelte Funken ebenfalls für eine Verbreitung des Brandes weit vom Herd zu sorgen, häufig zuerst oberhalb von diesem.

Solange also Menschen mit Feuer umgehen, solange stellt es auch eine Gefahr für ihr Leben und ihr Besitztum dar, denn was Flammen einmal zu fassen bekommen, vernichten sie. Auch der Rauch der Flammen hat vernichtende Kraft. Selbst kleine Brände können für extreme Rauchentwicklung sorgen, vor allem, wenn bestimmte Materialien dem Feuer ausgeliefert sind. Häufig finden Menschen und Tiere bei einem Brand durch Einatmen giftigen Rauchs den Tod – nicht durch die Flammen. Durch Raucheinwirkung werden viele Gegenstände unbrauchbar, vor allem Textilien, und der in einem Gebäude ebenso schnell wie die Hitze sich ausbreitende Rauch macht es so unendlich schwierig, sich dem Brandherd überhaupt zu nähern, um ihn bekämpfen zu können. Aus all diesem Gründen ist es außerordentlich wichtig, dass im Brandfall die Feuerwehr schnell zur Stelle ist.

■ Oben links: ***Die Hitzeausstrahlung dieses brennenden Fahrzeugs hat auch die Grasnabe entzündet.***

■ Oben Mitte: ***Stahlgerüste eines Gebäudes tragen zur Ausbreitung des Brandes bei.***

■ Oben rechts: ***Flammen und nach oben strömende heiße Luft setzen zuerst die darüber liegenden Materialien in Brand.***

■ Unten links: ***Wasser auf ein durch Öl entstandenes Feuer trägt nur zu dessen Ausbreitung bei!***

■ Unten rechts: ***So sieht es aus, wenn eine Friteuse in der Küche die Brandursache war.***

Feuer durch Menschenhand

Die meisten Brände entstanden früher durch Nachlässigkeit. Man kann sich gut vorstellen, wie von einem Lagerfeuer in prähistorischer Zeit Funken empor wirbelten und auf die trockene Grassonde der Umgebung niedergingen, wo sie niemand beachtete. Schon entstand ein Flächen- oder ein Waldbrand, vor dem Menschen und Tiere in Panik zu flüchten versuchten. Busch- und Waldbrände können auf diese Weise auch heute noch entstehen, ebenso durch ein achtlos weggeworfenes, noch nicht erloschenes Zündholz oder eine glimmende Zigarettenkippe.

Als in früheren Zeiten die mit Stroh gedeckten Holzhäuser in kleineren und größeren Ansiedlungen sich dicht aneinander duckten, wurden ganze Straßenzüge, Stadtviertel und Ortschaften

im Brandfall rasch ein Raub der Flammen. Denn zum Beleuchten geschlossener Räume benutzte man Fackeln, Kerzen oder Öllampen, und zum Kochen und Heizen unterhielt man offene Herdfeuer. Zu starke Hitzeentwicklung pflegte stets den Dachstuhl zuerst zu entflammen, und von dort griff das Feuer in Sekundenschnelle auf die Nachbardächer über.

Der große Brand Londons im Jahre 1666 ist nur einer von vielen, die damals berühmte Städte heimsuchten. Er war in einer Bäckerei in der Pudding Lane ausgebrochen, und innerhalb von fünf Stunden lagen bereits mehr als 300 Wohnhäuser und Handwerkstätten in Schutt und Asche. Das Feuer breitete sich in alle Richtungen aus, übersprang Straßenzüge und wütete noch vier weitere Tage; vier Fünftel der Stadt fielen ihm zum Opfer. In der Folge wurde der Bau von Holzhäusern in London verboten; als Baumaterial war jetzt ausschließlich Stein vorgeschrieben.

Bis ins 19. Jahrhundert hinein wurden immer wieder vor allem die Vorstädte großer Metropolen Opfer von Brandkatastrophen. Dort lebte die ärmere Bevölkerung, und ihre meist primitiven Behausungen gingen im Brandfall wie Zunder auf. Auch nach der Einführung von Elektrizität wurden dort weiterhin Kohleherde, Petroleumöfen und offene Kamine betrieben, lauter potenzielle Gefahrenquellen. Wenn es erst einmal irgendwo brannte, war die Vernichtung des ganzen Stadtviertel so gut wie sicher.

Trotz aller Sicherheitsvorkehrungen, über die wir heute verfügen, müssen wir das Feuer immer noch fürchten. Zu den häufigsten Brandursachen zählen Defekte in der Elektrik, leichtsinnig fortgeworfene Zigarettenkippen, Unachtsamkeit am Küchenherd. Auch Kinder, die Streichhölzer oder ein Feuerzeug in die Hände bekommen, können Katastrophen verursachen, und Fälle von vorsätzlicher Brandstiftung nehmen ebenfalls zu.

Im Vergleich hierzu gehören auf natürlichem Wege entstehende Brände heute zu den Seltenheiten. Zu ihnen zählen Prärie- und Waldbrände nach Perioden extremer Trockenheit, und sie können manchmal wochenlang wüten und auch Ortschaften und Städte bedrohen, ehe man ihrer Herr wird. Auch können glühende Lavaströme aktiver Vulkane für großflächige Brände sorgen und dadurch Fauna und Flora vernichten.

■ Oben: ***Das Feuer in dieser ehemaligen Wollspinnerei breitete sich so schnell aus, dass sich die Feuerwehrmänner zu ihrer eigenen Sicherheit aus dem Gebäude zurückziehen mussten.***

■ Unten: ***Flächen- und Waldbrände können vor allem dort verheerende Ausmaße annehmen, wo keine ausreichende Löschwasserversorgung gewährleistet ist.***

DIE ERSTEN FEUERWEHREN

Der erste Bezug auf ein Mittel zur Brandbekämpfung datiert aus dem 2. Jahrh. v.Chr. in der Beschreibung einer primitiven Handpumpe, die ein gewisser Ctesibus in Alexandria erfunden hatte und mit der sich ein bescheidener Wasserstrahl aufs Feuer richten ließ. Sie sah aus wie eine große Sahnespritze und hatte einen 1,30 m langen Zylinder mit einem Kolben darin, der angesaugtes Wasser durch eine Tülle unter Druck austreten ließ, drückte man den Kolben an einem Handgriff nieder. Das Nachfüllen des Zylinders mit Wasser geschah in einem Eimer durch Hochziehen des Kolbens, etwa wie man eine medizinische Spritze mit einem Serum füllt. Doch selbst bei der Verwendung zahlreicher solcher Pumpspritzen war bei einem Brand damit nur wenig anzufangen. Damals war ein Brand erst zu Ende, wenn das Feuer alles Brennbare verzehrt hatte, ihm sich eine natürliche Brandmauer entgegenstellte oder heftige Regenfälle Löschwirkung hatten.

In den frühen Tagen des Römischen Kaiserreichs gab es enorme Feuersbrünste, wie überliefert ist. Im Jahre 6 n.Chr. zum Beispiel vernichtete ein Großfeuer ein Viertel aller Gebäude in Rom, und man geht davon aus, dass sich auf Grund dieser Katastrophe die ersten organisierten Wehren konstituierten. Die Menschen in den vielen, dicht bevölkerten Städten des schnell wachsenden Römischen Reiches hatten von dem großen Brand erfahren und trafen Vorkehrungen, sich gegen ähnliche Ereignisse zu schützen.

Es war Kaiser Augustus, der im Rückblick auf die Brandkatastrophe für die Stadt Rom eine Berufsfeuerwehr ins Leben rief. Sie rekrutierte sich aus mutigen Männern, die eine regelrechte Ausbildung in der Brandbekämpfung erhielten und »Vigiles« genannt wurden. Sie bildeten mehrere über die Stadt verteilte Gruppen, trugen als Uniform eine besondere Toga und standen unter

■ Links: ***Ein Farbdruck aus dem frühen 17. Jahrhundert, den Einsatz einer Pumpenspritze darstellend. Zwei Männer halten die Spritze, ein dritter drückt den Kolben. Wasser nachgefüllt wird aus ledernen Eimern.***

■ Unten links: ***Chinesische Feuerwehrleute bei der Arbeit im alten Peking. Einige der Männer sind mit Feuerhaken ausgerüstet, mit denen sie brennende Teile aus dem Haus lösen, andere nahen mit gefüllten Wassereimern, deren Inhalt in den Pumpenbottich geschüttet wird.***

■ Unten: ***Wie diese mittelalterliche Darstellung zeigt, wurde Feuer als Waffe gegen den Feind auch auf dem Wasser eingesetzt.***

dem Kommando eines »Siphonaria«. Zu ihren Pflichten gehörten nächtliche Kontrollgänge, und wenn eine nicht bewachte Feuerstelle ein vorbeugendes Eingreifen ratsam werden ließ, praktizierten sie – wenn Löschwasser nicht in der Nähe war – das System der Eimerkette. Das war sehr viel wirkungsvoller als wenn die gleiche Zahl von Personen einzeln mit Wassereimern zum Feuer gelaufen wäre. Die Vigiles verstanden sich auch auf das Einreißen brennender Häuser, um ein Übergreifen der Flammen auf die nächsten zu verhindern: Das Feuer wurde in seinem Lauf gebremst. Auch das Erklettern von Dächern noch verschonter Häuser gehörte zu ihren Aufgaben; die Dächer wurden per Eimerkette nass gehalten.

So waren die Vigiles mit Leitern, Äxten und anderen eisernen Werkzeugen sowie Feuerdecken ausgestattet. Neben zahlreichen Ledereimern führte sie auch Schwämme mit sich, um die Einsatzstelle später säubern zu können. Solche Truppen gab es nicht nur in Rom, sondern auch in vielen anderen Städten des Reichs.

Dessen ungeachtet kam es aber immer wieder zu gewaltigen Feuersbrünsten. Jene, die im Jahre 64 Rom heimsuchte, wütete drei Tage und drei Nächte lang, und das Feuer von Londinium (so hieß London zur Römerzeit) im Jahre 120 soll ebenso folgenschwer gewesen sein. Wenn ein Brand erst einmal ausgebrochen war, gab es niemanden, der ihn mehr stoppen konnte.

Mit dem Niedergang des Römischen Reiches verschwanden auch die organisierten Wehren – zumindest finden sich nirgendwo in der Geschichtsschreibung Hinweise auf solche Einrichtungen. Anscheinend fand man sich damit ab, dass gegen die vernichtende Wirkung des Feu-

■ Oben links: ***Die Eimerkette wird auch heute noch praktiziert.***

■ Oben rechts: ***Eine Zeichnung aus dem 15. Jahrhundert, die zeigt, wie man im Brandfall seinerzeit vorging.***

■ Unten: ***Das Feuer, das 64 n.Chr. in Rom wütete, dauerte drei Tage. Ein Gemälde von Hubert Robert (1733-1808).***

ers nicht viel auszurichten war, so lange es Nahrung fand. Aus Britannien wurden in den Jahren 619 und 624 Großbrände in Canterbury gemeldet; London erlebte zwei weitere 798 und 982.

Wehren machen mobil

Erst 1086 begann man in Britannien, vorbeugende Maßnahmen allgemein vorzuschreiben. Offene Herdfeuer mussten zur Nachtzeit abgedeckt sein, doch diese Vorschrift wurde oft nicht befolgt, weil sie kaum jemand kontrollierte. Der erste Oberbürgermeister Londons, Henry Fitzalwin, erließ 1189 die Vorschrift, nach dem neue Häuser nur mehr mit einem Sicherheitsabstand zum nächsten gebaut werden durften und aus Stein errichtet sein mussten; Dächer waren statt mit Stroh jetzt mit Tonziegeln oder Schiefer zu decken. Und doch gab es weiterhin Brandkatastrophen wie die von 1212, die sich sogar jenseits der Themse fortsetzte und mehr als 3000 Todesopfer forderte. Durch Feuer fast gänzlich zerstört wurden nacheinander viele Städte in England wie Peterborough, York, Gloucester, Lincoln und Bath.

In anderen Städten Europas trugen sich Brände vergleichbarer Größenordnung zu, und auch

■ Oben links: ***Am Südufer der Themse bei London steht ein Gebäude in Flammen (18. Jahrhundert).***

■ Oben rechts: ***Anwendung einer Spritze mit Kniehebelpumpe im späten 17. Jahrhundert.***

■ Unten: ***Im Laufschritt werden Handpumpen zu einem Feuer in Konstantinopel getragen. Ein Stich aus dem 18. Jahrhundert.***

dort wurde anschließend jedes Mal der Ruf nach besseren Methoden der Brandbekämpfung laut. Im 16. Jahrhundert waren es zuerst die Portugiesen, die eine für damalige Verhältnisse ausgezeichnete Wehr mobilisierten. Pumpspritzen wie die aus dem alten Alexandria, aus Metall und wesentlich größer, wurden von Truppen auf Wagen zum Brandherd gerollt, wie ein Bericht von 1518 beschreibt. Solche Fahrzeuge konstruierte auch der Augsburger Goldschmied Anton Blattner, und gleich ihm andere Tüftler, die mobile Löschapparate mit immer größeren, von mehreren Männern zu betätigende Pumpen anfertigten. In Kombination mit Eimerketten, die das

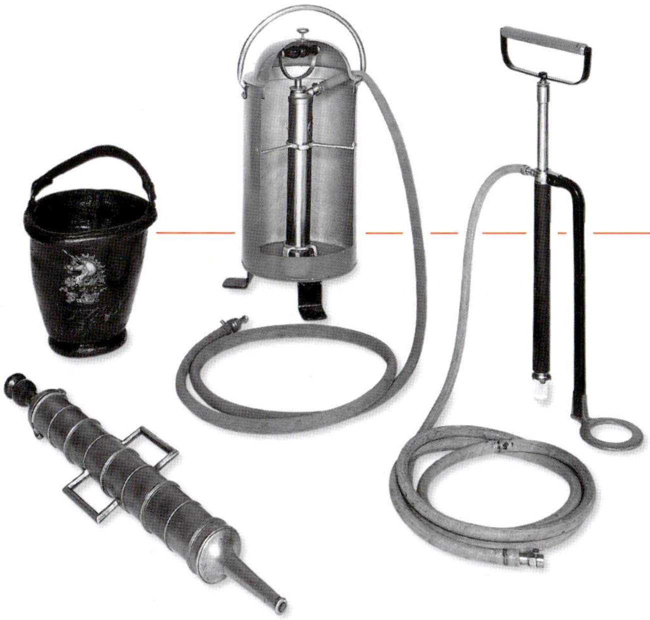

■ Oben links: ***Handpumpen mit Strahlrohr und Ledereimer, wie man sie man früher zur Verfügung hatte.***

■ Oben rechts: ***Ein in Deutschland entstandener Stich mit der Darstellung des großen Brandes von London 1666. Er verdeutlicht die enorme Ausdehnung des Infernos am nördlichen Themseufer, das sich über 10 qkm erstreckte.***

Pumpenreservoir mit Wasser versorgten, wurden Löschvorgänge allmählich wirkungsvoller.

Jener Brand, der in London am 2. September 1666 in einer Bäckerei ausgebrochen war und große Teile der Stadt vernichtete, hatte zur Folge, dass man sich dort mit dem Thema Brandbekämpfung künftig umso intensiver befasste. Vier Tage und Nächte hatte das Feuer wüten können, ehe man praktisch unversehrt gebliebene Gebäude einriss, um damit eine Feuerbremse zu schaffen. Eine Fläche von fast zehn Quadratkilometern war in Mitleidenschaft gezogen worden, an die 13.000 Häuser, 84 Kirchen und 44 Markthallen waren zerstört worden. Mehr als 100.000 Londoner waren obdachlos – erstaunlicherweise gab es aber nur sechs Todesopfer. Doch der materielle Schaden hatte eine Höhe, die sich nicht beziffern ließ...

In den kommenden 50 Jahren wurden Vorkehrungen zum Brandschutz getroffen, in deren Folge auch Feuerwachen und mobile Wehren entstanden. London wurde in dieser Hinsicht zu einer der modernsten Städte in Europa.

■ Rechts: ***Der Maler Waggoner hielt auf seine Art die Brandkatastrophe von London fest. Rauch verdunkelte die Sonne noch tagelang.***

ENTWICKLUNG DES FEUERWEHRWESENS

Als in Europa die Nachricht von der großen Brandkatastrophe von London, genannt »The Great Fire«, die Runde machte, hatte sie allerorts Initiativen zu wirksamerer Brandbekämpfung zur Folge.

So konnten die Niederländer erstmals im Jahre 1673 beweisen, dass auch sie aus dem Londoner Desaster etwas gelernt hatten. Als auf der Amsterdamer Lijnbaan ein Feuer ausbrach und sich rasch verbreitete, kam mit einigem Erfolg ein innovatives System zur Anwendung, erdacht von dem Ingenieur Van der Heiden. Es handelte sich um tragbare Handpumpen mit angeflanschten Lederschläuchen. Zur gleichen Zeit machten sich die Engländer Gedanken über Maßnahmen, die verhindern sollten, dass »The Great Fire« sich je wiederholen konnte. So entstand auf Initiative von Dr. Nicholas Barbon 1680 Londons erstes »Fire Office«, das zugleich ein Versicherungsunternehmen darstellte: Hausbesitzer konnten sich gegen eine Prämie gegen Feuer und Brandschäden versichern. Eine Feuerwehr quasi nur für Mitglieder und Beitragszahler – das schien nicht zu funktionieren, und so machte Dr. Barbon seinen Laden auch wieder zu. Einige Jahre später wurde diese Idee jedoch erneut realisiert, mit der Organisation von Eimerketten-Mannschaften in der ganzen Stadt, die Löschwasser von der Themse zu einem Brandherd schaffen sollten. Jeder Hausbesitzer beeilte sich, bei der Brandkasse Mitglied zu werden.

Einer der größten Stadtbrände in der Geschichte der USA trug sich 1711 in Boston zu. Es dauerte acht Stunden, ehe man das Feuer unter Kontrolle hatte; 100 Häuser waren ihm zum Opfer gefallen, zwölf Menschenleben waren zu beklagen. Auch hier ging man anschließend im ganzen Land dazu über, Feuerwachen einzurichten und das Löschwesen auf den Stand der Zeit zu bringen.

■ Links: ***Mit solchen Pumpen (ca. 1680), die schwer und plump waren, ließ sich nur wenig erreichen. Zwei Mann arbeiteten an den Hebeln, ein dritter hatte ständig Wasser nachzufüllen. Der Wasserstrahl trat aus einer Tülle am Ende des kurzen Rohrs aus.***

Versicherung als Feuerwehr

Die Idee von der Brandkasse, die zugleich einen eigenen Löschservice unterhielt, setzte sich nach dem missglückten Start durch Dr. Barbon schließlich doch durch. Um 1720 gab es in London bereits zwölf solcher Institutionen. Jede stattete ihre »Firemen« mit prachtvollen Uniformen aus, die im Einsatz anzulegen waren. Gelöscht und geschützt wurde jeweils nur der Besitz von Mitgliedern der jeweiligen Brandkas-

■ Unten: ***Aquarellierte Darstellung einer Löschpumpe in Frankreich, 18. Jahrh.; die Förderleistung solcher Pumpen hing ganz von der körperlichen Konstitution der Männer ab, die sie bedienten.***

■ Rechts: ***Karikatur von Hogarth von 1750, die verdeutlichen sollte, welches Durcheinander die Anwesenheit konkurrierender Wehren am Brandort nach sich zieht und wie man sich gegenseitig in der Arbeit behinderte.***

se, und deren Häuser mussten eine große, an auffälliger Stelle platzierte Metallplakette aufweisen, die der Feuerwehr zu erkennen gab, dass sie nicht vor dem falschen Gebäude stand. Das Durcheinander war oft groß, wenn konkurrierende Wehren einander im Wege waren, jede zu »ihrem« Objekt anrückte und auch noch das Nachbarhaus in Ruhe abbrennen ließ, weil es zu einer anderen Brandkasse gehörte, deren Feuerwehr noch nicht alarmiert worden war. Auch kam es zu handgreiflichen Auseinandersetzungen der Löschmannschaften vor Ort, sie behinderten einander in der Arbeit und machten das Chaos dadurch noch größer.

Nur langsam strukturierte sich das Brandbekämpfungswesen zu vernünftigeren Formen, zugleich wurden die Gerätschaften immer besser. 1733 verfügte Boston über eine hervorragend organisierte Freiwillige Feuerwehr; vier Jahre später zog auch New York nach – mit einer immerhin 35 Mann starken Truppe. 1774 gründete George Washington persönlich Amerikas erstes professionelles »Fire Department«.

Zur gleichen Zeit tat sich auch auf dem europäischen Kontinent sehr viel.

Kein geringerer als Napoléon Bonaparte griff ein und ließ eine Spezialtruppe seiner Armee zur Feuerlöschbrigade ausbilden, die in Paris stationiert war, um die Stadt und ihre Einwohner zu schützen. Das war der Anfang der berühmten »Brigade Sapeurs-Pompiers«, wie die Feuerwehr in Frankreich noch heute heißt, und 1880 verfügte sie bereits über 30 Handpumpen.

■ Oben: ***Mit solchen Metallschildern wurden jene Häuser gekennzeichnet, die zu einer bestimmten Brandkasse gehörten. Daran orientierte sich die Feuerwehr, die nur für Objekte ihrer Mitglieder zuständig war.***

■ Links: ***Prächtig uniformierter Feuerwehrmann des Royal Exchange Fire Office in London um etwa 1800 neben seiner fahrbaren Handspritze.***

■ Rechts: ***Drei Mann am Spritzenwagen einer holländischen Feuerwehr aus dem frühen 18. Jahrhundert.***

■ Oben links: ***1851 ließ Frederick Hodges, Besitzer einer Ginbrennerei in London, zwei Löschpumpen-Pferdewagen anfertigen, die nicht nur für seinen eigenen Betrieb gedacht waren, sondern auch bei Bränden an anderer Stelle eingesetzt wurden. Seine uneigennützige Hilfe bei vielen hundert Einsätzen dankten ihm die Bürger Londons, indem sie ihm 1862 diese reich verzierte Merryweather-Spritze zum Geschenk machten.***

■ Oben rechts: ***James Braidwood, einer der Väter moderner Brandbekämpfung, gründete 1824 in Edinburgh die erste Berufsfeuerwehr und wurde mit der gleichen Aufgabe 1832 in London betraut.***

Im frühen 19. Jahrhundert waren die Feuerwehren in England trotz der Erfahrungen aus dem Great Fire noch immer nicht sehr gut organisiert. Häufig waren es Freiwillige oder Teilzeitkräfte, die Dienst taten. Erst nach einem großen Brand in der City von Edinburgh tat sich Entscheidendes: Die Hauptstadt Schottlands vereinigte im Jahr 1824 sämtliche der bisher einzeln operierenden Brandkassen mit ihren Privatwehren und schuf Großbritanniens erste städtische Berufsfeuerwehr, das Edinburgh Fire Engine Establishment. Dieses Beispiel sollte Schule machen.

James Braidwood

Die Stadtväter Edinburghs ernannten den 24-jährigen James Braidwood zum Chef des 80 Mann starken Freiwilligencorps. Braidwood ging unverzüglich daran, seine Leute gründlich auszubilden: Sie lernten mit Leitern und Spritzen umzugehen, mussten Einsätze zu Tages- und Nachtzeiten proben, auf Dächer steigen und Wasser zu den unzugänglichsten Stellen leiten. Innerhalb kurzer Zeit verfügte Edinburgh über die effizienteste Feuerwehr im ganzen Land.

Was Braidwood in Edinburgh auf die Beine gestellt hatte, drang auch nach London. Die Hauptstadt Englands erlebte um jene Zeit einen gewaltigen Bauboom; die aufstrebende Industrie lockte Hunderttausende von Menschen in die Stadt, womit auch das Risiko der Brandgefahr wuchs. 1832 wurden auch hier die privaten Feuerversicherungen mit ihren Wehren zusammengefasst, und nach dem Muster von Edinburgh entstand das London Fire Engine Establishment (LFEE). Man holte den Experten Braidwood nach London, und auch hier bildete er eine Truppe von 80 Freiwilligen aus, die 19 einzelnen Feuerwachen in der City zugeteilt wurden. Und obwohl

■ Rechts: ***Eyre Massey Shaw, der »Fire King« wurde Braidwoods Nachfolger. Ab 1861 stand er 25 Jahre lang der London Fire Brigade vor. Ihm war die Einführung neuer Vorgehensweisen und neuer Ausrüstungen zu***

London sehr viel größer als Edinburgh war, begnügte man sich mit der gleichen Zahl von Leuten; man erhöhte sie aber schon bald, als die Stadt sich immer weiter ausdehnte.

Die Erfahrungen im Organisationswesen, die Braidwood in Edinburgh gesammelt hatte, kamen dem Aufbau der Londoner Feuerwehr zugute. So schaffte er auch die prunkvollen Uniformen ab, mit der die einzelnen Brandkassen ihre Männer versehen hatten, und führte einen praktischen, schwarzen Tuchanzug ein, dazu Lederhelme und Stiefel. Braidwood schuf ein System von Rängen und eine Pensionskasse sowie regelmäßige Übungen, abgestellt auf die beengten Großstadtverhältnisse. Dazu gehörte das Bemühen, sich dem Brandherd so dicht wie möglich zu nähern und von dort aus mit den Löscharbeiten zu beginnen, die sich vorher meist darin erschöpft hatten, möglichst viel Wasser durch die Fenster in ein brennendes Gebäude zu schütten. Nur ein Problem blieb immer das gleiche: Beißender Rauch und Gluthitze machten es den Feuerwehrmännern unmöglich, sich länger als wenige Minuten in einem brennenden Haus aufzuhalten.

Großen Wert legte Braidwood auf Nachtübungen unter erschwerten Umständen. Seine Männer mussten bei Dunkelheit Dachböden aufsuchen und sich über steile Dächer bewegen können. In allen Höhen mussten sie operieren, auch ohne Leitern, und dabei ihre Schlauchspritzen handhaben können. Um zu prüfen, wie spontan die Wehren zu reagieren im Stande waren, gab er bei verschiedenen Wachen immer wieder Blinden Alarm zu ungewöhnlichen Zeiten.

Fast dreißig Jahre lang blieb Braidwood im Amt; er galt als die führende Kapazität der Branche. Doch sein Leben endete am 22. Juni 1861 auf tragische Weise, als ein zunächst harmlos scheinender Brand in einem Lagerhaus an der Tooley Street am Themseufer unterhalb der Tower Bridge ausbrach. Doch das Feuer breitete sich schnell auf andere Lagerhäuser aus. Wie so häufig, war der tapfere Braidwood auch dieses Mal an der Spitze seiner Truppe ausgerückt und legte selbst Hand an, wo es nötig war. Hierbei wurde er von dem tonnenschweren Gestein einer einstürzenden Giebelwand erschlagen. Auf dem Weg zu seiner Beisetzung schloss sich dem Sarg ein Trauerzug von anderthalb Meilen Länge an.

■ Rechts: ***Feuerwehrmann des London Fire Engine Establishment, ca. 1860, in der kurz zuvor eingeführten neuen Uniform. Sie war von James Braidwood anstelle der prunkvollen und unpraktischen Kostümierung ausgewählt worden, mit der die privaten Brandkassen ihre Männer zum Einsatz geschickt hatte. Zum neuen Outfit gehörten ein Lederhelm und kniehohe Lederstiefel. In ganz Europa und in Übersee setzte sich diese Art der zweckmäßigen Bekleidung durch.***

■ Unten: ***Bei einem Feuer am 8. Dezember 1886 in der Londoner Innenstadt konnte dank Einsatz hoher Leitern und wirkungsvoller Dampfspritzen verhindert werden, dass außer der St. Mary Magdalena Church in der Knightbridge Street andere Gebäude in Flammen aufgingen.***

■ Oben: ***Der Große Brand in New York vom 16. Dezember 1835. Mit Sprengstoff brachte man Häuser zum Einsturz, deren Trümmer eine weitere Verbreitung des Flammenmeers verhinderten.***

Sir Eyre Massey Shaw

Braidwoods Nachfolger als Kommandeur der Londoner Feuerwehr wurde Captain (später Sir) Eyre Massey Shaw, ein aus Irland stammender Armee-Offizier, der vorher in Belfast die dortigen Polizei- und Feuerwehrkräfte befehligt hatte. Im Lauf der nächsten drei Jahrzehnte avancierte Shaw zum berühmtesten Kämpfer der westlichen Welt für Feuerschutz und Sicherheit am Einsatzort. Als das britische Parlament 1866 die Gründung der Metropolitan Fire Brigade (aus der später die London Fire Brigade wurde) beschloss, stand Shaw der größten Feuerwehr-Organisation der Welt vor. Schon 1860 verfügte sie über 59 Wachen und zahlreiche Stationen, an denen mobile Rettungsleitern deponiert waren; Shaw aber führte noch etwas viel Bedeutenderes ein: Er schaffte Pumpen mit Dampfmaschinenantrieb an. Auch verband er die verschiedenen Stationen durch ein Telegrafensystem. Braidwoods Ausbildungs- und Übungsprogramme setzte Shaw verstärkt fort. Seine Arbeit fand in der ganzen Welt Anerkennung, und man holte ihn auch nach USA, wo er in verschiedenen Großstädten die Wehren aufbauen half. Im Auftrage der Queen Victoria von England schuf er Brandschutzvorkehrungen in den königlichen Palästen, und wenn er bei einem Brand in London selbst mit ausrückte, begleitete ihn häufig der Prince of Wales als Amateur-Feuerwehrmann.

Amerikanische Wehren

In den Vereinigten Staaten verlief die Entwicklung ähnlich, wenngleich es dort im 19. Jahrhundert noch weit gehend Freiwillige Feuerwehren waren, die in Städten und Gemeinden ihren Dienst taten. Und deren Einsatzmöglichkeiten waren oft nur begrenzt, was in Anbetracht der rasch wachsenden Wirtschaft mit ihren Fabriken und Betrieben hohe Risiken mit sich brachte. Ein großes Feuer brach an einem extrem kalten Dezembertag im Jahr 1838 in einem der neuen Geschäftsviertel New Yorks aus. Die betroffenen Geschäfte und Lagerhäuser wurden im Handumdrehen ein Raub der Flammen, denn alle verfügbaren Wasserzuleitungen zu Löschzwecken waren vereist. Erst der Abriss einiger Häuser, wodurch eine Feuerbremse entstand, stoppte das Inferno.

Mit dem Ende des Amerikanischen Bürgerkrieges etablierte sich die erste Berufsfeuerwehr in den Staaten. Die 1865 gegründete New York Fire Brigade verfügte über 33 Handpumpen, die auf Pferdewagen montiert waren, über elf Leitern und 600 Vollzeitkräfte. Kurze Zeit später erfolgte die Anschaffung dampfbetriebener Feuersprit-

■ Unten: ***Eine frühe Doppel-Handpumpe für Zugpferde, wie sie Wehren im 19. Jahrhundert benutzten.***

■ Rechts: ***Bild vom Brand Chicagos am 1. Oktober 1871. Erst nach 24 Stunden hatte man das Feuer unter Kontrolle; es hatte 13 qkm Stadtfläche in Mitleidenschaft gezogen.***

■ Unten: ***Auf diesem amerikanischen Bild von 1861 rücken Mannschaften mit den unterschiedlichsten Pumpen einem Brand zu Leibe. Vorn erkennt man einen Hydranten.***

zen, in New York wie an vielen anderen Plätzen Amerikas.

Chicago wurde 1871 von einem verheerenden Brand heimgesucht. Er war in einer Sägemühle entstanden und breitete sich binnen kurzem über vier Häuserblocks aus. Kaum hatte man nach mehreren Stunden das Feuer endlich unter Kontrolle, brach in unmittelbarer Nähe ein neuer Band aus, vermutlich durch Funkenflug vom ersten. Durch aufkommenden Wind wurden die Flammen stark angefacht, und der Einsatz von Spritzen erwies sich dagegen so gut wie wirkungslos. Das Feuer übersprang den Fluss, die gesamte Stadt drohte abzubrennen. Die noch vom ersten Brand erschöpften Feuerwehrleute forderten telegrafisch Hilfe von Auswärts an, und die Lösch- und Rettungsarbeiten wurden behindert durch Tausende von Bürgern, die in Panik flüchteten. 24 Stunden lang wütete diese Feuersbrunst, in deren Folge 300 Menschen ihr Leben verloren und 100.000 obdachlos wurden. Mehr als 18.000 Häuser waren niedergebrannt.

Nach dieser Katastrophe wurde in Chicago die Zahl der Feuerwachen verdoppelt. 1876 arbeiteten dort 390 Männer bei der Feuerwehr, zu ihrer Verfügung standen 34 Dampfpumpen, 150 Zugpferde, 26 mobile Ausziehleitern und etwa 11.000 Meter Schläuche. Wie in anderen Städten auch, wurden in vielen Straßen Hydranten sowie Feuermelder installiert, durch die man im Bedarfsfall die nächste Wache alarmieren konnte.

Die Entwicklung und Ausstattung der Feuerwehren in aller Welt vollzog sich nach sehr unterschiedlichen Mustern. Verständlicherweise gingen gerade jene Städte mit bestem Beispiel voran, die zuvor einmal selbst Opfer großer Brandkatastrophen geworden waren. Dem Beispiel Großbritanniens und Amerikas folgten zahlreiche andere Länder.

■ Links: ***In Ermangelung anderer Fahrzeuge wurden während des Zweiten Weltkrieges in London auch Taxiwagen zum Feuerwehrdienst eingesetzt. Dieser Austin zieht eine Motorpumpe und befördert neben dem Fahrersitz Schläuche.***

Die Neuzeit

Mit Beginn des 20. Jahrhunderts verfügten so gut wie sämtliche größeren Städte der Welt über Berufsfeuerwehren. Die Menschen hatte begriffen, dass ein Brand nicht nur ihr Leben gefährdete, sondern erhebliche wirtschaftliche Schäden zur Folge haben konnte. An vielen Plätzen wurden Einrichtungen zur Brandverhütung und -bekämpfung von den lokalen und staatlichen Behörden finanziell subventioniert. Nur in kleineren Ortschaften und auf dem Lande blieb es bei der Einrichtung freiwilliger Wehren, die aber ebenfalls immer besser ausgebildet und ausgestattet wurden und im Bedarfsfall schneller zur Stelle waren als die Wehren aus der nächsten größeren Stadt.

Ganz erheblich trug die Erfindung des Automobils zur Entwicklung des Feuerwehrwesens bei. Mit motorisierten Fahrzeugen war es möglich, noch schneller zum Einsatzort zu gelangen, vor allem ließen sich auch mühelos weitere Gerätschaften mitführen als nur Leitern und Schläuche. Die Kraft, mit der Motorpumpen Wasser zu befördern im Stande waren, bedeutete eine weitere wichtige Verbesserung. Mit dem Einsatz von Hochdruckpumpen und motorisch ausfahrbaren Leitern nahm eine Wende ihren Anfang.

■ Links: ***Feuerwehrzug in Wien, etwa um 1920. Die mit Drehleitern bestückten Austro-Daimler weisen in den Vorderrädern Radnabenmotoren auf. Auf dem Trittbrett der Signaltrompeter.***

■ Oben: ***Pausenlose Angriffe auf London während der frühen Phase des Zweiten Weltkrieges stellten die Feuerwehr der Millionenstadt vor immense Aufgaben. Die Aufnahme entstand am 30. Dezember 1940 vom Dach der St. Paul's Cathedral.***

Eine veränderte Welt

In der ersten Hälfte des 20. Jahrhunderts waren es die großen militärischen Konflikte und deren Folgen, die den Feuerwehren an vielen Plätzen der Welt heikle, schwere Aufgaben zuwiesen. Zunächst waren es Bombenangriffe von Luftschiffen und Flugzeugen aus, die im Ersten Weltkrieg (1914-18) für enorme Schäden sorgten und Feuerwehrmänner während ihrer Arbeit einer zusätzlichen, gänzlich neuen Gefahr aussetzten. Aber diese Angriffe aus der Luft wurden noch um ein Vielfaches schlimmer während der Dauer des Zweiten Weltkrieges (1939-45). Große und kleine Städte in England, Deutschland, Frankreich, Holland und Italien waren die Ziele verschiedener Luftstreitkräfte, und besonders gegen Ende des Krieges gab es schwere Zerstörungen in Metropolen wie Hamburg, Köln oder Dresden, als keine Wehr mehr im Stande war, wirkungsvoll einzugreifen. Die heftigen Vergeltungsschläge auf beiden Seiten kosteten Hunderttausende das Leben, und sich vor den gewaltigen Feuerwalzen in Sicherheit zu bringen ließ jeden Gedanken an Löscharbeiten vergessen. Gleichwohl kämpften mutige Männer und Frauen an den Heimatfronten aller vom Krieg betroffenen Länder, um zu retten was zu retten war. Gerade die Frauen, deren Männer im Felde waren, leisteten daheim Feuerwehrdienste, gemeinsam mit unzähligen freiwilligen Helfern aus der Zivilbevölkerung. Nach der Zerstörung britischer Industriezentren durch die deutsche Luftwaffe machten die Royal Air Force und die US Air Force im Gegenzug ihren Kahlschlag überall dort, wo man die Deutschen nur treffen konnte. Zum Schluss schickten die Deutschen ihre V1- und V2-Raketen nach England, die abermals Tausende von Opfern forderten. Rauch und Trümmer blieben im Mai 1945 übrig, als der grausame Spuk zu Ende war. Viele Feuerwehrleute und ihre Helfer hatten ihre unermüdlichen, am Ende oft vergeblichen Einsätze mit dem Leben bezahlen müssen.

Nach dem Kriege konstituierte sich das Feuerwehrwesen überall neu, zunächst behelfsmäßig und mit ausgedientem Militärmaterial, dann allmählich professioneller. Nicht oder nicht zur Gänze zerstörte Fahrzeugfabriken stellten ab 1945 zunächst bevorzugt Löschfahrzeuge her, sofern sie das dazu nötige Material geliefert bekamen. In Großbritannien war die Feuerwehr im gesamten Land noch während des Krieges zu einer staatlichen Institution zusammengefasst worden, um Vorgehensweisen und Gerät zu standardisieren; die bisherige Typenvielfalt hatte sich als sehr nachteilig erwiesen. Nur mühsam vollzog sich die Entwicklung während der Wiederaufbauphase bis 1950 in Europa, und zahlreiche Motorfahrzeuge aus den dreißiger Jahren mussten noch ein gutes Jahrzehnt durchstehen, ehe sie ersetzt wurden.

■ Links: ***Köln in Flammen. Der Großangriff erfolgte im November 1943 durch die Royal Air Force. Die Feuerwehr hätte an hunderten von Brandstellen zugleich sein müssen...***

BRANDBEKÄMPFUNG IN UNSERER ZEIT

■ Oben: ***Zum modernen Feuerwehreinsatz gehören auch Rettungshubschrauber. Dieses japanische Team ist in Osaka stationiert.***

Während der zweiten Hälfte des 20. Jahrhunderts durchlief das Brandbekämpfungswesen eine rapide Entwicklung; sie passte sich den Erfordernissen einer Welt an, die sich nahezu täglich veränderte. Und den Wehren fielen immer mehr und neue Aufgaben zu, weit über die Brandbekämpfung hinaus reichend. Kaum ein Notfall, für den die Feuerwehr nicht mehr zuständig war. Vor allem mit der Zunahme des Verkehrswesens zu Lande und in der Luft ergab sich eine immer größere Variationsbreite der notwendigen Einsätze.

Die traditionellen Brandursachen früherer Epochen gab es kaum mehr, keine gefährlichen offenen Feuerstellen im Haus, keine Paraffinöfen, keine Kohleherde in der Küche. Moderne Bauten mussten jetzt bestimmten Auflagen des Brandschutzes genügen, und ihre Einhaltung wurde streng überwacht. Nun, nicht immer, aber eben immer öfter.

Zwei Gefahrenquellen aber lassen sich nicht ausschalten: der menschliche Leichtsinn und die Ansammlung von brennbaren Materialien in Wohn- und anderen Häusern. Gerade in unserem Kunststoffzeitalter ist die Einrichtung eines Wohnhauses schneller in Brand zu stecken als einst die massiv-eichene gute Stube unserer Großeltern, und die giftigen Gase, die brennender Kunststoff obendrein freisetzt, sind eine Gefahr, die es früher nicht gab. Auch Brandursachen durch defekte oder unsachgemäß bediente elektrische Geräte gehören in die Brand-Ursachenchronik der Neuzeit.

Viele Zweige der modernen Industrie warteten jetzt ebenfalls mit neuen Risiken auf. Raffinerien und Chemische Fabriken, ob sie synthetische Materialien herstellen oder im Pharmabereich arbeiten, stehen da an erster Stelle. Und eine ganze Reihe von Arbeitsstätten, vor allem kleinerer Firmen, befanden sich noch lange Zeit in älteren Gebäuden ohne optimalen Brandschutz.

■ Links: ***Mitglieder der US Navy-Feuerwehr beim Bekämpfen eines Chemiebrandes.***

■ Unten: ***Versehen mit feuerfester Kleidung und Atemschutzgerät, dringen Feuerwehrleute in ein brennendes Haus in Boston ein.***

■ Unten: ***Die Schutzanzüge der heutigen Feuerwehr sehen in jedem Land anders aus.***

■ Ganz unten: ***Regelmäßige Übungen gehören zum Arbeitsprogramm. Hier wird an einer brennenden Tankstelle der Ernstfall geprobt.***

Dies änderte sich erst in den 1960er Jahren, nachdem es einige große Brände in solchen Betrieben gegeben hatte. Viele Länder verschärften ihre Vorschriften und Verordnungen hinsichtlich Brandschutz, vor allem dort, wo viel Publikumsverkehr herrscht: In Warenhäusern, auf Flughäfen und Bahnhöfen, an Tankstellen, in Restaurants und Hotels, in Theatern und Konzerthallen, aber auch in Krankenhäusern und Altersheimen.

Eine weitere Art der Bedrohung, die zugenommen hat, sind Brände, die vorsätzlich gelegt wurden. Sei es aus krimineller Absicht oder aus pyromanischem Trieb: Brandstiftung ist ein schweres Delikt und wird streng geahndet. Wehren in aller Welt verfügen heute über Spezialisten, die vorsätzlich gelegtes Schadensfeuer als Brandursache anhand bestimmter Merkmale erkennen und ihre Aufklärungsarbeit Hand in Hand mit der Kriminalpolizei unter Einsatz modernster Methoden leisten.

■ Oben: ***Gegen extreme Hitzeeinwirkung hilft nur aluminiumbeschichtete Schutzkleidung.***

Die heutige Praxis

Die Feuerwache einer modernen Stadt ist rund um die Uhr in Alarmbereitschaft. Sie ist in der Lage, nach Eingang eines Notrufs sofort zu reagieren und die erforderlichen Fahrzeuge innerhalb weniger Minuten auf den Weg zu schicken. Große Bedeutung kommt dabei der Leitzentrale zu, bei der die Anrufe eingehen und die auch die Einsätze steuert. Über Sprechfunk ist sie mit allen Fahrzeugen verbunden, kann ihre Operationen koordinieren, zusätzliche Hilfe von anderer Stelle (Ambulanz, Notarzt) anfordern und den Ablauf der Aktion genau verfolgen.

Der Feuerwehr steht heute auch Aufklärungsarbeit zu, sie berät über vorbeugende Maßnahmen und Sicherheitsvorkehrungen. In und mit Schulklassen und Jungendgruppen werden Vorträge und praktische Übungen absolviert, ebenso in Krankenhäusern und Seniorenheimen.

Der Feuerwehrmann unserer Zeit muss eine Menge Geräte zu bedienen wissen, er muss ihre Technik beherrschen und sie auch warten kön-

■ Links: ***Spezielle Infrarot-Kameras erlauben Feuerwehrleuten, durch dichte Rauchschwaden zu sehen, um einen Brandherd zu orten oder eingeschlossene Opfer auszumachen. Dieses kleine Gerät ist eine ISG Talisman Spirit.***

■ Rechts: ***In diesem dramatischen Live-Test wird die Wirksamkeit von aluminiumbeschichteter Schutzkleidung geprüft.***

■ Links: ***Bei diesem reetgedeckten Bauernhaus werden Teile des brennenden Dachs heruntergerissen, um ein Übergreifen auf die noch intakten Dachteile zu verhindern.***

nen. Er muss sich in einem brennenden Gebäude zu bewegen wissen, wofür es geeignete, hitzeresistente Schutzkleidung gibt. Ein Atemschutzgerät gehört dazu, auch gibt es heute spezielle Infrarot-Kameras, die durch Qualmwolken sehen können, sowie Sprechfunk-Sets. Die Chancen, gerettet zu werden, sind für Menschen in einem brennenden Gebäude heute größer als je zuvor.

Einem Feuer möglichst die Nahrung zu entziehen, ist das erste Anliegen der Wehr neben ihrer Aufgabe, Menschenleben zu retten. Früher musste sich ihre Arbeit darin erschöpfen, durch das Zuführen von Wasser den Eingeschlossenen einen Fluchtweg zu sichern; einen Brand wirksam zu löschen und ihn an seiner Ausdehnung gar zu hindern, war meist nicht möglich. Dem Feuer den Weg durch eine »Bremse« abzuschneiden, so dass es sich nur selbst aufzehren konnte, oder diese Sperre gar durch Einreißen oder Sprengen mehrerer Häuser zu errichten, war das einzige Mittel, dem Desaster eventuell Einhalt zu gebieten. Heute kennt man andere, wirkungsvollere Möglichkeiten der Brandbekämpfung, wenngleich reichlich Wasser als Löschmittel nach wie vor Verwendung findet. Wasser hat vor allem einen großen Kühleffekt, zumal wenn es mit hohem Druck gespritzt und in feinste Partikel zu einem Wassernebel zerstäubt wird. Zumindest setzt dieser Wassernebel die Temperatur durch gefährdeter Materialen herab.

■ Unten links: ***Über Teleskopleitern dringen Feuerwehrleute in ein brennendes Geschäftshaus in Boston ein.***

■ Unten rechts: ***Hier könnte der Einsatz eines Handlöschers verhindern, dass der Brand sich ausdehnt.***

Spezialisten-Einsatz

Eine Anzahl von Bränden kann den Einsatz spezieller Löschmethoden erforderlich machen. So kommt beispielsweise bei in Brand geratenem Öl oder Petroleum nur das Abschneiden der Sauerstoffzufuhr in Frage; dies erreicht man durch das Auftragen einer Schaumschicht auf die Oberfläche der brennenden Flüssigkeit: Das Feuer erstickt. Verschiedene Chemikalien, einmal in Brand geraten, müssen mit Löschpulver behandelt werden, ebenfalls mit dem Ziel, dem Verbrennungsprozess Sauerstoff zu entziehen. Besondere Vorgehensweise erfordern auch Brände an Einrichtungen der Stromversorgung: Es können sich tödliche Stromstöße bei der Berührung mit (leitendem) Wasser auf die Männer des Löschtrupps übertragen. Um die Sauerstoffzufuhr bei einem Schalter-oder Kabelbrand, einem brennenden Fernsehapparat oder Com-

■ Ganz oben: ***In einer Kunststofffabrik in Cleveland, England, ist Feuer ausgebrochen; dichte Wolken giftiger Gase bilden sich am Himmel.***

■ Oben: ***Dieses Schaumlöschfahrzeug ist ein Sidex 6x6, stationiert auf dem Flughafen Charles-de-Gaulle, Paris.***

■ Oben rechts: ***Im Winter ist Brandbekämpfung besonders schwierig, wenn Wasser und Wasserdampf zu Eis gefrieren.***

■ Rechts: ***In vielen Ländern setzt die Polizei (wie hier in England) Hunde zur Spurensuche ein, wenn der Verdacht auf Brandstiftung besteht.***

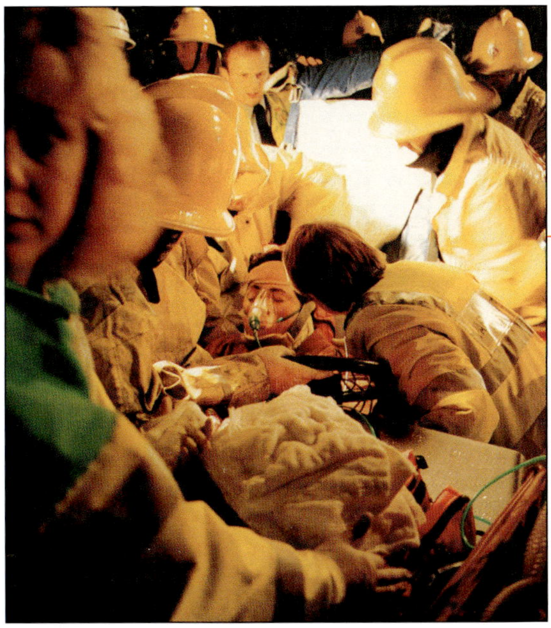

puter zu unterbrechen, muss mit Trockenpulver oder Inertgas gelöscht werden.

Neben den klassischen Wehren in den Städten und auf dem Lande, die in den am häufigsten vorkommenden Fällen die ihnen zukommenden Aufgaben erfüllen können, gibt es eine ganze Reihe spezieller Einsatztrupps für besondere Aufgaben. Flughäfen beispielsweise verfügen über eigene Feuerwehren und Rettungstrupps, die im Falle eines Feuers oder eines andern Notfalls eingreifen und schon durch die genaue Kenntnis ihres Operationsbereiches jeder »fremden« Feuerwehr überlegen sind. Um eventuell große in Brand geratene Treibstoffmengen löschen zu können, verfügen Flughafenwehen über enorme Schaumlöschkapazitäten. Sie sind mit Allradfahrzeugen und auch mit ganz speziellen Werkzeugen ausgestattet. Ähnlich ist es bei Betriebsfeuerwehren großer petrochemischer Industriefirmen, die für den Fall eines »GAU« (größter annehmbarer Unfall) gerade in ihrem Bereich entsprechend gerüstet sein müssen.

Durch gründliche Ausbildung ihrer Mitarbeiter und die Ausstattung mit modernsten Gerätschaften ist die Feuerwehr unserer Zeit im Stande, ein weites Spektrum von Hilfeleistungen und Rettungsmaßnahmen anzubieten. Und es sind immer seltener »klassische« Brände, die einem Notruf zugrunde liegen, sondern andere Fälle, in denen es oft genug um schnelles, lebensrettendes Eingreifen geht, nicht zuletzt bei Verkehrsunfällen. Retten, Sichern und Bergen müssen unter den unterschiedlichsten Konditionen geschehen. Ähnlich verhält es sich bei Zugunglücken. Im unserem fortgeschrittenen Industriezeitalter finden zwar noch immer folgenschwere Blitzeinschläge, Orkanschäden und Hochwasserkatastrophen statt, von Erdbeben und Vulkanausbrüchen ganz zu schweigen, aber es sind außer den erwähnten Verkehrsunfällen zunehmend Gasexplosionen oder der Austritt giftiger Gase, Unfälle in Industrieanlagen oder Flugzeugunglücke, die den Einsatz der Feuerwehr erforderlich machen.

■ Oben links: ***Rettungswagen im Feuerwehreinsatz treten vor allem bei Verkehrunfällen in Aktion.***

■ Oben rechts: ***Feuerwehrleute versuchen den Fahrer aus dem Wrack seines Autos zu befreien, der in der City von Manchester mit einer Trambahn kollidiert ist.***

■ Unten: ***In kleinen und großen Häfen sind Feuerlöschboote stationiert, deren Pumpen an Löschwasserzufuhr keinen Mangel haben.***

149
DANGER

Entwicklung der Feuerwehrfahrzeuge

Moderne Feuerwehrfahrzeuge gehören zu den auffälligsten Erscheinungen im Straßenbild. Von den ersten Spritzenkarren des 17. Jahrhunderts, die man zum Brandort gezogen oder geschoben hat, bis hier her war es ein langer Weg. Einen ersten Fortschritt brachten mobile Löschpumpen mit Dampfmaschinenantrieb, gefolgt von Elektropumpen; sie bedeuteten jeweils eine Umwälzung auf dem Gebiet des Feuerlöschwesens. Mit der Einwicklung des Motorwagens jedoch trat eine endgültige Wende ein; in allen Industrieländern entstanden Feuerwehrautos, die jeweils den neuesten technischen Stand der Technik verkörperten und es den Männern der Berufsfeuerwehren ermöglichten, ihren immer vielfältigeren Aufgaben nachzukommen. Heute gehören Lösch- und Leiterfahrzeuge all Art, ergänzt durch Sonderfahrzeuge unterschiedlichster Ausführung, zum Fuhrpark jeder modernen Wehr in aller Welt.

PUMPEN FÜR HAND-BETRIEB

■ Links: ***Löschpumpe auf einem Handkarren von ca. 1800, im Besitz des Woolwich Arsenal Ordnance Depot in London.***

In der zweiten Hälfte des siebzehnten Jahrhunderts gab es bereits vielerorts Löschpumpen für Handbetrieb auf Rädern. Vorher wurden Pumpen, wo es überhaupt welche gab, zum Einsatzort getragen, doch die zunehmende Zahl von großen Bränden ließ es sinnvoll erscheinen, effizientere Pumpen zu bauen, die über längere Strecken zu schleppen kaum mehr möglich war: Man musste sie auf Karren montieren, auf die man auch anderes Gerät zum Kampf gegen das Feuer laden konnte.

Frühe Entwicklungen

Es gab eine ganze Reihe ernsthafter Überlegungen in jener Zeit, wie eine wirkungsvolle Feuerlöschpumpe auf einem Wagen beschaffen sein musste. Die ersten Konstruktionen bestanden aus Handwagen, auf denen sich eine primitive Saug-Druck-Pumpe befand: Zog man ihren Kolben hoch, füllte sich der Zylinder mit Wasser aus einem mit ihm verbundenen Reservoir; presste man den Kolben nach unten, entströmte das Wasser aus dem Zylinder in Form eines dünnen Strahls durch ein Spritzrohr – ohne Schlauch. Beschreibungen solcher Pumpen finden sich in den Aufzeichnungen von John Bate in seiner »Treatise on Art and Nature« (1634); nach diesen Mustern wurden Pumpen auch in Amerika hergestellt.

In Deutschland war es der Nürnberger Hans Hautsch, der 1655 erstmals eine Löschpumpe mit einer Luftkammer baute. Die in einem Kupferzylinder gespeicherte Luft sorgte für einen Strahl von gleich bleibendem Druck, unabhängig davon, ob der Kolben sich gerade in seiner Saug- oder Druckphase befand. Eine wichtige Erfindung war auch die des Niederländers Jan van der Heiden; 1673 stellte er den ersten Leder-

■ Unten links: ***Handpumpe auf Rädern aus dem späten 17. Jahrhundert.***

■ Unten rechts: ***Die erste Handlöschpumpe auf Rädern des Pioniers Richard Newsham von 1734, erstmals mit einem Luftreservoir versehen.***

schlauch her, 15 Meter lang und an beiden Enden mit Schraubverschlüssen versehen. Man konnte mehrere dieser Schläuche miteinander und mit einer Pumpe verbinden, was in vielen Fällen die Eimerkette entbehrlich machte. Van der Heiden montierte auch Pumpen auf Rutschen, die man ans Ufer einer Gracht schieben konnte, um von dort das Löschwasser entnehmen zu können. Noch im selben Jahr erwiesen sich van der Heidens Konstruktionen als äußerst nützlich, als es in Amsterdam zu einem großen Brand kam.

1721 war es dann der Engländer Richard Newsham, der einen wichtigen Beitrag zum Feuerlöschwesen leistete. Er war Knopffabrikant mit großem Interesse an allem Mechanischen und konstruierte eine große Handpumpe mit mehreren Luftkammern und Kolben mit Kettenantrieb. Diese Pumpe hatte einen hohen Druck und konnte das Wasser daher in einem weiteren Strahl ausspritzen, sofern die Zufuhr per Schlauch oder Eimerkette funktionierte. Bei einem Einsatz im Jahre 1725 mussten 14 Männer die Pumpenschwengel betätigen; der Ausstoß betrug rund 730 Liter pro Minute, der Strahl reichte 50 Meter weit. Etliche der damals weit verbreiteten Brandkassen erwarben für ihre Wehren eine solche Pumpe, und es dauerte nicht lange, bis es überall in Europa und Nordamerika Nachbauten gab.

Mit Beginn des neunzehnten Jahrhunderts hatten die Amerikaner den Vorsprung der Europäer in der Anfertigung von Handlöschpumpen aufgeholt. Es etablierten sich Hersteller wie William Hunneman, James Smith, Patrick Lyon, John Rogers und Button & Co. Unter ihren Konstruktionen befanden sich auch so genannte »double-deckers«, die von zwei Teams zu bedienen waren: Eine Pumpmannschaft stand auf dem Gerät und arbeitete an einem oberen Hebelpaar, die andere stand auf der Straße und bediente ein unteres.

Bis weit in das neunzehnte Jahrhundert hinein erfuhren die Handlöschpumpen zahlreiche Verbesserungen, doch sie waren eben immer nur so wirkungsvoll wie die Konstitution derer es ermöglichte, die sie bedienten. Die Zahl der Freiwilligen an den Pumpen bestimmte den Erfolg der Löscharbeiten. Kraft und Ausdauer waren also entscheidend, und erfolgreiche Pumper waren zu Recht stolz und gaben auf mancher Leistungsschau Kostproben ihrer Kraft, so wie auf der London Great Exhibition 1851 oder auf der großen Pariser Ausstellung im Jahre 1855.

■ Oben: ***Kompakte Handspritze von Merryweather, hergestellt etwa 1735, rund 60 Jahre nach der Erfindung des Lederschlauchs.***

■ Unten: ***Diese mobile Feuerlöschpumpe baute der Amerikaner Richard Mason in Philadelphia etwa um 1792.***

PFERDE-KRÄFTE

Der nächste logische Schritt war die Installation der Feuerlöschpumpen auf Pferdewagen. Damit war man nicht nur schneller am Einsatzort, sondern man konnte die Pumpen noch größer gestalten, wodurch sie allerdings auch schwerer wurden. Verbesserte Konstruktionen kamen auf, stärkere Bauteile aus Metall statt aus Holz und robustere Mechanismen. Das Feuerlöschwesen erfuhr im Verlauf des 19. Jahrhunderts viele neue Impulse.

Mit zwei, drei und vier PS

In den Vereinigten Staaten stellte Patrick Lyon die ersten serienmäßigen Feuerlösch-Pferdewagen her, in England war es Richard Newsham. Dort gab es um 1820 kaum eine Stadt, die nicht Pferdefuhrwerke im Feuerwehreinsatz hatte. Zu den ersten, die solche Spezialwagen in größerer Zahl bauten, gehörten die Londoner Firmen Merryweather & Sons und W. J. Tilly (nachmals Shand Mason & Co.).

Die Verwendung von Pferdefuhrwerken bei der Feuerwehr machte es auch möglich, dass die Mannschaften nicht mehr zu Fuß ausrücken mussten. Anfangs gruppierten sich die Feuerwehrmänner beiderseits auf der Plattform des Wagens auf Trittbrettern hinter dem Kutscher (»Coachman«) stehend, später gestand man ihnen Sitzbänke zu. An Griffen konnten sie sich festhalten, wenn die Fahrt mit hohem Tempo vonstatten ging; mit 30 km/h war man erheblich schneller als je zuvor unterwegs. Ganz hinten standen zwei Bremser, die auf Zuruf des Coachman mit langen Hebeln eines der Hinterräder abzubremsen hatten. Das Löschfahrzeug war komplett, als man ihm auch Schläuche, Leitern und Werkzeuge aufpackte. Ohne auf weitere Kollegen mit Gerät warten zu müssen, konnte der Trupp vor Ort mit seiner Arbeit beginnen. Die Leute waren noch gut bei Kräften, die sie früher bereits für das Heranschleppen schwerer Pumpen vergeudet hatten...

Gegen 1851 kam Merryweather mit einem standardisierten Löschfahrzeug auf dem Markt, entwickelt nach Vorgaben des London Fire Engine Establishment. Die Pumpe wies zwei stehende Zylinder auf mit langen

■ Oben: ***Pferdefuhrwerke konnten nicht nur Pumpen, Gerät und Mannschaft befördern, sondern waren auch schnell am Einsatzort.***

■ Unten: ***Zweispänniger Merryweather-Pumpenwagen von 1881. Auf dem Werkzeugkasten saß der Löschtrupp während der Fahrt.***

Hebeln zu ihrer Betätigung sowie einen sehr großen Luftspeicher aus Kupfer, der einen konstanten Strahldruck bewirkte. Das hölzerne Wagengestell ruhte auf starken Blattfedern, die Räder hatten große Durchmesser und waren mit Bremsen versehen. Staufächer dienten zur Aufnahme von Schläuchen und Utensilien. Im Regelfall wurde der Wagen von zwei Pferden gezogen, aber es gab auch Drei- und Vierspänner.

Dieses Löschfahrzeug mit seiner manuell zu betätigenden Pumpe blieb in Produktion, bis die ersten Dampfspritzen aufkamen. Die Firma Merryweather belieferte fast ganz England und erhielt auch eine Menge Exportaufträge, und in einigen ländlichen Gegenden taten die »Manuals« noch im 20. Jahrhundert ihren Dienst.

Der Einsatz von Pferdefuhrwerken hatte natürlich zur Folge, dass die Feuerwachen auch über Stallungen verfügen mussten. Die Pflege und die Versorgung der Tiere war eine Aufgabe, die zusätzliche Arbeit bedeutete. Nur auf dem Lande war dies kein Thema: Die Feuerwehr lieh sich geeignete Tiere für die Dauer des Einsatzes gegen angemessene Gebühr beim nächsten Bauern oder Gutshof aus. Dort waren Tiere fast immer verfügbar.

■ Oben: ***Große Gutshöfe und Industrieunternehmen verfügten im 19. Jahrhundert bereits über eigene Wehren; ihnen gehörten Pumpenwagen wie dieser von etwa 1866. Acht Mann bedienten die langen Hebel der Pumpe.***

■ Unten links: ***Im späten 18. Jahrhundert verfügten viele städtische Feuerwachen über eigene Ställe und Pferde.***

■ Unten rechts: ***Später trugen die Pferdefuhrwerke nicht nur Pumpen, sondern auch Schläuche, Leitern und die Löschmannschaft.***

Dort, wo die Wehren eigene Pferde unterhielten, wurden die besten und kräftigsten angeschafft, die man bekommen konnte. Die Tiere der Londoner Stadtfeuerwehr stammten nach und nach alle aus der selben Zucht; sie wurden gegen Lärm und Aufruhr stabilisiert und daran gewöhnt, selbst bei aller Hektik rings umher ruhig zu bleiben.

Über besondere Warneinrichtungen verfügten die Pferdefuhrwerke nicht; es gab weder Glocken noch Sirenen, wie sie später aufkamen. Es blieb der Mannschaft auf dem Wagen vorbehalten, durch lautes »Haaai - haaai« auf ihr rapides Nahen aufmerksam zu machen und sich den Weg durch die Straßen frei zu kämpfen.

DAS DAMPFZEITALTER

Der erste mit einer Dampfmaschine bestückte Pumpenwagen tauchte im Jahre 1828 auf. Er bewirkte eine Revolution: Jetzt konnte eine Maschine jene schwere Arbeit leisten, zu der man bisher Menschenkraft benötigt hatte. Diese neue Art des Pumpenantriebs bewirkte, solange die Maschine arbeitete, einen konstanten, nicht nachlassenden Wasserdruck auf der Spritze; die Löscharbeit gestaltete sich dadurch sehr viel wirkungsvoller.

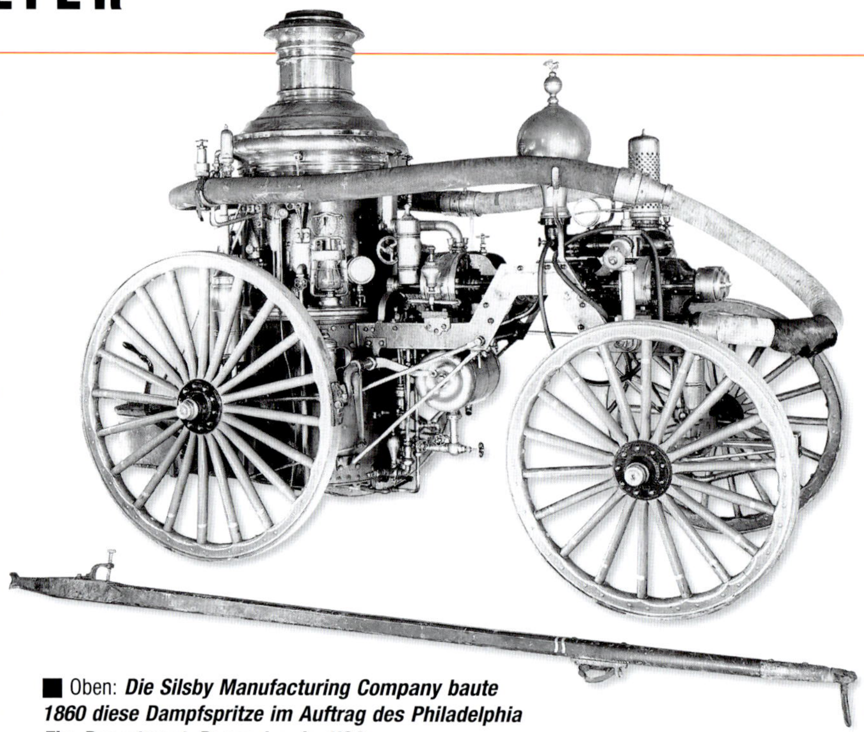

■ Oben: ***Die Silsby Manufacturing Company baute 1860 diese Dampfspritze im Auftrag des Philadelphia Fire Department, Pennsylvania, USA.***

Braithwaite und Ericsson

Die erste Feuerlöschpumpe mit Dampfantrieb entstand 1828 in London in gemeinsamer Arbeit der Techniker Georg Braithwaite und John Ericsson. Ihre Zweizylinder-Dampfmaschine leistete 10 PS und trieb eine Doppelkolbenpumpe an, die wie die Handpumpen über eine große Luftkammer verfügte. Sie sorgte für einen Ausgleich der Pumpendrücke und schickte einen gleich-

■ Unten: ***Die erste in Amerika konstruierte selbstfahrende Feuerlöschpumpe mit Dampfmaschinenantrieb entstand durch Paul Hodge. Die Hinterachse konnte man hochbocken, wodurch die Räder als Schwungräder fungierten.***

■ Oben links: ***Die erste von Merryweather 1863 gebaute Pferdewagen-Dampfspritze erhielt den Namen »Torrent«.***
■ Oben rechts: ***Mit der Maschine unter Dampf könnte es losgehen – würden dem zweiten Pferd auf diesem Bild nicht die Hinterläufe abhanden gekommen sein...***

■ Unten: ***Auf diesem Bild werden an eine viktorianische Dampfspritze die Wasserschläuche angeschlossen.***

mäßigen Schub durch die Lederschläuche zum Strahlrohr.

Die Pumpe befand sich auf dem von Braithwaite und Ericsson gebauten Wagen vorn hinter dem Kutschbock; auf der Hinterachse ruhte die Dampfmaschine mit ihrer Feuerstelle unterhalb vom Chassis. Geheizt wurde mit Steinkohle. Die Pleuel der beiden Kolben der Dampfmaschine waren direkt mit denen der Wasserpumpe verbunden. Vom Anheizen bis zur Dampferzeugung vergingen 13 Minuten, und wenn sie einmal arbeitete, konnte man etwa 680 Liter Löschwasser pro Minute in einem 27 Meter hohen Strahl austreten lassen.

Im eisig kalten Winter des Jahres 1830 vermochte eine solche Dampfspritze bei einem Feuer im Londoner Theaterviertel Soho fünf Stunden lang Wasser in das brennende Gebäude zu befördern – ebenfalls angerückte Handspritzen des London Fire Engine Establishment waren durch Eisbildung schon binnen kurzer Zeit unbrauchbar geworden.

Widerstand gegen den Fortschritt

So überzeugend die Vorteile der Dampfspritze waren, so stark war anfangs auch der Widerstand gegen sie. Nicht zuletzt sträubten sich die »Pumpenmänner« gegen ihre Einführung, weil sie um ihre gut bezahlten Jobs fürchteten, und um das Privileg, nach der Arbeit Freibier spendiert zu bekommen, mit welchem sie ihren Schweißverlust auszugleichen pflegten. Und obwohl Dampfmaschinen sich im Bergbau bereits bestens bewährt hatten, fürchteten viele, dass die neue Technologie zu gefährlich sei; Geschichten von gelegentlichen Unfällen machten schnell die Runde. Dennoch gingen Braithwaite und Ericsson an die Konstruktion weiterer Maschinen, so auch an die einer 5-PS-Einzylinder-

■ Oben: ***Schnittzeichnung einer Shand Mason Dampfpumpe als Pferdefuhrwerk. Deutlich sind alle Details zu erkennen. Shand Mason stellte Ein- und Zweizylindermodelle her.***

Einheit, die einen Wasserstrahl 30 Meter hoch schickte. Je ein Exemplar dieser Dampfpumpe ging nach Russland und Frankreich, eins bestellte die Feuerwehr der Stadt Liverpool, zwei erwarb die Städtische Feuerwehr Berlin.

Mit Aufkommen der Dampfpumpe und dem damit einher gehenden Phänomen des immer stärkeren Wasserdrucks der Spritzen war zugleich ein Problem entstanden: das der Schäden, die große Wassermengen anrichteten. Manchmal waren sie größer als der Brandschaden selbst. James Braidwood, Chef des London Fire Engine Establishment, hatte dies erkannt und war daher ein Gegner der Dampfpumpe; er zögerte ihre Einführung 25 Jahre lang hinaus.

Zenit des Dampfzeitalters

Obwohl England als das Land großer technischer Neuerungen galt, hinderte die konservative Grundeinstellung der Briten ihre Anwendung auf breiter Ebene. So fanden auch Feuerlöschpumpen mit Dampfantrieb in anderen Ländern sehr viel schneller Verbreitung, etwa in den USA. Paul Hodge in New York begann 1840 mit der Herstellung solcher Maschinen, die sich auf der Straße sogar selbst bewegten – wie eine Lokomotive. Man konnte sie aber auch von Pferden ziehen lassen. Am Brandort bockte man die Hinterachse auf, und die großen Räder fungierten dann als Schwungräder für die Dampfmaschine.

Andere amerikanische Dampfmaschinenhersteller folgten schon bald, so etwa William Lay in Philadelphia, der 1851 eine selbstfahrende Spritze vorstellte. Ihre Dampfkreiselpumpe hatte eine Förderkraft von 1800 Litern pro Minute, ein bis dato unerreichter Wert. Jetzt schritt die Entwicklung schnell voran, wenngleich es neben den selbstfahrenden Modellen auch weiterhin Pferdefuhrwerke mit Dampfspritzen gab. Führende Hersteller waren Alexander Latta, Abel Shawk und Lee & Lenard; ihnen gesellten sich die Firmen Button, Silsby, Clapp & Jones, Gleason & Bailey sowie Rumsey & Co. hinzu. Fast jedes Jahr erschienen neue Maschinen auf dem Markt.

In Europa dominierten die britischen Hersteller Merryweather & Sons und Shand Mason & Co., beide hatten ihren Sitz in London. Mehr als ein halbes Jahrhundert lang konkurrierten sie um die Marktführung. Die Firma Shand Mason stellte 1858 ihren ersten »Steamer« vor, ausgelegt für ein Pferde-Dreiergespann; drei Jahre später

■ Unten: ***1896 baute American LaFrance dieses Feuerlöschgerät mit Dampfpumpe für die Berufsfeuerwehr der Stadt Lynn, Massachusetts.***

■ Oben links: ***Diese Dreispänner-Dampflöschpumpe lieferte Amoskeag an die Feuerwehr der Stadt Lawrence, Massachusetts.***

■ Oben rechts: ***Schon weil sie schwerer waren als britische Fabrikate, benötigte man für die amerikanischen Spritzen meist drei Pferde. Ein imposantes Foto einer Amoskeag auf Einsatz in New Haven, Connecticut: Der Boiler ist bereits am Kochen!***

folgte Merryweather mit einer Dampfspritze namens »Deluge« (Sintflut). Die Dampfmaschine leistete 30 PS, was zu damaliger Zeit einen Höchstwert darstellte, gut für einen 43 m hohen Strahl (oder 65 m in der Horizontalen). Beide Hersteller boten sowohl Ein- als auch Zweizylindermodelle an. Shand Masons Spezialität waren schnell drehende Maschinen mit kurzem Hub.

An den Feuerwachen wurden die mobilen Dampfspritzen ständig in Aktionsbereitschaft gehalten; die Feuerstellen unter den Kesseln enthielten schnell entzündbares Material, das beim Ausrücken angesteckt wurde. In späteren Jahren pflegte man das Wasser im Kessel durch Gasheizringe permanent heiß zu halten, um möglichst schnell Dampf erzeugen zu können.

■ Rechts: ***Eine der ersten von Merryweather hergestellten Dampfpumpen auf einem Pferdefuhrwerk von 1868 mit zwei liegenden Zylindern. Spätere von dieser Firma gebaute Löschfahrzeuge wiesen stehende Zylinder im Fahrzeugheck auf.***

■ Oben: ***Nostalgie-Löschtrupp mit einer gut erhaltenen Shand Mason bei einer Vorführung anlässlich einer Feuerwehrschau in unseren Tagen.***

Bei der Anfahrt zum Einsatzort gab man an der Vorderseite des Feuerkastens eine Öffnung frei, die für Durchzug sorgte und das Feuer anfachte, so dass am Ziel sehr bald Dampfdruck zur Verfügung stand. Der »Engineer« des Löschtrupps trug Verantwortung für die Wartung der Dampfmaschine, für ihre Schmierung, für ihre ständige Betriebsbereitschaft und den Nachschub an Wasser und Heizstoff wie Kohle oder Koks. Von seiner Sorgfalt hing es sehr stark ab, ob sich der Löscheinsatz erfolgreich gestaltete.

Leistungsschauen der Feuerwehr

Als die Dampfspritze ihren Siegeszug antrat, war es ein Anliegen der Hersteller, die Leistungsfähigkeit ihrer Produkte eindrucksvoll unter Beweis zu stellen, nicht nur der Feuerwehrbranche, sondern auch Vertretern der Regierungsbehörden, der Presse und einem möglichst großen Publikum. Eine der ersten großen Feuerwehrschauen fand 1861 anlässlich der Internationalen Ausstellung in London statt, und sie erfreute sich so großer Aufmerksamkeit, dass zwei Jahre später eine weitere Schau organisiert wurde. Diesmal waren schon zehn Pumpenhersteller mit von der Partie, sieben aus England, drei aus Amerika. Obwohl die Leistungen aller demonstrierten Spritzen hervorragend waren und das Publikum nichts zu beklagen fand, gab es Probleme – bei der Prämierung. Es hieß, die Preisrichter seien parteiisch gewesen und hätten unterschiedliche Maßstäbe angelegt. Welche Spritze auch die beste gewesen sein mag, fest steht, dass alle Hersteller mit vollen Auftragsbüchern die Schau abschlossen und die Berufsfeuerwehren in aller Welt ab jetzt ihren Teil zum Dampfmaschinen-Zeitalter betrugen. Shand Mason lieferte Dampfspritzen nach Irland, Polen, Russland, Portugal, Dänemark, Indien und Neuseeland. Handspritzrn wurden jedoch weiterhin hergestellt und blieben noch gut 30 Jahre lang im Gebrauch.

In den USA war zwar schon im Jahre 1840 die erste selbstfahrende Dampfspritzen-Lokomobile vorgeführt worden, doch noch sehr lange blieb die von Pferden gezogene Löschpumpe im Rennen. Weitere drei Jahrzehnte wurden diese Fuhrwerke immer weiter verbessert, die Pumpen und die sie antreibenden Dampfmaschinen immer zuverlässiger. In oft stundenlangen Einsätzen bewiesen sie ihre Leistungsfähigkeit. Erst in den

■ Rechts: ***Miniaturmodell einer Shand Mason Dampfpumpe, Rückansicht. Sämtliche Details sind minutiös nachgebildet; das Original stammt aus dem Jahr 1880 und tat seinen Dienst bei der Metropolitan Fire Brigade, London.***

■ Rechts: ***Eindrucksvolle Zweizylinder-Dampfpumpe von Merryweather, die 1894 an die Feuerwehr des Londoner Stadtteils Southgate geliefert wurde. Sie stellte einen Höhepunkt der Entwicklung auf diesem Gebiet dar.***

■ Unten: ***Eine selbstfahrende Dampfpumpe Modell »Fire King« von Merryweather, eingeführt 1899. Das Fahrzeug war leistungsstark und schnell, der Pumpendruck enorm – nur gab es Probleme beim Abbremsen, war die Masse erst einmal in Fahrt.***

1870er Jahren setzten sich in den Staaten allmählich selbstfahrende Dampfpumpen durch, bei denen der Kessel seinen Dampf auch zum Antrieb der Räder abgab.

Rivalisierende Hersteller

1867 erhielten einige Wehren in Amerika ihre ersten Dampfwagen von der Firma Amoskeag geliefert. Eines ihrer größten Modelle, angeblich die stärkste Dampflöschpumpe der Welt, ging 1894 nach Hartford, Connecticut. Das Fahrzeug wog 7 Tonnen und konnte sich mit einer Geschwindigkeit von 48 km/h bewegen.

Das war natürlich eine Herausforderung für den traditionsreichen britischen Hersteller Merryweather, damals der bedeutendste Hersteller in Europa für Löschpumpen-Pferdewagen. Die Firma Merryweather präsentierte 1899 mit ihrem Modell »Fire King« eine selbstfahrende Dampfspritze mit Kettenantrieb von 5,5 Tonnen Gewicht und 40 km/h; die Förderkraft der Pumpe betrug 1800 Liter pro Minute.

Doch sowohl der Fire King als auch das Fahrzeug von Amoskeag hatten das Handicap zu großen Gewichts. Es machte sie schwerfällig und schlecht manövrierbar. Einmal in Schwung, ließen sich solche Massen auch nur schlecht bremsen. Mit dem Beginn des zwanzigsten Jahrhunderts neigte sich die Ära der Dampfspritzen, aber auch der pferdegezogenen Feuerlöschpumpen dem Ende zu: Das Zeitalter des Automobils war angebrochen.

MOTORISIERTE POWER

Mit der Erfindung und Durchsetzung des mit Benzin zu betreibenden Verbrennungsmotors erhielt auch das Feuerlöschwesen ganz neue Impulse. Nicht nur die Bauart der Löschfahrzeuge änderte sich, sondern auch die Vorgehensweise und Arbeit der Feuerwehr selbst. Motorfahrzeuge waren leichter als Dampfwagen, damit manövrierfähiger und bald auch erheblich schneller. Das heißt, man war schneller am Einsatzort, auch entfiel ja das Anheizen des Dampfkessels. Man konnte Lösch- und Rettungsfahrzeuge mit zusätzlichem Gerät beladen oder sie mit einem großen Tank als Löschwasserreservoir versehen, was die Wehr von lokaler Wasserversorgung zumindest für einen gewissen Zeitraum unabhängig machte. Viel wertvolle Zeit, um solche Versorgungen zu finden und anzuzapfen, war bisher stets verloren gegangen; jetzt konnten die Löscharbeiten unmittelbar bei Eintreffen des Feuerwehrautos am Brandort beginnen.

Elektro-Feuerwehrfahrzeuge

Als der Verbrennungsmotor dem Verkehrswesen neue Akzente verlieh, hatte er zunächst einen starken Konkurrenten: den Elektromotor. Benzin- und Elektrofahrzeuge standen einige Zeit, etwa von 1905 an, in heftigem Wettbewerb, etwa bei den Taxis, aber es gab auch elektrisch angetriebene Feuerwehrfahrzeuge. Doch zwei Handi-

■ Oben: ***Der erste Motorwagen der Metropolitan Fire Brigade zu London war ein Stanley, mit welchem der Kommandant (notfalls mit Schneeketten an den Antriebsrädern) zum Einsatzort fuhr.***

■ Links: ***Für seine Zeit sehr moderner und komplett ausgestatteter Feuerwehrwagen von Delahaye, der 1913 an die Wehr der Stadt Lissabon geliefert wurde.***

■ Rechts: ***Gut ausgerüstetes Feuerlöschfahrzeug der städtischen Feuerwehr Paris um 1913 mit vier Sitzplätzen im Heck. Zwischen den hinteren Rädern befand sich eine zusätzliche Schlauchhaspel.***

■ Rechts: ***Französisches Cedes-Fahrzeug mit Elektroantrieb und einer mobilen Leiter; frühes 20. Jahrhundert.***

■ Unten: ***Von Merryweather gebautes Elektrofahrzeug aus dem Jahr 1905. Das hohe Gewicht der Batterien und der geringe Aktionsradius schränkten die Brauchbarkeit solcher Fahrzeuge stark ein. Auf diesem Foto sieht man den Löschtrupp Schläuche in den ersten Stock eines Hauses legen.***

caps standen einer Weiterentwicklung im Wege: Das Gewicht der mitzuführenden Akkumulatoren und die Notwendigkeit, sie schon nach relativ kurzer Fahrtstrecke – meist nach maximal 30 Kilometern – wieder aufladen zu müssen. Eine Alternative stellten so genannte Mixte-Wagen dar, die verschiedene Hersteller anboten, unter anderem Austro-Daimler in Wiener-Neustadt und ein paar Lizenznehmer in anderen Ländern. Bei diesen Fahrzeugen lieferte ein Benzinmotor über einen Dynamo Strom für Elektromotoren, die in den Naben der Räder saßen. Die Mixte-Wagen entbehrten zwar schwerer Batterien, dafür waren die ungefederten Massen an den Antriebsrädern groß. Cedes in Frankreich und Tilling-Stevens in England bauten eine Zeit lang reine Elektro-Feuerwehrfahrzeuge mit 2000 kg Batterielast. Und diese Fahrzeuge wiesen noch einen weiteren Nachteil auf: Zum Antrieb der auf ihnen montierten Löschpumpen benötigte man eine zusätzliche Kraftquelle. Eine solche glaubte ein Erfinder durch einen Apparat ersetzen zu können, in welchem Druck durch chemische Reaktion zustand kam und Löschwasser aus einem Tank in die Schläuche drückte. Manche Wehren montierten eine Dampfpumpe älterer Bauart auf das Fahrgestell eines Elektrowagens, wie es 1909 die Feuerwehr der Stadt Hamburg praktizierte. Ihre Kollegen in Hannover versahen um die gleiche Zeit die Plattform eines Elektromobils mit einer Pumpe, die von einem Benzinmotor angetrieben wurde. Es gab also jede Art von Kombination.

Der Benzinmotor setzt sich durch

Die ersten Feuerwehrautos mit Verbrennungsmotoren waren zu Beginn des 20. Jahrhunderts noch längst keine Spezialanfertigungen, sondern

■ Links: *Merryweather ca. 1909. Dieses Fahrzeug war schon an die 50 km/h schnell, seine Pumpe schaffte 2250 Liter pro Minute.*

■ Unten: *Bestens restaurierte American LaFrance von 1920, einst in Vancouver stationiert.*

■ Ganz unten: *Für den Fotografen posiert dieses Feuerwehrmannschaft mit ihren polierten Messinghelmen; das Fahrzeug ist ein Merryweather Baujahr 1910.*

basierten auf den damals üblichen Konstruktionen, die sich am Kutschwagenbau orientierten. Überhaupt war das Automobil im Feuerwehreinsatz zunächst nur der »Dienstwagen« des Kommandanten. 1903 entstand für die Tottenham Fire Brigade, London, bei Merryweather das erste Feuerwehrfahrzeug in zweckorientierter Spezifikation mit einem 24 PS starken Aster-Benzinmotor. Es hatte einen Wassertank, trug zwei Schlauchrollen und auf einem Gestell eine 15 Meter ausziehbare Leiter. Standort des Fahrzeugs für den Einsatz in Tottenham war eine erst kürzlich eingerichtete neue Feuerwache in der Haringey Street.

Frühe Feuerwehr-Motorwagen

Ein Jahr später entstand das erste Löschfahrzeug, dessen Antriebs-Benzinmotor zugleich die Löschpumpe aktivierte. Dieses Fahrzeug war für die Finchley Fire Brigade bestimmt (heute ist Finchley ein Stadtteil Londons). Den Ausschlag für die Anschaffung eines solchen Motorwagens gab der Umstand, dass die Feuerwehr von Finchley Schwierigkeiten bei der Beschaffung von neuen Zugpferden für ihre Dampfspritze hatte. Die Anschaffung, Unterhaltung und Einstellung von Pferden wurde ohnehin immer kostspieliger, so dass verschiedene Feuerwachen dazu übergegangen waren, sich bei Bedarf von benachbarten Fuhrunternehmen und Brauereien Pferde zu leihen. Die Männer in Finchley hatten 1903 einige Male sehr lange, bis zu 30 Minuten, auf Pferde warten müssen, und mehrmals hatte sich am Brandort auch die Wasserversorgung als unzureichend erwiesen. Diesen Problemen sahen sich die Wehren vieler Gemeinden zunehmend ausgesetzt. Mit einem motorisierten Tanklöschfahrzeug waren sie von all dem unabhängig.

■ Unten: ***Delahaye mit Kettenantrieb der Pariser Feuerwehr um 1920. An Bord ist die gesamte Mannschaft. Die Schlauchhaspeln an beiden Fahrzeugseiten hinter den Vorderrädern wurden am Brandort ausgeklinkt.***

In verschiedener Hinsicht handelte es sich bei dem für Finchley gebauten Fahrzeug um eine wegweisende Konstruktion, entstanden in Zusammenarbeit des örtlichen Feuermehrkommandanten Sly und Ingenieuren der Firma Merryweather. Das Antriebsaggregat war ein 30 PS starker Vierzylinder des Motorenherstellers Aster, der die Hinterräder über Kettenpaare antrieb und dem Fahrzeug eine Höchstgeschwindigkeit von 30 km/h verlieh. Später wechselte man den Motor gegen einen von 50 PS aus, um den Wagen schneller zu machen. Der Motor trieb auch das Pumpenaggregat an, das zu beiden Seiten des Fahrzeugs je einen Schlauchanschluss aufwies; die Pumpleistung betrug 1135 Liter pro Minute.

Die Ausrüstung des Feuerwehrfahrzeugs für Finchley war umfangreich wie nie zuvor. Sie bestand aus einem 272-Liter-Wassertank, einer dreiteiligen Leiter, tragbaren Handfeuerlöschern, einer großen Schlauchrolle, einem reichhaltigen Werkzeugsortiment. Die Schläuche entrollten sich durch einen chemischen Reaktionsapparat.

Dieses Fahrzeug darf man als den direkten Vorfahren unserer heutigen Vielzweck-Löschfahrzeuge bezeichnen, und es existiert noch immer. Es steht als Dauerexponat im Londoner Science Museum.

■ Unten: ***Großes Löschfahrzeug von Ahrens-Fox von 1924. Typisch ist die über der Vorderachse installierte Vorbaupumpe.***

■ Oben links: ***Die Londoner Feuerwehr nahm 1910 dieses Schaumlöschfahrzeug in Betrieb, hergestellt von Leyland. Es wurde bei Ölbränden eingesetzt.***

■ Oben rechts: ***Die Pariser Feuerwehr besaß in den 1920er Jahren dieses Motorrad-Gespann, von dem aus während verschiedener Einsätze zu dokumentarischen Zwecken Filmaufnahmen gedreht wurden.***

Die Idee, den Benzinmotor des Feuerwehrfahrzeugs sowohl für dessen Fortbewegung als auch für den Antrieb der Löschpumpe zu verwenden, machte Schule, in Amerika wie in Europa. Mehrere Hersteller bauten solche Fahrzeuge, wobei die amerikanische Firma Waterous 1906 noch einen Schritt weiterging: Sie baute einen Wagen mit zwei Motoren – einen für den Fahrzeugantrieb, einen für die Löschpumpe. Es gab nichts, was es nichts gab, sogar Wagen mit Motorspritzen, die nach wie vor von Pferden gezogen wurden. Oder Zugmaschinen mit Benzinmotor, deren Aufleger auf der Hinterachse eine Dampfspritze war.

Firmen, deren Namen, die noch heute einen hohen Bekanntheitsgrad genießen, etablierten sich als Hersteller von Feuerwehrfahrzeugen vor allem in den Vereinigten Staaten. Einige waren Nutzfahrzeugfabriken wie Mack, andere Spezialisten wie Ahrens-Fox, American LaFrance, Pirsch oder Seagrave. In England waren es bis zum Ausbruch des Ersten Weltkriegs Dennis und Merryweather, dazu die Lkw-Produzenten Albion, Bedford, Commer und Leyland. In Italien traten Fiat und Isotta-Fraschini an, in Deutschland Metz und Magirus, in Frankreich Gobron und Delahaye. Die Marken und Modelle nahmen in rascher Folge zu.

■ Unten: ***Ford TT Fire Truck von 1927. Das Fahrzeug verfügte noch nicht über Vorderradbremsen.***

Konstruktions-Verbesserungen

Die Verwendung vorhandener Lastwagenkonstruktionen genügte vielen Herstellern von Feuerwehrfahrzeugen bald nicht mehr, sie schufen eigene Konstruktionen. Doch sie adaptierten natürlich den allgemeinen technischen Fortschritt, als der Kardanantrieb den Kettenantrieb ablöste, Zwillingsräder aufkamen, Luftreifen die Vollgummis ablösten und hydraulische Bremsen an die Stelle der mechanisch wirkenden traten.

In den frühen 1930er Jahren gab es in der Hauptsache drei Arten von Feuerwehrfahrzeugen. Zur ersten gehörten die Vielzweck-Löschfahrzeuge mit Leitern sowie Arbeitsgerät in allerlei Staufächern. Die zweite Kategorie bildeten Fahrzeuge mit Drehleitern auf der Chassisplattform, bis zu einer Steighöhe von 30 Meter ausfahrbar. Eine dritte Gruppe bildeten diverse Sonderfahrzeuge, zu denen solche mit Schaumlöscheinrichtungen und Schlauchwagen im Schlepp gehörten.

Sämtliche Feuerwehrfahrzeuge waren bis zu dieser Zeit offener Bauart; die Mannschaft fuhr sitzend oder stehend auf der Plattform mit. Besonders in England war es üblich, dass die Be-

■ Oben links: ***Ein in England gebautes TT-Modell von Ford mit quer eingebauter Pumpe unter der Fahrersitzbank und je einem Schlauchanschluss an beiden Seiten.***

■ Oben rechts: ***Dennis G-Type Fire Engine von etwa 1933 mit einer Pumpe im Heck für 1660 Liter pro Minute.***

satzung Rücken an Rücken quer zur Fahrtrichtung saß; diese Fahrzeuge nannte man »Braidwoods« nach dem berühmten Feuerwehr-Hauptmann John Braidwood, der im 19. Jahrhundert das Feuerwehrwesen Schottlands und Englands reformiert hatte. Doch es war vorgekommen, dass Männer, insbesondere in scharfen Kurven, vom einem solchen Braidwood geschleudert wurden. Die Firma Dennis gehörte zu denen, die als erste halb geschlossene Feuerwehraufbauten anbot, die der Crew mehr Sicherheit gewährleistete. Das ganz in der Art einer Limousine gebaute erste Feuerwehrfahrzeug präsentierte Leyland 1935: Hier gab es Platz und Komfort für die Mannschaft fast wie in einem großen Omnibus.

Im Verlauf der dreißiger Jahre tauchten auch die ersten Dieselfahrzeuge auf. Führender Hersteller solcher Fahrzeuge mit 4,8-Liter-Sechszylindermotor war Daimler-Benz in Stuttgart, aber auch die relativ kleine Firma Perl in Wien baute Diesel-Löschwagen für die Feuerwehr der Hauptstadt Österreichs. In Übersee ignorierte man die Entwicklung des Dieselmotors noch lange Zeit und konstruierte statt dessen immer stärkere Benziner, und die Löschpumpen mussten immer höhere Leistungen bringen. In den Großstädten mit ihren Wolkenkratzern war dies auch nötig.

■ Rechts: ***Im Auftrag und nach Vorgaben seitens der Londoner Feuerwehr baute man bei Dennis einer Reihe solcher Fahrzeuge mit Sechszylindermotor. Die Pumpe im Heck förderte 2250 Liter pro Minute, die Leiter ließ sich auf eine Länge von 15 Meter ausziehen. Jetzt war die mitfahrende Mannschaft längs zur Fahrtrichtung untergebracht.***

MODERNE FEUERWEHRFAHRZEUGE

Während des Zweiten Weltkrieges wurden die Feuerwehrfahrzeuge in all jenen Ländern, die vom Kriegsgeschehen direkt betroffen waren, weit gehend verschlissen, großenteils auch zerstört, oder sie waren mangels Kraftstoff, Öl und Reifen nicht einsetzbar. Nur wenig Material erwies sich 1945 noch als verwendungsfähig, und dort, wo neue Fahrzeuge entstanden, musste man infolge von Rohstoffknappheit noch jahrelang mit vielen Behelfen vorlieb nehmen. erst ab etwa 1950 begannen sich die Verhältnisse und der Fahrzeugbau allmählich wieder zu normalisieren .

Als 1939 auch Großbritannien in den Krieg hineingezogen wurde, stockte man dort die 20.000 Fahrzeuge starke Feuerwehrflotte im ganzen Land um weitere 23.000 auf. Es waren Privatfahrzeuge, Lastwagen wie Personenwagen, die im Luftschutz- und Rettungswesen eingesetzt und mit Pumpen und anderem Gerät bestückt wurden oder als Zugmaschinen dienten. Auch das typische Londoner Taxi wurde hierfür eingesetzt. Auf der Themse und anderen Flüssen stationierte man zusätzliche Löschboote, um aus der Luft angegriffenen Werft- und Dockanlagen zur Hilfe zu kommen. Das Feuerlöschwesen in ganz Großbritannien befand sich stets in höchster Alarmbereitschaft.

■ Oben: ***Dieser 1949er Kenworth HG 721 mit seiner mittschiffs eingebauten Pumpe ist ein typisches Löschfahrzeug der amerikanischen Nachkriegszeit.***

■ Unten: ***1958er Mack Pumper, eines der letzten Fahrzeuge dieser Art in offener Bauweise.***

In einem solchen Maße rüstete man die Wehren in Deutschland (wo Feuerwehr mit ihren Feldgrau umlackierten Fahrzeugen in »Feuerlöschpolizei« umbenannt worden war) nicht aus. Das klassische Löschfahrzeug (in Abkürzung als LF oder, wenn mit Tank, als TLF bezeichnet) war ein 2,0- oder 3,5-l-Liter Opel Blitz, ein Mercedes-Benz L3750 oder 4500 S, seltener ein Henschel oder Krupp. Drehleitern (DL) stellten nach wie vor Magirus und Metz her. Nach dem Kriege wurden Nutzfahrzeuge in der Bundesrepublik zunehmend mit Dieselmotoren versehen, so auch die – jetzt wieder roten – Feuerwehrfahrzeuge; ein Trend, der in anderen Ländern erst später einsetzte. Geschlossene Fahrerhäuser und Kabinen für die Mannschaft hatten jetzt alle Fahrzeuge, mit wenigen Ausnahmen in den USA.

Verschiedene Fahrzeugtypen

In der Konstruktion und in ihrem Aussehen mögen Feuerwehrfahrzeuge heute sehr unter-

■ Unten: ***Ford/Crown von 1965 mit Arbeitsbühne an einem hydraulischen Ausleger, ein klassisches Vielzweck-Feuerwehrfahrzeug.***

schiedlich erscheinen, doch noch immer gruppieren sie sich in drei Fahrzeugtypen: In solche, die Pumpen-, also Löscharbeit leisten; solche, die dem Feuerwehrmann das Arbeiten in großen Höhen erlauben, also mit Leitern bestückt sind, und in eine Gruppe der unterschiedlichsten Sonderfahrzeuge. Die Drehleiterfahrzeuge – und einen um 360 Grad schwenkbaren Drehschemel haben diese Fahrzeuge alle – können durch Teleskopmechanismen ihre Leitern bis zu einer Länge von 40 und mehr Meter auseinanderziehen. Es gibt auch so genannte Turmleitern und Arbeitsbühnen an ausziehbaren Gelenkmasten mit Elektrohydraulik – das Spektrum ist groß. Die Palette der Spezialfahrzeuge reicht von Rüst- und Kranwagen sowie Fahrzeugen für Schaumteppiche bis zu mobilen Stromaggregaten für Scheinwerfer und Versorgungswagen für Mannschaften.

Was Feuerwehrleute bei uns als LF oder TLF bezeichnen, nennen die Amerikaner Pumper beziehungsweise Water Tender. Sie sind die Arbeitspferde, ihnen kommt bei einem Brand die meiste Arbeit zu. Mindestens ein Löschfahrzeug besitzt meist auch die kleinste Gemeinde. Zur Bauart der TLF-Fahrzeuge gehört, dass sie über einen Wassertank verfügen, der die Pumpe ver-

■ Unten: ***Ein 1972er PACO/Grumman Heavy Pumper (entsprechend unserem schweren Löschgruppenfahrzeug SLG).***

■ Oben: ***1989er Ford/S&S 6x4 Tanklöschfahrzeug mit der Pumpe hinter dem Fahrerhaus.***

■ Gegenüberliegende Seite: ***Ferrara/Spartan 6x4 aus USA, Baujahr 2002, ein Fahrzeug von ungewöhnlicher Baulänge.***

sorgt, bis ein Hydrant oder ein größeres Reservoir in Anspruch genommen werden kann. Neben der Motorpumpe gehören die Schläuche zur LF- bzw. TLF-Ausrüstung, die auf Haspeln aufgespult oder in Schlaufen gelegt sind. Bis zu 800 Meter Schlauchlänge werden mitgeführt.

Innovationen im Löschwesen

Die Pumpe eines modernen Löschfahrzeugs kann einen enormen Druck produzieren. Die Austrittsstärke kann am Spritzrohr reguliert werden, so dass entweder ein harter Strahl zum Löschen der Flammen zur Verfügung steht oder ein Sprühwasser, das kühlende Wirkung hat und beispielsweise die Hitzeabstrahlung auf die Männer bei der Arbeit mindert. Zur LF-Ausstattung gehören ebenfalls ein Satz Leitern, Atemschutzgeräte, Hilfsscheinwerfer, Schneid- und Spreizgeräte, Äxte, Schaufeln und andere Werkzeuge.

Fahrgestelle, Motoren und Antriebe für Feuerwehrfahrzeuge gehören zum Programm zahlreicher Hersteller, wobei es Standardkonstruktionen gibt sowie nach Wünschen des Auftraggebers hergestellte Anfertigungen, zumindest bei Fahrgestellen und Aufbauten. Große Bodenfreiheit ist heute fast allen gemeinsam, durchgesetzt hat sich auch Allradantrieb. In manchen Ländern hat man relativ schmale Fahrzeuge, um den Gegebenheiten der dortigen Straßen zu entsprechen, in heißen Gegenden verfügen die Mann-

■ Unten: ***Hush Spritzenfahrzeug mit großer Doppelkabine des Fredericksburg Fire Department, USA.***

schaftskabinen über Air Condition. Nur wenige Hersteller liefern sowohl Chassis als auch Aufbau; vor allem die Technik wird fast immer von Spezialfirmen geliefert, was auch die Doppelbezeichnungen der meisten Fahrzeuge aussagen.

Nicht jedes Feuerwehrfahrzeug ist rot. In manchen Ländern sind sie weiß oder gelb, doch sie weisen heute alle Streifen oder Flächen in fluoreszierender Farbe auf. Das bei uns übliche Blaulicht kennt man ebenfalls nicht überall; in vielen Ländern flackert das Warnlicht in Rot oder Orange oder in mehreren Farben kombiniert. Den schrillen Akustik-Signalen, mit denen die Feuerwehr sich bei ihrem Einsatz den Weg freimacht, sei es per Martinshorn oder mit dem amerikanischen »wailer«, kommt eine zusätzliche Bedeutung bei: Sie verkünden den in Not Befindlichen, dass Rettung unterwegs ist.

■ Rechts: ***Volvo-Rettungsfahrzeug mit Carmichael-Aufbau, von welchem seit 1991 sechs Exemplare bei der Londoner Feuerwehr in Diensten stehen.***

■ Unten: ***Iveco-Magirus 4x4 der Freiwilligen Feuerwehr Kellinghusen, Schleswig-Holstein.***

FRÜHE DREHLEITERN

Einfache Leitern, mit denen man ins obere Stockwerk eines brennenden Hauses gelangen konnte, setzten schon die Vigiles im alten Rom bei der Brandbekämpfung ein. Doch erst im frühen 19. Jahrhundert wurden spezielle Feuerwehrleitern entwickelt, mit denen man auch höher hinaus konnte, denn die Höhe der Gebäude hatte zugenommen.

Mobile Rettungsleitern

Im frühen 19. Jahrhundert unterhielt die Londoner Feuerwehr an zahlreichen Punkten der City Depots, in denen Rettungsleitern bereit standen. Im Falle eines Brandes sollten sie noch vor dem Eintreffen der Feuerwehr eingeschlossenen Menschen ein Entkommen ermöglichen, wenn etwa das Treppenhaus unpassierbar war. Die ersten »street corner stations« waren indes in privater Initiative entstanden; erst 1866 wurden sie von der Metropolitan Fire Brigade übernommen.

An jeder Station stand unter Aufsicht eines Wachmanns eine auf Rädern montierte Holzleiter parat, deren drei jeweils 5 Meter lange Teile aneinander gesetzt werden konnten. So ließen sich die Fenster eines dreistöckigen Hauses erreichen. Die benötigte Länge war durch einen Kurbelmechanismus herzustellen. Im Alarmfall wurde die Leiter zum Einsatzort geschoben; sie war auch mit einem Sprungtuch aus Leinwand versehen, von dem ebenfalls häufig Gebrauch gemacht wurde. Die ganze Einheit wog etwa eine Tonne und benötigte zu ihrer Bedienung mindestens drei Mann.

■ Oben: ***Eine von Magirus in Ulm hergestellte 18-m-Rettungsleiter mit Aufstellmechanismus per Gaspatrone.***

■ Unten: ***Von Feuerwehrmännern in Wien benutzte Hakenleitern, mit denen man das erste Stockwerk eines Hauses erreichen konnte. Die Schlauchhaspel ist von einem Löschfahrzeug abgekoppelt worden.***

Rettungsleitern auf Lafetten mit großen Rädern wurden von den Feuerwehrstationen zum Einsatzort auch mit Pferden gezogen oder bildeten einen Teil des Spritzenfahrzeugs. Wichtig war, dass sie in diesem Fall schnell ausgeklinkt (»abgeprotzt«) werden konnten. Für die Arbeit an der Leiter waren vier Mann und der Kutscher zuständig, und sie waren auf blitzschnellen Einsatz gedrillt. Meist traf die Leitergruppe noch vor der Spritze am Brandort ein, um Menschen zu retten, bevor die Löscharbeit begann. Die Männer von der Londoner Feuerwehr mit ihren mobilen Leitern erlangten einen legendären Ruf, und bald erübrigte es sich, zusätzliche Leiterdepots zu unterhalten.

In Amerika waren die Häuser in den Städten im allgemeinen sehr viel höher als in Europa, also braucht man dort auch höhere Leitern, so-

■ Rechts: ***Eine 18-m-Drehleiter von 1910 auf einem Motorwagenchassis. Aufrichten und Drehen erfolgte hier über Handkurbeln.***

■ Unten rechts: ***Morris/Magirus Drehleiter (18 m) von 1921 mit elektrischer Betätigung der auszuziehenden Teile.***

wohl zu Rettungszwecken als auch zur Löscharbeit. Gegen 1890 verfügte jedes Fire Department einer großen Stadt über »hook and ladder trucks« – das waren Pferdegespanne mit einer Hauptleiter und einem zweiachsigen Anhänger, auf welchem eine Anzahl weiterer Holzleitern mitgeführt wurden, die sich zusammenstecken ließen. Die bis zu 20 Meter lange Einheit wurde mittels einer Winde aufgerichtet und konnte auf ihrem Sockel bzw. Turm um 360 Grad gedreht werden. Einige kleinere Leitern und Haken an langen Stielen zum Niederreißen von Decken oder Mauern wurden ebenfalls mitgeführt. Das Niederreißen war oft notwendig, um feststellen zu können, ob das Feuer an noch nicht entdeckter Stelle weitergekrochen war.

Als die Gebäude in den USA immer größer wurden, reichten die bisher verwendeten Leitern nicht mehr aus. Entwickelt wurden Leitern in Teleskoptechnik, die nicht mehr aus Holz, sondern aus Stahl bestanden und drehbar auf der Plattform der jetzt üblich gewordenen Motorfahrzeuge installiert waren. Diese »aerial ladders« ließen sich bis zu 26 Meter Steighöhe ausfahren. Da schon das Basiselement dieser Leitern eine enorme Länge aufwies, benötigte man zu ihrem Transport ebenfalls sehr lange Fahrzeuge, deren Besonderheit eine separat lenkbare Hinterachse war. Diese Lenkung zu bedienen oblag einem Mann, der seinen Platz im Heck des Leiterfahrzeugs hatte.

■ Links: ***Über ein Megaphon erteilt ein Offizier der Londoner Feuerwehr dem Mann auf der Spitze der 23-m-Leiter Anweisungen bei einer Übung im Jahre 1905.***

■ Unten: ***Pariser Delahaye-Feuerwehrfahrzeug von etwa 1920 mit einer Rettungsleiter (18 m) für Handbetrieb. Die »Abprotzleiter« mit ihren großen Rädern wurde vor Beginn der Löscharbeiten vom Fahrzeug genommen.***

MODERNE DREHLEITERN UND TELESKOPBÜHNEN

Die Vorgänger der modernen Teleskopleiter oder Telebühne am Gelenkmast waren mehrteilige, hölzerne Konstruktionen. Man steckte sie – meist drei an der Zahl – zusammen oder sie schoben sich ineinander und wurden mit einer Handkurbel betätigt. 5-Meter-Stücke waren allgemein üblich, so dass man auf 15 Meter Steighöhe kam, aus der man Menschen in Sicherheit bringen konnte. Seltener waren es die Feuerwehrmänner, die zu Löscharbeiten samt Strahlrohr und dem daran hängenden Schlauch in die Höhe kletterten, denn zum einen waren das Gewicht und der Druck aus dem Rohr viel zu groß, um von der Leiter aus sicher arbeiten zu können, zum anderen war es vor Erfindung des Atemschutzgerätes kaum möglich, über die Leiter von oben in ein brennendes Gebäude einzudringen, ohne dem giftigen Qualm ausgesetzt zu sein.

In Amerika entstand als Gegenstück zur hölzernen Rettungsleiter auf Rädern die erste Teleskopleiter aus Metall, 1888 angefertigt von der E. B. Preston Company in Chicago, Illinois. Aber auch sie musste noch manuell auseinander gezogen und wieder zusammen geschoben werden. In Großstädten gab es besonders lange Ausführungen, die auf Motorfahrzeugen montiert waren; um solche Fahrzeuge um enge Kurven manövrieren zu können, saß ein zweiter »Steuermann« im Heck und lenkte die Räder der Hinterachse.

In Europa war es in erster Linie die in Ulm beheimatete Firma Magirus, die für ihre Rettungsleitern berühmt wurde. 1892 präsentierte Magirus eine erste in diversen Neigungswinkeln verstellbare Turmdrehleiter, deren Schemel sich um 360 Grad drehen ließ. Das Aufrichten und der Auszug der Teleskopteile erfolgte manuell, der Transport zum Einsatzort durch Pferde. Um die Jahrhundertwende hatte Magirus diesen Leiter-

■ Ganz oben: ***Löschübung der London Fire Brigade 1910. Von einem Merryweather-Löschfahrzeug wird die Abprotzleiter heruntergeschoben, um danach manuell auf ihre Arbeitshöhe gekurbelt zu werden.***

■ Oben: ***Diese motorisierte 26-m-Leiter von etwa 1920 des Lynn Fire Department (Massachusetts) wurde einst von einem Pferdegespann gezogen, bevor diesen Job ein dreirädrige Knox-Martin-Traktor erhielt. Am Heck wird mitgelenkt.***

■ Ganz links: ***Demonstration einer 23-m-Leiter von Merryweather, 1914.***

■ Links: ***1937 erhielt die Londoner Feuerwehr einige Leyland/Metz-Drehleitern von 30 m Länge. Wer von hier oben die Dächer der City inspizierte, musste schwindelfrei sein...***

■ Oben rechts: ***Leyland/Metz-Drehleiter 30 m), die 1938 an die Lancashire County Fire Brigade geliefert wurde und bis 1961 im Dienst war. Man erkennt alle Bedienungselemente und die Pumpe hinter der Fahrersitzbank.***

typ weiter perfektioniert und mit einem patentierten Mechanismus versehen, bei dem das Aufrichten der Leiter mittels Druck aus Kohledioxidgaspatronen geschah. Alle anderen Bewegungen wurden jedoch nach wie vor durch Handkurbeln durchgeführt, und das setzte voraus, dass die Männer, die sie betätigten, sehr kräftig waren.

Die Daimler Motoren-Gesellschaft fabrizierte damals ebenfalls Turmdrehleitern, einige davon mit elektrischem Antrieb. 1906 stellte Magirus eine erste motorisierte Drehleiter vor, doch für das Ausziehen der Teleskopteile und das Drehen stand noch keine Motorkraft zur Verfügung, das war noch immer Handarbeit. Zwei Jahre später entstand auch bei der Firma Merryweather eine Turmdrehleiter; sie ließ sich auf 23 Meter ausziehen und bot den Vorteil, dass alle ihre Bewegungen über einen Getriebesatz erfolgten, der vom Benzinmotor des Fahrzeugs aktiviert wurde. Gemeinsam konstruierten dann Magirus und Merryweather eine weiter verbesserte Drehleiter, bei der sämtliche Bewegungen wie Aufrichten, Ausziehen der Teilstücke und die Drehbewegung motorgetrieben über Stahlseilzüge und Getrieberäder erfolgten. Die Amerikaner adaptierten dieses System; insbesondere war es die Firma Pirsch, die in den USA beim Bau von Teleskopleitern aus Metall eine führende Position einnahm.

■ Links: ***In London stationierte 1921er Morris/Magirus-Feuerwehrfahrzeug mit 23-m-Drehleiter auf dem Weg zum Einsatzort.***

■ Rechts: ***Auf die Feuertreppe eines Hauses gerichtete Spritze und ein Wasserturm mit Handbedienung, New York 1930.***

Eine weitere Entwicklung im frühen zwanzigsten Jahrhundert war die an einem Teleskopmast befestigte Spritze, mit deren Hilfe man in die oberen Stockwerke hoher Gebäude Wasser befördern konnte. Solche Wassertürme entstanden parallel zu bis zu 30 Meter hohen Teleskopleitern mit integrierten Schlauchleitungen, die den Löschmännern ein Arbeiten in solchen Höhen möglich machten.

In den 1930er und 1940er Jahren wurden die Leitern ständig verbessert. Merryweather lieferte 1933 eine Drehleiter mit 30 m Steighöhe nach Hongkong, Metz verkaufte eine fünfteilige 45-Meter-Drehleiter, die ihren Platz auf einem Leyland-Fahrzeug fand, nach Hull in England, und 1942 baute American LaFrance eine 38-m-Leiter für die Städtische Feuerwehr in Boston.

Die neuen Teleskopleitern und Wassertürme waren bald sämtlich mit hydraulischer Betätigung versehen. Ein solcher »water tower«, wie ihn American LaFrance 1930 für New York anfertigte, vermochte in einer Höhe von 20 Metern durch ein Arrangement mehrerer Spritzrohre 38.950 Liter Wasser in der Minute zu schleudern. Ein Jahr später präsentierte Pirsch eine völlig hydraulisch betätigte Teleskopleiter. In Europa bauten derweil die deutschen Hersteller Metz und Magirus ihre führenden Positionen aus, ebenso die britische Firma Merryweather in London.

■ Oben links: ***Japanische 30-m-Drehleiter der Feuerwehr von Sanagawa.***

■ Oben Mitte: ***Arbeitskäfig an einer Hydraulikleiter der Feuerwehr von Osaka.***

■ Oben rechts: ***Der Feuerwehrmann steuert seinen Käfig so nahe wie möglich an die Fassade des brennenden Wohnhauses heran.***

■ Links: ***ein 1989er Seagrave mit 30-m-Drehleiter im Einsatz bei einem Brand im New Yorker Stadtteil Yonkers.***

■ Oben links: ***Mack Truck, Baujahr 1918 mit besonders langem Radstand für den Leitertransport.***

■ Oben rechts: ***Volvo/ Bronto-Gelenkleiter mit Arbeitsbühne und Wasserwerfer; gelöscht wird ein Brand in einem Bürogebäude.***

Turmdrehleitern und Arbeitsbühnen

Die Einführung der Hydraulik bei der Operation von Teleskopleitern wurde die per Handarbeit zu betätigende Mechanik nicht völlig abgelöst. Noch bis in die 1960er Jahre gab es Drehleitern mit Handbetätigung. Zunehmend eingesetzt aber wurden hydraulische Gelenktürme in Kombination mit Leitern oder als Masten mit einer Arbeitsbühne bzw. einem Käfig, und von dort oben aus konnte der Feuerwehrmann auch sämtliche Bewegungen des Mastes und seiner Bühne steuern. Dies war etwas vollkommen Neues, denn vorher war es immer das Personal am Boden gewesen, das die Drehleiter positionierte. Als einer der prominentesten Hersteller solcher Hydraulikmasten etablierte sich die britische Firma Simon mit ihrem »Snorkel«, der bald in aller Welt Verbreitung fand.

In der zweiten Hälfte des 20. Jahrhunderts erfuhren Drehleitern und hydraulische Masten zunehmend Änderungen. Die mit Leitern kombinierten Ausführungen kamen vermehrt aus Finnland von der dortigen Firma Bronto; die Teleskope ließen sich bis zu 40 Meter ausfahren. Zur Standsicherheit in solchen Operationshöhen bedarf es schwerer, vierachsiger Fahrzeuge, die an allen vier Ecken hochgebockt werden.

Das Arbeiten auf einer solchen Bühne und ihre Bewegungsbedienung setzt intensives Training voraus, und jede Veränderung oder Konstruktionsverbesserung erfordert eine neue Schulung. Der Einsatz computergesteuerter Technologie im Feuerbekämpfungswesen hat zahlreiche Vorteile gebracht; sie anzuwenden ist jedoch Spezialistensache geworden. Der Erfolg der Männer, die dort oben arbeiten, aber auch ihr eigenes Leben hängt davon ab, dass alle Parameter stimmen, und dazu gehört in erster Linie die Stabilität und die Sicherheit des Hydraulikträgers unten auf dem Boden, bei allen Geländegegebenheiten und bei jeder Witterung.

■ Links: ***Während des Zweiten Weltkriegs wurden in England eine Anzahl solcher Austin K4-Lastwagen mit 18-m-Drehleitern für Handbetrieb bestückt.***

FEUERWEHR-SONDERFAHRZEUGE

■ Oben: ***Scheinwerfer- und Generatorwagen der Pariser Stadtfeuerwehr von ca. 1910, mit dem man bei nächtlichen Einsätzen zur Unglücksstelle anrückte.***

Bis ins frühe 20. Jahrhundert durchlief die Entwicklung des Feuerwehrfahrzeugs diverse Stadien vom handgezogenen Pumpenwagen über das Pferdefuhrwerk bis zum Dampf- und Motorfahrzeug. Es handelte sich um Fahrzeuge, deren Hauptaufgabe darin bestand, den Männern der Wehr am Brandort mit möglichst viel Wasser die Löscharbeit zu ermöglichen. Die Zahl und Vielfalt zusätzlicher Aufgaben, die im Laufe der Jahrzehnte ebenfalls in den Zuständigkeitsbereich der Feuerwehr fielen, erforderten ein immer größere Spektrum verschiedener Spezialfahrzeuge, und die an sie gestellten technischen und logistischen Anforderungen nehmen ständig zu.

Bis 1900 wurde jeder Brand ausschließlich mit Wasser gelöscht. Doch mit der zunehmenden Industrialisierung unserer Welt nahmen schon bald jene Fälle zu, bei denen Wasser ein ungeeignetes Löschmittel war. Allein schon die sich rasch entwickelnde Motorisierung mit ihrem immanenten Bedarf an Kraft- und Schmierstoffen, für deren Herstellung immer mehr und immer größere Raffinerieanlagen entstanden, schuf den Bedarf für neue Löschmethoden, wenn in einem solchen Industriekomplex Feuer ausbrach. Eine Verarbeitungsanlage wie auch ein Reservoir der petrochemischen Industrie, stand es einmal in Flammen, war mit Wasser nicht zu löschen; Wasser trug eher noch dazu bei, brennende Öle oder Fette weiterzuschwemmen und dadurch das Feuer zu verbreiten. Nach etlichen Versuchen fand man heraus, dass ein Schaum aus Soda-Bicarbonat mit ein paar weiteren Additiven ein Mittel darstellte, um brennendem Öl beizukommen. Nun musste das Konzen-

■ Links: ***Rettungsfahrzeug der London Fire Brigade von 1929. Rettungsgeräte aller Art, Atemgerät, Scheid-, Hebe- und Spreizwerkzeuge gehörten zur Ausstattung. Neuartig war die geschlossene Bauweise solcher Wagen.***

■ Oben: ***Geländewagen mit Allradantrieb, knapper Grundausstattung und Sprechfunk gehören in vielen ländlichen Gemeinden zum Feuerwehr-Fuhrpark.***

■ Oben rechts: ***Im offenen Heck dieses amerikanischen Löschfahrzeugs liegen die Schläuche, in engen Schlaufen gefaltet, bereit zum sofortigen Gebrauch.***

■ Unten: ***Besonders große Tankfahrzeuge wie dieser amerikanische Peterbilt mit zwei angetriebenen Hinterachsen sind meist in ländlichen Gegenden der USA zu sehen.***

trat für diesen Schaum aber auch transportierbar sein, und das wiederum erforderte spezielle Tankfahrzeuge. Bereits 1910 befand sich im Arsenal der Londoner Feuerwehr ein solches Spezialfahrzeug, »foam tender« genannt; es war ein Leyland-Tanker mit dem Fassungsvermögen von 500 Gallonen oder 2273 Liter. Schläuche und speziell konstruierte Spritzrohre ergänzten die Ausrüstung. Gepumpt wurde mittels einer herkömmlichen Wasserlösch-Druckpumpe.

Das Wachstum der Industrie und die rapide Zunahme des Verkehrswesens im frühen 20. Jahrhundert führten dazu, dass die Feuerwehr immer häufiger auch in Fällen alarmiert wurde, in denen es nicht ums Löschen eines herkömmlichen Brandes ging. Deshalb mussten die Fahrzeuge immer mehr Gerätschaften an Bord haben, immer mehr Spezialausrüstungen und Werkzeuge. Die Fahrzeughersteller hatten sich diesen Erfordernissen anzupassen und entwickelten Feuerwehr-Sonderfahrzeuge für bestimmte Aufgaben.

Die Feuerwehr der in ihrer Geschichte so häufig von verheerenden Bränden heimgesuchten Stadt London nahm schon sehr bald eine führende Rolle im Bereitstellen solcher Sonderfahrzeuge ein. Sie stellte 1919 zwei von der Firma Dennis gebaute Fahrzeuge in Dienst, die erstmals nicht zum Löschen von Bränden vorgesehen waren. Ihre Ausrüstung umfasste extra große Scheinwerfer, betrieben von Generatoren mit Benzinmotorantrieb, Hebewerkzeuge, Flaschengas-Schneidbrenner und jede Art von Werkzeugen für Metall. Bei schweren Autounfällen und auch Eisenbahnunglücken war gerade der Einsatz solcher Rettungsfahrzeuge notwendig. Neu waren auch Atemschutzgeräte mit Sauerstoff, den man in Stahlflaschen auf dem Rücken mitführte, ausreichend für eine volle Arbeitsstunde; das Sonderfahrzeug führte einen großen Vorrat solcher Flaschen zum Austausch mit. Vorher hatte es nur eine Art von Taucheranzügen aus imprägniertem Material gegeben, deren Helmteil über einen langen Schlauch mit einem Blasebalg versehen war – eine primitive und meist unzulängliche Methode, einen schwer arbeitenden Feuerwehrmann im Qualm mit frischer Atemluft zu versorgen.

Eine Besonderheit stellten die in England und Amerika entwickelten Schlauchleger dar. Es gab sie auch schon zu früheren Zeiten, als man noch

■ Links: ***Rollende Einsatzstation als Feuerwehr-Kommandozentrale auf der Basis eines Volvo-Omnibusses in London.***

Handkarren oder Pferdewagen zu diesem Zweck benutze: Auf ihnen befanden sich sehr große Haspeln mit Schläuchen, die per Hand zu verlegen – von einem weiter entfernt gelegenen Wasserreservoir bis zur Pumpe – sehr mühsam war. Die »hose-laying trucks« waren kleinere Lastwagen, die ihren Schlauch bei einem Tempo von etwa 30 km/h abrollen ließen. Mehrere dieser bis zu 1600 Meter langen Schläuche konnte man auch aneinander stecken.

Immer mehr kamen auch Einsatzwagen auf, mit denen die Einsatzleiter oder Kommandanten dem Löschtrupp voran fuhren, um noch eher an Ort und Stelle zu sein und dort die Einsatz-Strategie festzulegen. Zunächst waren es zwei- bis viersitzige Personenwagen, später Fahrzeuge von der Größe eines Omnibus mit kompletter Büro- und Sendeeinrichtung. Über Sprechfunk gab es schon in den vierziger Jahren Kommunikationsmöglichkeiten mit den Lösch- und Rettungsfahrzeugen, mit der Verkehrspolizei, Ambulanzen und anderen Institutionen. Hier liefen alle Kontakte zusammen, auch die mit der Presse.

Reine Wassertankfahrzeuge, besonders für den Einsatz auf dem Lande gedacht, speziell bei Waldbränden, gehören ebenso zu den Sonderfahrzeugen. Es gibt solche mit einer Kapazität von 40.000 Liter, als mehrachsige Sattelschlepper ausgelegt. Rettungswagen mit allen Einrichtungen zur ärztlichen Notversorgung, Fahrzeuge zur Wasser- und Rauchabsorption, Scheinwerferfahrzeuge speziell für nächtliche Einsätze, Kranwagen aller Kaliber, Versorgungswagen für Mannschaften – sie alle gehören in die Gruppe der Sonderfahrzeuge.

Ausrüstungs-Module

Zu einigen Allzweck-Feuerwehrfahrzeugen bieten die Hersteller von Ausrüstungen Module an, die sich je nach Bedarfsfall auf das Trägerfahr-

■ Unten: ***In den 1970er Jahren schafften zahlreiche Wehren solche mobilen, fertig konfektionierten Aufstellermodule an, die vom Fahrzeug abgesetzt werden konnten und für spezielle Erfordernisse ausgestattet waren, wie hier mit Atemschutzgeräten und Sauerstoff-Reserveflaschen.***

■ Links: ***Büssing/Rosenbauer-Wasserwerferwagen für den Flughafen-Einsatz mit Schaumkanone direkt vor der Kabine, um sich einen Weg durchs Feuer bahnen zu können.***

■ Unten: ***Sonderfahrzeug leichterer Bauart für den Werkzeugtransport.***

zeug setzen und ebenso schnell wieder abnehmen lassen. Das erspart den Unterhalt einer ganzen Flotte von Sonderfahrzeugen, was für kleinere Gemeinden interessant sein kann. So lassen sich beispielsweise für einen Einsatz, welcher der Bekämpfung eines Chemiebrandes gilt, Löschmaterial, Spezialanzüge, Atem- und Entgiftungsgerät in einem solchen Modul zusammenfassen und bei Erfordernis komplett auswechseln gegen ein Modul mit Spezialwerkzeugen zum Spreizen und Schneiden von Blechen, wenn der Wagen zur Absturzstelle eines Flugzeugs ausrückt, um den Rumpf der verunglückten Maschine zu öffnen, oder zu einem Zugunglück, wo es gilt, Bahnwaggons aufzuschneiden.

■ Links: ***Ferngesteuertes Raupenfahrzeug aus Deutschland für den Einsatz in besonderen Gefahrenbereichen.***

■ Unten: ***Schweres Rettungsfahrzeug einer amerikanischen Hafenstadt für großes Gerät und Spezialwerkzeuge.***

BRANDBEKÄMPFUNG AUS DER LUFT

Die erste »Fliegende Feuerwehr« dürfte die Stadt San Diego in Kalifornien in den Dienst gestellt haben. Sie schaffte 1918 ein Curtiss-Flugzeug an, um Brände auch aus der Luft bekämpfen zu können. Die Maschine hatte einen 110 PS starken Sechszylindermotor, war 112 km/h schnell und flog mit zwei Mann Besatzung. Zur Ausstattung gehörten zwei Wassertanks zu je 150 Liter und vier Trockenfeuerlöscher mit Kohlentetrachlorid-Pulver.

Zwar ist nirgendwo festgehalten, ob dieses Flugzeug mit seiner bescheidenen Fracht wirkungsvolle Einsätze absolvierte, aber es markiert einen weiteren wichtigen Schritt in der Vorgehensweise bei der Brandbekämpfung. Man war jetzt in der Lage, noch schneller eingreifen zu können, wenn an abgelegenen Plätzen Alarm gegeben wurde. Die Brandbekämpfung aus der Luft erlangte aber erst nach dem Zweiten Weltkrieg größere Bedeutung, als kanadische Behörden Flugzeuge zum Abwurf von »Wasserbomben« präparieren ließen. Solche Maschinen setzte man bei Wald- und Buschbränden ein, und sie bewährten sich hervorragend.

In Nordamerika und auch in Australien setzte sich diese Art der Brandbekämpfung, bei der große Mengen von Wasser vom Flugzeug aus aufs Feuer geschüttet wurden, sehr bald durch. Auf jenen Kontinenten wurden alljährlich immense Flächen durch Brände in Mitleidenschaft gezogen. Mit dem Flugzeug ließen sich bis zu 27.300 Liter Wasser in einem »Guss« freisetzen, und oftmals wurden dem Löschwasser Additive beigegeben, die gegenüber dem Feuer retardierende Wirkung hatten und die Effizienz des Einsatzes noch erhöhten.

Inzwischen werden auch Hubschrauber mit Wasserbehältern unter dem Rumpf zur Brandbekämpfung in der trockenen Saison eingesetzt. Gegenüber einem Flugzeug hat der Helikopter

■ Links: ***Ein CL-215T Turboprop-Amphibienflugzeug der Canadair als Fliegende Feuerwehr. Die Maschine kann 5000 Liter Wasser oder Löschschaum an Bord nehmen.***

■ Rechts: ***Die zweimotorige Maschine lässt ihre nasse Fracht ab.***

■ Unten rechts: ***Demonstration eines Elnsatzes mit der Canadair CL-215T im Raum Quebec, 1992.***

den Vorteil, auf der Stelle verharren zu können und seine Wasserlast gezielter abzulassen, wenngleich diese auch nicht so groß ist wie bei einem Flugzeug. Durch mehrmalige Flüge bei Start und Landung auf kleinster Fläche vermag der Hubschrauber diesen Nachteil auszugleichen, vor allem kann er auch über einem Gewässer sein Reservoir durch eine Saugleitung auffüllen, ohne landen zu müssen. Per Hubschrauber lassen sich auch Bodenlöschtrupps samt Ausrüstung zu schwer erreichbaren Plätzen bringen und Schlauchleitungen legen.

Viele Großstädte wie beispielsweise Tokio verfügen über Fliegende Feuerwehren und unterhalten eigene Hubschrauberflotten. In Städten mit Hochhäusern stellen Hubschrauber oft die einzige Möglichkeit dar, in großer Höhe zu operieren und Menschen zu retten. Wo die finanziellen Mittel nicht vorhanden sind, eine eigene Flugrettungsstaffel zu unterhalten, arbeitet man häufig mit dem Militär oder zivilen Gesellschaften zusammen, um im Notfall unverzüglich auf deren Maschinen zurückgreifen zu können. Große, zweimotorige Hubschrauber sind im Stande, bis zu einer Tonne Fracht an den Haken zu nehmen oder ein Dutzend Feuerwehrleute zu befördern.

FEUERLÖSCHBOOTE

Moderne Löschboote sind die Feuerwehren auf dem Wasser. Schiffsbrände stellen aller Erfahrung nach meist lang anhaltende Angelegenheiten dar, und darauf müssen die schwimmenden Feuerwehren eingerichtet sein. Sie müssen Barrieren aus Löschwasser herstellen können, was große Pumpenkapazitäten erfordert, in ausreichender Zahl Atemgeräte an Bord haben sowie Kompressoren zur Wiederauffüllung von Pressluftflaschen.

Die ersten Feuerlöschboote entstanden im frühen 19. Jahrhundert, um Schiffsbrände und Feuer in Hafenanlagen löschen zu können. So wie man Löschpumpen auf Landfahrzeuge montieren konnte, ließen sie sich natürlich an Bord eines Löschbootes installieren, wobei diese von dem Vorteil profitieren, dass Löschwasser ja in schier unbegrenzter Menge zur Verfügung stand, die Pumpen mussten es nur effizient ansaugen. Die in London ansässige Firma Merryweather baute 1840 ein 18 Meter langes Löschboot mit Stahlrumpf für die Hafenverwaltung von St. Petersburg, doch die Pumpen an Bord mussten noch manuell bedient werden. Zu diesem Zweck waren 50 Mann Besatzung vorgesehen.

Weitere Dampf-Löschboote entstanden bald; die Entwicklung verlief parallel zu den Löschfahrzeugen mit Dampfmaschinenantrieb auf dem Lande. Um 1860 unterhielt das London Fire Engine Establishment eine Anzahl schwimmender Pontons mit darauf montierten Dampfpumpen; die Plattformen waren im weit verzweigten Londoner Hafengebiet an strategisch bedeutsamen Punkten stationiert. Im Bedarfsfall bugsierte der nächst verfügbare Dampfschlepper den Ponton zur Einsatzstelle. Solche Löschpumpenflöße gab es von den 1870er Jahren an auch in den Häfen von Boston und New York.

Das erste Feuerlöschboot mit eigener Antriebsmaschine entstand 1898 ebenfalls in London. Die Beta ergänzte die Flotte der vier Löschpumpenflöße auf der Themse. Die Dampfma-

■ Oben: ***Gemälde vom Brand in einem Lagerhaus am Ufer der Themse bei der Blackfriars Bridge in Albany Mill, 1791. Die Löscharbeiten erfolgen von Flussbooten mit Handpumpen.***

■ Unten links: ***Feuerlöschboot mit Arbeitsbühne an einem hydraulisch gesteuerten Ausleger, um die obere Decks von Schiffen erreichen zu können.***

■ Unten: ***Die Beaver war ein Dampfboot der Londoner Feuerwehr um 1910, das Pontons mit Dampflöschpumpen an die Einsatzstelle zu schleppen hatte.***

■ Oben links: ***Löschboot im Hafen von Boston.***

■ Mitte links: ***Von solchen Löschbooten verkehren mehrere im Hafengebiet von New York.***

■ Links: ***Vier solcher großen Löschboote stehen unter dem Kommando der Hafenfeuerwehr von Rotterdam.***

■ Oben rechts: ***Ein Flotte von Löschbooten im Einsatz bei einem Brand auf einer Ölbohrplattform in der Nordsee.***

■ Unten links: ***Ein Löschboot der Londoner Feuerwehr vor dem Palace of Westminster.***

■ Unten rechts: ***Diese beiden neuen Löschboote wurden 1999 in London anlässlich der bevorstehenden Millenniumsfeiern in Dienst gestellt.***

schine dieses Bootes diente nicht nur zu dessen Fortbewegung, sondern auch zum Betreiben der Löschpumpe. Mit einem Tiefgang von weniger als einem halben Meter konnte sich die Beta auch bei Niedrigwasser brennenden Objekten nähern oder solchen im Uferbereich.

Die Hafenfeuerwehr vieler Küstenstädte, aber auch an Flussläufen im Binnenland, partizipierte von der gleichen technischen Entwicklung wie die Feuerwehr auf Rädern. 1925 schaffte sich die Feuerwehr von Los Angeles ein Löschboot an, das in der Minute 60.000 Liter Wasser spritzen konnte, aus nicht weniger als 13 Wasserwerfern an Deck. Mit der Zunahme der Tonnagen großer Frachter, wie vor allem bei Containerschiffen und Tankern, erhöhte sich auch die Notwendigkeit, noch größere Löschboote zu bauen. Multifunktionale Ausstattungen, um allen Notfällen entsprechen zu können, bis hin zur Klinikeinrichtung an Bord, machen diese Schiffe weit gehend unabhängig von der Landversorgung. Manche verfügen sogar über Hubschrauber-Landeplätze. In besonders stark frequentierten Häfen, wie zum Beispiel in dem von Hongkong, befindet sich eine Anzahl von Mehrdeck-Löschbooten in permanenter Alarmbereitschaft. Und bei manchen gefährlichen Ladegeschäften liegen sie vor Ort regelrecht auf der »Lauer«.

Feuerwehrfahrzeuge der Gegenwart

Je nach Einsatzzweck und Operationsgebiet gibt es heute ein Vielzahl unterschiedlich ausgestatteter und auch unterschiedlich großer Feuerwehrfahrzeuge. Die Bandbreite reicht von einem einfachen Löschfahrzeug auf der Basis eines Van, wie ihn manche Freiwillige Feuerwehr auf dem Lande unterhält, bis zum Supertruck mit allen Finessen der modernen Technologie. Wo die Wehren in den Zuständigkeitsbereich kommunaler Verwaltungsträger gehören, müssen sie aus Steuermitteln finanziert werden; Freiwillige Feuerwehren sind meist auf öffentliche und private Zuschüsse angewiesen, und von bestimmten Institutionen unterhaltene Wehren wie die auf Flughäfen, in Industriebetrieben oder Raffinerien sind Bestandteile des mobilen Inventars mit beachtlichem Budgetanteil. Auch diese Faktoren bestimmen mit, wie hoch der technische Standard ausfällt, wobei Sicherheitsaspekte stets mit an vorderster Stelle stehen. Denn wo immer mutige Männer und Frauen in der Brandbekämpfung und im Rettungswesen ihr Leben und ihre Gesundheit riskieren, tun sie es für andere, und deshalb müssen sie der ihnen zur Verfügung stehenden Ausrüstung voll vertrauen dürfen.

AUSRÜSTUNGEN FÜR BRANDBEKÄMPFUNG UND RETTUNGSEINSÄTZE

Moderne Feuerlösch- und Rettungsfahrzeuge haben eine Vielzahl von Geräten an Bord. Das den Feuerwehrleuten heute zur Verfügung stehende Arsenal ist in keiner Weise mit dem zu vergleichen, mit dem ein Fahrzeug im 19. Jahrhundert ausgestattet war, als es primär darauf ankam, die Nachbargebäude eines unrettbar brennenden Objekts so stark unter Wasser zu setzen, dass es vor übergreifenden Flammen geschützt war. Man war so effizient wie es die ledernen Schläuche, durch Messingkupplungen an die hoffentlich zuverlässig arbeitende Pumpe angeschlossen, gestatteten und der Vorrat an Löschwasser reichte. Die Pumpe wurde per Hand bedient oder arbeitete vielleicht schon per Dampfmaschinenantrieb, die Schlauchtrommeln aber mussten von Feuerwehrmännern im Laufschritt angeschleppt oder auf Handkarren herbeigeschafft werden.

■ Oben: ***Ab 1919 verfügte die Londoner Feuerwehr über Atemgeräte für die Löschmannschaft; einige Fahrzeuge führten Stromgeneratoren und große Scheinwerfer mit.***

Spritzen und Schlauchleitungen

Erst zu Beginn des 20. Jahrhunderts, als sich das Automobil mit Benzinmotor durchzusetzen begann und Motorspritzen aufkamen, wurden die Trägerfahrzeuge so ausgelegt, dass sie nicht nur die Löschpumpe trugen, sondern auch mit allen anderen Utensilien zur Brandbekämpfung und zum Rettungseinsatz beladen werden konnten, nämlich mit Schläuchen, weiteren Tragkraftspritzen, Werkzeugen und Beleuchtungseinrichtungen. Und als ab etwa 1929 geschlossene Aufbauten bei Feuerwehrfahrzeugen zur Regel wurden, ließ sich der Raum im Fahrzeug noch besser nutzen, zumal die Ausrüstungen immer umfangreicher wurden. Bei modernen Fahrzeugen gibt es kaum einen Winkel, den die Karosseriedesigner nicht zu nutzen wissen. Auch die Bereiche unterhalb des Fahrzeugbodens enthalten Fächer und Schübe.

■ Unten: ***Übung der Wiener Feuerwehr um 1910: Ein Mann trägt eine Atemschutzmaske, die über einem dünnen Schlauch mit der Luftpumpe eines Kollegen verbunden ist.***

■ Rechts: ***Wasser marsch! Hier demonstriert die London Fire Brigade bei einer Schau im Jahre 1966, wie eine Wasserwand aufgerichtet wird.***

■ Unten rechts: ***Dieser Mann der städtischen Feuerwehr Wien trägt sein Atemschutzgerät in Form einer Pressluftflasche auf dem Rücken mit sich.***

Wasser spielt als Löschmedium bei der Brandbekämpfung noch immer die größte Rolle, wobei innerhalb bebauter Zonen hierfür Hydranten zur Verfügung stehen oder andere Reservoire in Anspruch genommen werden, vom Swimmingpool bis zum Binnensee oder Fluss. Tanklöschfahrzeuge führen eine bestimmte Menge Wasser mit, um die Pumpe(n) versorgen zu können, bis die Versorgung aus einem öffentlichen Netz steht – für die ersten Minuten Löscharbeit reicht der Vorrat meist.

So bald wie möglich wird der in Anspruch genommene Wassertank eines Tanklöschfahrzeugs wieder aufgefüllt, noch am Einsatzort. In ländlichen Gegenden verfügen die Feuerwehrfahrzeuge auch über tragbare, kleinere Stationär-Motorpumpen, die etwa an einem Fluss- oder Seeufer aufgestellt werden und von dort das Wasser in den Schlauch leiten. Häufig waren es früher Aggregate, die auf luftgekühlten Pkw-Motoren basierten. Im Notfall können ein oder mehrere Tanklöschfahrzeuge im Pendelverkehr Wasser herbeischaffen, um stationäre Motorpumpen zu versorgen.

Schläuche gibt es in verschiedenen Durchmessern und Längen. Die meisten Löschfahrzeuge haben 600 Schlauchmeter an Bord, aufgerollt auf Haspeln oder so zusammengelegt, dass ein blitzschnelles Verwenden möglich ist. Anschlusstücke und Adapter erlauben ein Verbinden mehrerer Teile.

Chemische Substanzen zur Erzeugung von Löschschaum hat heute ebenfalls jedes Fahrzeug an Bord, damit auch ein Eingreifen bei Öl- oder Treibstoffbränden möglich ist, wo es darum geht, die brennende Oberfläche zu überdecken, um den Flammen die Sauerstoffzufuhr zu nehmen. Kleinere Mengen Schaum lassen sich von tragbaren Handlöschern aus spritzen, die ebenfalls zur Ausstattung gehören. Stehen größere Anlagen, etwa in einer Raffinerie oder einem Treibstofflager in Flammen, muss natürlich ein spezielles Schaumlöschfahrzeug eingreifen; solche Fahrzeuge können gut zehntausend Liter Schaum pro Minute liefern. Trocken- und Kohlendioxid-Löscher befinden sich ebenfalls an Bord eines jeden Löschfahrzeugs, die man benötigt, um Brände an elektrischen Einrichtungen zu löschen.

Auch ist so gut wie jedes Löschfahrzeug mit einer Kombination verschiedener Leitern ausgestattet. Im Gebrauch sind noch viele Holzleitern mit Metallbeschlägen, doch Neuausrüstungen umfassen nur noch Leitern aus Leichtmetall. Ausziehleitern weisen in der Regel eine Steighöhe von 13 Meter auf, einzelne Leiterelemente von kurzer Baulänge dienen zum Übersteigen von Einfriedungen oder zum Erreichen hochliegender Erdgeschoss-Etagen. Selbstverständlich gibt es auch spezielle Fahrzeuge, die mit Drehleitern oder hydraulischen Gelenkenkmasten oder einer Kombination aus beidem versehen sind.

Rettungs- und Schneidwerkzeuge

An jedem Sitz eines Feuerwehrfahrzeugs befindet sich für den betreffenden Mann ein Atemgerät. Wenn der Einsatz erwarten lässt, dass es gebraucht wird, legt es jeder bereits während der Fahrt an. Das Gerät erlaubt ein freies Atmen bis zu einer Dauer von 50 Minuten auch im dicksten Qualm; die Zeit kann aber sehr viel kürzer ausfallen, wenn der Feuerwehrmann besonders schwer arbeiten muss und seine Lungen

■ Links: ***Zwei Feuerwehrleute befreien einen eingeschlossenen Autofahrer mittels Schneidwerkzeug. Eine bei schweren Verkehrsunfällen eine häufig praktizierte Arbeit.***

■ Unten: ***Ungewöhnlicher Verkehrsunfall auf einer Autobahn in England. Um die Insassen aus dem schwarzen Pkw befreien zu können, hat die Feuerwehr das Dach aufschneiden müssen.***

■ Rechts: ***Notärzte und Feuerwehr sind zur Stelle, um dem Fahrer in der Kabine des umgestürzten Sattelschleppers zu Hilfe zu kommen. In solchen Fällen ist das Funktionieren von Teamarbeit besonders wichtig.***

■ Oben: ***Zwei Stunden dauerte es, bis die Feuerwehr einen Bullen retten konnte, der in eine Grube gestürzt war. Tiere in Notsituationen sind häufig ein Grund für Feuerwehralarm, wobei das Bergen oder Einfangen großer Tiere, vor allem wenn sie in Panik sind, einige Probleme mit sich bringen kann.***

dadurch einen größeren Luftdurchsatz haben. Bei Großeinsätzen mit viel Löschpersonal stehen Reserveluftflaschen bereit. Ein modernes Kontrollzentrum kann heute den Luftverbrauch jedes Einzelnen eines Löschtrupps telemetrisch checken und die Dauer seiner Arbeit in einem verqualmten Gebäude festsetzen. Es muss gewährleistet sein, dass die Rettungskräfte nicht selbst Opfer des Brandes werden.

Thermalkameras gehören heute ebenfalls zur Ausrüstung moderner Wehren. Sie gestatten der Löschmannschaft, durch dicksten Qualm sehen zu können, etwa um Brandnester auszumachen oder eingeschlossene Personen zu orten.

Das Rettungsgerät für den Einsatz bei Fällen, bei denen es nicht ums Löschen eines Brandes geht, etwa bei Autounfällen oder Havarien im Industriebereich, hat heute einen enormen Umfang. Hydraulische Schneid- und Spreizwerkzeuge, Zug- und Hebewinden gehören dazu.

■ Rechts: ***Bei einer Zugentgleisung in der Nähe Londons 1997 wurden Gebäude und parkende Autos in Mitleidenschaft gezogen. Mit einem Detektor wird hier versucht, Laute von Überlebenden in den Trümmern wahrzunehmen.***

■ Ganz rechts: ***Auf einer Arbeitsbühne an einem Gelenkmast versuchen Feuerwehrmänner, an einen verunfallten Wagen auf einer Brücke heranzukommen.***

Für den Löscheinsatz stehen den Feuerwehrleuten zwei verschiedene Arten von Schutzkleidung zur Verfügung. Für Regelfälle wird ein feuerfester zweiter Anzug über die Uniform gestreift, der ein hohes Maß an Schutz bietet und auch wasserdicht ist. Für Einsätze, bei denen chemische Substanzen oder giftige Gase frei werden, steht besondere Schutzkleidung zur Verfügung. Sie schließt vollkommen dicht ab und umfasst auch Stiefel, Handschuhe sowie einen Kopfschutz mit integriertem Atemgerät. Jede auch noch so geringe Berührung der giftigen Substanz oder des Gases mit der menschlichen Haut muss vermieden werden. Gasdichte- und Strahlenmessung gehört bei solchen Einsätzen dazu.

■ Oben links: ***Die Feuerwehr birgt einen Verletzten per Seilzug anlässlich eines Unfalls in einem Vergnügungspark.***

■ Oben rechts: ***Übung der Feuerwehr Tokio: Ein Dummy wird mit Hilfe eines ferngesteuerten Roboterfahrzeugs geborgen.***

■ Unten: ***Ein Feuerwehrmann wird in seinem Spezialanzug dekontaminiert, nachdem er gefährlichen Giftgasen ausgesetzt war. Das abfließende Wasser unterliegt einer Spezialentsorgung.***

Weitere Hilfsmittel

Eine Anzahl verschieden langer und starker Leinen und Seile wird mitgeführt, die mit den unterschiedlichsten Gerätschaften kombinierbar sind. Sei es, um eine Wurfleine mit einem Einreißhaken schleudern zu können, das Abseilen von Personen zu ermöglichen oder um Schlauchboote in einem Gewässer zu sichern. Zur Personenrettung aus Sumpf, Schlamm oder Treibsand benötigt man starke Seile ebenso wie zur Bildung von Flaschenzügen, um schweres Gut, manchmal auch Tiere, bergen zu können.

Jeder Feuerwehrmann ist in der Leistung Erster Hilfe ausgebildet, und jedes Feuerwehrfahrzeug ist mit entsprechendem Notgepäck ausgestattet – bis hin zu Beatmungsgeräten, Schienen, Thermodecken, Kopfstützen und Tragbahren. Richtige medizinische Erstversorgung von schwer verletzten Unfallopfern vor dem Eintreffen des Notarztwagens oder dem Rettungshubschraubers mit ausgebildeten Medizinern entscheidet oft über Leben und Tod.

Sehr wichtig ist die Frage guter Ausleuchtung der Brand- oder Unfallstelle bei Dunkelheit. Hierzu dienen Stromaggregate, sowohl fest im Fahrzeug eingebaut als auch in ambulanter Bauform, und große Scheinwerfer am Fahrzeug oder auch in tragbarer Ausführung. Stromversorgung durchs örtliche Netz ist meist gerade dort nicht gewährleistet, wo der Bedarf im Notfall groß ist. Ferner gibt es Flutlichtlampen an Teleskopmasten, ebenfalls direkt am Fahrzeug oder mobil,

■ Oben: ***Die Verwendung von Kohlefasermaterial hat das Gewicht der Pressluftflaschen für die Atemluftversorgung***

die vor Ort für eine weitflächige Ausleuchtung von oben sorgen und meist in mehrfacher Ausführung mitgeführt werden.

Absaugvorrichtungen mit Ventilatoren bei starker Rauchentwicklung stehen der Feuerwehr ebenso zur Verfügung, um in brennenden Gebäuden eingesetzt zu werden, ferner wasserdichte Planen und Trocknungsgerät (Wassersauger), um Löschwasserschäden gering zu halten, sowie zahlreiche andere Arbeitsutensilien.

Bei Löscharbeiten wie im Rettungseinsatz ist optimale Kommunikation von entscheidender Wichtigkeit. Moderne Wehren statten jedes Mannschaftsmitglied mit Sprechfunk aus, und während eines Einsatzes besteht auch eine Dauerverbindung der Einsatzleitung mit der Zentrale. Große Einsatzleitungsfahrzeuge verfügen über Rechner und Drucker, so dass Anweisungen und Informationen auch als »hard copy« zur Verfügung stehen. Wichtig kann dies bei großen Gebäuden sein, über deren Innenaufteilung oder Zahl der Bewohner die Feuerwehr Kenntnis erhalten muss, um gezielt vorgehen zu können, oder für den Zugriff auf Datenbanken bei Industriebbetrieben, um deren durch Feuer eventuell besonders gefährdete Produkte zu identifizieren und das Vorgehen darauf abzustimmen. Der Einsatzleiter kann über den mobilen Rechner exakte Anweisungen für die Arbeit vor Ort erhalten.

Jedes Gerät, jedes Werkzeug und jedes Detail an Bord eines Feuerwehrfahrzeugs unterliegt regelmäßigen Inspektionen und wird in Übungen immer wieder getestet. Damit ist sichergestellt, dass im Einsatzfalle alles funktioniert.

■ Unten links: ***Dieser spezielle Unimog wurde nach Japan für den Einssatz in erdbebengefährdeten Gebieten geliefert.***

■ Unten rechts: ***Ein japanischer Feuerwehrmann setzt vom Dach des Fahrzeugs aus einen Wasserwerfer in Betrieb.***

BRANDBEKÄMPFUNGS- UND RETTUNGSMASSNAHMEN

Wenn auf der Feuerwache ein Alarmruf eingeht, muss so schnell wie möglich reagiert werden. Die Fahrzeuge stehen bereit zum Ausrücken, wobei die Fahrer besondere Verantwortung tragen. Denn sie müssen so schnell wie möglich, aber auch so sicher wie möglich den Einsatzort erreichen, durch oftmals dichten Verkehr, und sich unterwegs auch auf den Einsatz selbst vorbereiten. Ob der Fahrer der Einsatzleiter ist oder ein anderer der Mannschaft: Innerhalb weniger Minuten ist die Vorgehensweise zu entscheiden, über die Platzierung der ausgeschickten Fahrzeuge, über das Freihalten von Zufahrten für eventuell weitere Wagen.

Die erste Frage gilt stets der nach vermissten Personen, die sich noch im unmittelbaren Gefahrenbereich befinden könnten. Versehen mit Atemschutzgerät, dringen Feuerwehrmänner in

■ Oben: ***Das Zugunglück von Clapham Junction, London, vom 12. Dezember 1988 ging durch die Weltpresse. Zwei Vorortzüge waren zusammengestoßen. Das Foto zeigt, wie Feuerwehrkräfte und Notarztteams sich um die Bergung der 46 Schwerverletzten aus den ineinander geschobenen Waggons kümmern.***

■ Links: ***Löscharbeiten an einem brennenden Wohnhaus in Detroit.***

■ Rechts: ***Ein Löschtrupp der städtischen Feuerwehr Tokio hat einen Brand im ersten Stock über einem Ladengeschäft gelöscht. Diverse Schlauchleitungen hat man über Leitern nach oben geführt.***

brennende, verqualmte oder auch vom Einsturz gefährdete Gebäude ein, um Menschen herauszuholen, die sich darin befinden. Hochdruckschläuche schleppen sie mit sich, die eine Gasse freimachen sollen. Leben zu retten, hat höchste Priorität.

Alle Räume eines Gebäudes müssen systematisch untersucht, verletzte oder gefährdete Menschen auf dem schnellsten Weg in Sicherhit gebracht werden, damit man ihnen, wenn nötig, an der frischen Luft Erste Hilfe zuteil werden lassen kann. Sobald Drehleitern zur Verfügung stehen, werden die oberen Stockwerke untersucht; auch wenn sich das Feuer dort noch längst nicht ausgebreitet hat: beißender Rauch stellt zunächst die größere Gefahr dar. Erst wenn davon ausgegangen werden kann, dass sich keine Menschen mehr in einem brennenden Gebäude befinden, setzen die Löscharbeiten in vollem Umfang ein. Neben dem Ansetzen der großen Teleskopleitern werden schmalere zu den oberen Stockwerken benutzt, an denen zusätzliche Schläuche hinaufgeführt werden. Die moderne Art der Brandbekämpfung sieht vor, den Brand-

■ Unten links: ***Die Crew eines Feuerlöschbootes hat sich eines Delphins angenommen, der sich in das Mündungsgewässer der Themse verirrt hatte.***

■ Unten rechts: ***Bei der Kollision eines Frachters mit einem Schleusentor, wobei das Schiff auf Grund lief, wurde die Mannschaft von der Hafenfeuerwehr in Sicherheit gebracht.***

■ Links: ***Nach dem (als Übung praktizierten) Absturz dieses Kleinflugzeugs wird von der herbeigerufenen Feuerwehr als erstes ein Schaumteppich gelegt, um ein Entzünden austretenden Treibstoffs zu verhindern.***

herd so rasch wie möglich zu erreichen, bevor die gesamte Umgebung sintflutartig unter Wasser gesetzt wird. Schon bei einem kleinen Einfamilienhaus kann sich dies schwierig gestalten, umso mehr aber bei einem mehrgeschossigen Geschäftsgebäude.

Sicherheitsvorkehrungen

Wie viele Männer die Einsatzleitung am Brandort auch in ein brennendes Gebäude schickt: Sie trägt die Verantwortung für jeden einzelnen und muss sicher gehen, dass er nur so lange drinnen bleibt, wie sein Atemschutzgerät dies erlaubt. Eine Reserve ist für den Rückzug einzukalkulieren, und der kann sich plötzlich als abgeschnitten erweisen – etwa durch eingestürzte Teile oder durch die unvorhergesehene weitere Ausbreitung des Feuers durch Luftschächte und andere Kanäle innerhalb des Hauses. In solchen Fällen können auch Thermokameras nicht viel nützen.

Mit der Ausbreitung eines Feuers steigen die Temperaturen in einem weiten Strahlungsbereich, aber auch die Rauchentwicklung nimmt zu. Es bleibt dem Einsatzleiter vorbehalten zu entscheiden, von welchem Zeitpunkt an Entlüftungsventilatoren eingesetzt werden, mit denen Rauch abgesaugt werden soll. Die Ventilatoren könnte zur Folge haben, dass noch vorhandene Brandnester neu zum Aufflammen gebracht werden, im Falle das Feuer nicht zur Gänze gelöscht wurde. Überhaupt ist die intensive Beobachtung des Feuers immens wichtig, weil sich plötzlich auch Gegenstände oder Materialen entzünden könnten, die sich in scheinbar sicherer Entfernung befanden; ein Übergreifen des Feuers

■ Unten: ***Ein außer Kontrolle geratener Lkw schlug in eine Hausfront und richtete erheblichen Schaden an. Für sechs Menschen kam jede Hilfe seitens der Feuerwehr zu spät.***

■ Rechts: ***Das seit 100 Jahren größte Brandunglück in Kowloon, Hongkong, trug sich am 21. November 1996 zu. Aus einem brennenden Hochhaus mit 16 Stockwerken wurden 90 Verletzte geborgen, 39 Menschen kamen durch Rauch und Flammen um. 300 Feuerwehrleute waren im Einsatz.***

schon durch die Abstrahlung hoher Temperaturen kann in eine wahre Feuerwalze resultieren. Farbe, Druck und Geschwindigkeit des aus einem Gebäude austretenden Qualms verraten viel über die Nahrung, die die Flammen finden, und der sich verändernde Zustand des Gebäudes entscheidet auch darüber, ob die Männer, die darin kämpfen, sicherheitshalber abgezogen werden sollen.

Bei einem Großbrand treffen in der Regel mehrere Wehren am Einsatzort ein, ihre Arbeit muss koordiniert werden und unter einem zentralen Kommando stehen. Die Leitstelle, mit denen sie alle in Verbindung stehen, trägt die Verantwortung für die Bündelung aller Kräfte und ihre sinnvolle und möglichst schon frühzeitige Koordination. Es kann zur Aufteilung der Brandbekämpfungs- und Rettungsarbeiten in mehreren Sektio-

■ Unten: ***Die Feuerwehr von New Orleans bei der Bekämpfung eines Großbrandes am Rande der Stadt.***

■ Links: ***Brandstiftung war die ermittelte Ursache für dieses Feuer. Zu retten war nichts mehr; die Feuerwehr konnte nur die Häuser der Nachbarschaft schützen.***

nen und zu einer Teilung der Zuständigkeiten kommen; jeder der Löschtrupps untersteht dann einem separaten Kommando mit eigener Sprechfunk-Sendefrequenz. In solchen Fällen gestaltet sich das Zusammenspiel sämtlicher Kräfte äußerst kompliziert, denn bei aller getrennter Vorgehensweise muss ja jede Einzelmaßnahme die Arbeit der anderen Trupps strategisch mit einbeziehen. Zugleich ist über Maßnahmen zu befinden, die den Gesamtprozess betreffen: Beleuchtung der Szene bei eintretender Dunkelheit, Sicherstellung ausreichender Löschwasserversorgung, Anforderung von Verstärkung, weiträumige Absperrung der Straßen und Sicherung von Objekten an der Peripherie, Koordination der Maßnahmen durch Polizei, Ambulanzen und das Technische Hilfswerk, Fernhalten von Neugierigen, Ausgabe von Informationen an die Presse.

Brandstiftung oder auch Schadenverursachung durch Attentate und »Bombenkommandos« nehmen in aller Welt zu. Nicht immer ist sofort eindeutig klar, ob ein Brand absichtlich oder durch unvermeidbare Umstände entstanden ist; umso mehr bemüht sich die Feuerwehr mit Hilfe der Kriminalpolizei, im Zweifelsfall die Ursache zu ermitteln. Spezialisten finden so gut wie jede zunächst unbekannte Brandursache heraus. Die entsprechende Spurensuche unmittelbar nach den Löscharbeiten, auch mit der Kamera, verläuft sehr intensiv und führt über kurz oder lang zum Erfolg. »Aus unbekannter Ursache«– bei dieser Erklärung bleibt es meist nicht lange.

Nicht immer brennt es

Jeder weiß, dass die Feuerwehr auch anrückt, wenn es nicht brennt, sondern ein anderer Not-

■ Unten: ***Das Lager eine Chemiefabrik in Bradford, England, steht ein Flammen. Das Foto entstand in dem Augenblick, als eine Feuerwalze aus dem zusammengestürzten Dach quoll. 200 Mann waren im Löscheinsatz.***

■ Rechts: ***Keine Schläuche für Löschwasser schlängeln sich hier auf der Straße, sondern für ausgepumptes Wasser aus Wohnungen einer Siedlung, die nach lang anhaltenden, sintflutartigen Regenfällen als Folge eines schweren Unwetters voll gelaufen waren.***

fall vorliegt. Heute überwiegen solche Fälle bei weitem gegenüber jenen, bei denen ein Brand zu bekämpfen ist. Doch die Strategie ihrer Arbeit, die Art ihres Vorgehens ist für die Feuerwehrleute fast die gleiche, vor allem wenn es um die Rettung von Menschenleben geht. In einfachen Fällen kann ein Fahrstuhl stecken geblieben sein, in schwierigen gilt es, die Bewohner mehrerer Gebäudekomplexe in Sicherheit zu bringen, die infolge eines Erdbebens einzustürzen drohen. Überhaupt ist die Arbeit der Feuerwehr in bebengefährdeten Zonen von besonderer Bedeutung.

Gerade Verkehrsunfälle, in der Stadt wie auf der Landstraße oder Autobahn, rufen die Feuerwehr auf den Plan, die verletzte wie unverletzte Personen befreien und versorgen, umgestürzte Fahrzeuge aufrichten und tangierte Objekte sichern muss. Feuerwehrleute und Notarztteams arbeiten eng zusammen, denn oftmals geht es um Minuten und Sekunden. Da sind Dächer aufzuschneiden und Türen aufzubrechen, Gurte zu zerschneiden und zusammen gedrückte Karosserieteile zu spreizen; es gilt, austretenden Kraftstoff vor dem Entzünden zu bewahren und Wrackteile zu sichern, so dass sie nicht eine Gefahr für den übrigen Verkehr darstellen können.

■ Rechts: ***Diesen Unfall mit katastrophalen Folgen auf einer Autobahn in England wurde durch zwei schwere Eisenträger verursacht, die von einem Spezialtransporter gerutscht waren. Die Träger hatten sich diagonal über mehrere Fahrbahnen gelegt und eine ganze Reihe von Fahrzeugen zerschmettert.***

STÄDTISCHE FEUERWEHREN

Wie die Geschichte der Berufsfeuerwehr zeigt, haben sich die größten Brände stets dort zugetragen, wo viele Menschen dicht beieinander wohnen, also in großen Städten. Dort sind die Risiken für Leben und Besitz besonders hoch. Und da Feuer in der Stadt kaum je durch Naturkatastrophen, sondern durch eine direkt oder indirekt vom Menschen ausgelöste Ursache entsteht, multipliziert sich das Risiko natürlich mit der Zahl der Menschen in solchen Gebieten. Erst recht, wenn Wohn- und Arbeitsbedingungen nicht modernen Standards entsprechen und der Faktor Sicherheit eine nur untergeordnete Rolle spielt.

Vielgeschossige Wolkenkratzer und Bürkomplexe, überfüllte Warenhäuser und Einkaufszentren, viel befahrene und dicht zugeparkte Straßen sind Faktoren, die der Feuerwehr in der Stadt, wenn sie zu einem Einsatz gerufen wird, vor enorm schwierige Aufgaben stellen. Zu bestimmten Stoßzeiten am Morgen und am Abend, aber auch zu Zeiten von Veranstaltungen, Messen und Ausstellungen erhöht sich der Schwierigkeitsgrad, weil noch mehr Menschen unter-

■ Unten links: ***Nächtliche Löscharbeiten von der Spitze einer Drehleiter aus im Zentrum einer Großstadt.***

■ Unten rechts: ***Ausgebranntes Hochhaus nach einem Bombenanschlag in einer amerikanischen Großstadt. Durch starke Hitzeentwicklung sind die meisten Fassadenscheiben zersprungen. Die Feuerwehr hatte höchste Alarmstufe.***

■ Rechts: ***Immer häufiger muss die Feuerwehr bei Brandstiftung eingreifen, sei es bei einem brennenden Auto oder einem in Brand gesteckten Gebäude.***

wegs sind. Aus diesen gründen sind die städtischen Feuerwachen 24 Stunden rund um die Uhr in Alarmbereitschaft. Und nicht selten gehen mehrere Alarmmeldungen zugleich ein.

In vielen Ländern der Erde gibt es verbindliche Vorschriften, das Feuerwehrwesen betreffend und jede Kleinigkeit regelnd. Häufig wird nach drei oder auch vier Risikokategorien unterschieden, nach denen zu beurteilen ist, ob und in welcher Stärke Feuerwehrfahrzeuge ausrücken oder ob andere Institutionen – Polizei oder Ambulanzwagen – allein zuständig oder mit einzubeziehen sind. Besteht akute Brandgefahr, ist ohne Frage stets die Feuerwehr zur Stelle. Wenn es um Menschen in Gefahr geht, ist ihr Einsatz ohnehin immer selbstverständlich, und selbst dort, wo sämtliche hohen Gebäude (wie in den USA) mit außenliegenden Feuertreppen versehen sind, ist ihr Eingreifen so früh wie möglich unabdingbar. Bis zu dieser Feuertreppe vorzudringen, kann von Feuer eingeschlossenen Menschen verwehrt sein, und Aufzüge zu benutzen kommt das Besteigen einer tödlichen Falle gleich. Schon wenn man weiß. woher der gegebene Alarm kommt, vermag aus diesem die Alarmstufe und damit das Risiko abgeleitet zu werden, das zu erwarten ist, und dieser Alarmstufen entsprechend wird die Zusammensetzung des Löschtrupps disponiert. Diese Disposition berücksichtigt auch den Zeitfaktor, der die Fahrt bis zum Eintreffen der Wehr am Einsatzort ausmacht.

■ Unten: ***Löscharbeiten an einem Reihenhaus im Norden Londons; drinnen versuchen Feuerwehrmänner mit Atemschutzgeräten den Brandherd zu lokalisieren.***

»Normaler« Feueralarm im Zentrum einer Großstadt setzt in der Regel drei Löschfahrzeuge in Bewegung und mindestens eine Drehleiter. Diese Zusammensetzung variiert je nach dem Objekt, denn eine Fabrik oder ein voll besetztes Theater, eine Tankstelle in Flammen oder ein Feuer in einem U-Bahn-Schacht bedingt das Anrücken jeweils anderer Fahrzeuge mit anderen Ausrüstungen. Jeder Notfall hat seine eigene

■ Oben: ***Die Feuerwehr löscht einen Brand, der unter der Motorhaube eines parkenden Autos ausgebrochen ist. Eine Bagatelle, doch nur rasches Eingreifen kann verhindern, dass der ganze Wagen abbrennt und mit ihm weitere Fahrzeuge in seiner Nähe.***

Charakteristik, und wenn es auch Regelfälle und festgesetzte Vorgehensweisen gibt, so gleicht kein Einsatz genau dem anderen.

Empfängt die Brandzentrale einen Alarmruf aus einem Wohnviertel, das in einem städtischen Außenbezirk liegt, wird die am nächsten gelegene Feuerwache erst einmal zwei Löschfahrzeuge auf den Weg bringen. Häufig geht der Alarm, ein und dasselbe Objekt betreffend, der Zentrale von verschiedenen Seiten zu. Im Verlauf der nächsten Minuten schon wird sich herausstellen, ob die beiden Fahrzeuge ausreichen oder ob aus anderen Wachen weitere anrücken müssen. Der Einsatzleiter vor Ort muss die Situation so rasch wie möglich erfassen und entscheiden, ob er Unterstützung benötigt, eventuell auch seitens verfügbarer Spezialisten. Dann muss die Zentrale sofort reagieren und die angeforderte Verstärkung vom nächsten Depot aus mobilisieren.

Die Wachen einer Großstadt verfügen über umfangreiche Fahrzeugparks und auch über Sonderfahrzeuge, die für den Einsatz speziell in ihrem Distrikt maßgeschneidert sind. Liegen mehrere Feuerwachen verhältnismäßig nahe beieinander, sind die Fahrzeugparks kleiner, weil mehrere Wehren im Bedarfsfall kombinierbar sind. Das leitende Personal der Wachen kennt die lokalen Gegebenheiten des Reviers sehr genau, sämtliche Straßen und ihre Namen, alle Gebäudekomplexe und deren Zugänge, die Position der Hydranten. Bus- und Trambahnlinien, den Verlauf von Untergrundbahnstrecken, Oberleitungen, Brücken – über alles dieses müssen auch die Fahrzeuglenker Bescheid wissen. Gehören Industrieanlagen zum Revier, müssen auf der Wache genaue Informationen über sie vorliegen, Gebäudepläne, Maschinenstandorte, deren Sicherheitseinrichtungen; die Feuerwehr muss wissen, wo sich Sprinkleranlagen befinden und über welche Leitungsnetze sie versorgt werden, wo es Notausgänge und Fluchtwege gibt, welche Rettungseinrichtungen vor Ort bestehen, wo man zur Nachtzeit Zentralschlüssel findet und dergleichen mehr. Und dennoch passiert es immer wieder, dass Brandkatastrophen geschehen, Todesopfer zu beklagen sind und es in selbst feuerwehrtechnisch bestens versorgten Städten zu großen Schäden kommen kann...

Brandbekämpfung in Hochhäusern

Als am 1. Februar 1974 ein scheinbar harmloses, kleines Feuer im gerade erst errichteten Joela-Bürohochhaus in Sao Paulo, Brasilien ausbrach, sah sich niemand zu einer Panik veranlasst. Innerhalb weniger Minuten aber stellte sich heraus, dass mit einem Handfeuerlöscher den Flammen nicht beizukommen war. Im Nu sahen sich einige Hundert Büroangestellte in dem 25 Stockwerke hohen Gebäude in einer Falle. Über die mit Qualm gefüllten Treppenhäuser konnte niemand hinunter.

Die städtische Feuerwehr von Sao Paulo rückte zwar sofort aus, sah sich angesichts der Höhe des Hauses aber nicht in der Lage, mit ihren Leitern die oberen Stockwerke zu erreichen, die nacheinander vom Feuer erfasst wurden – und dieses fand besonders reiche Nahrung in den seinerzeit reichlich verwendeten und auf Feuersicherheit nicht genügend erprobten Kunststoff-Bauteilen. Von außen den Brand zu

■ Links: ***Feuer in einem der oberen Stockwerke eines Wohnhauses in London. Die Gefahr der Ausbreitung und des Schadens durch den Qualm ist offenkundig.***

■ Unten: ***Das Feuer in diesem leer stehenden Geschäftsgebäude haben mehr als 100 Feuerwehrleute zu löschen versucht – vergebens.***

hatte das im Erdgeschoss ausgebrochene Feuer sich durch Luft- und Aufzugsschächte in die Höhe fressen können. Über Feuerleitern verfügte das Gebäude nicht, sondern nur über enge Treppenhäuser; hier spielten sich wahre Horrorszenen ab. 300 Feuerwehrleute waren angerückt, alle nur verfügbaren Teleskopleitern und hydraulische Bühnenmasten an den Brandort gebracht worden. Nur ein Teil der Büroangestellten vermochten sich auf diese Art in Sicherheit zu bringen; viele sprangen in Panik aus den Fenstern auf die Straße und überlebten den Sturz nicht.

löschen erwies sich als unmöglich. Mittlerweile hatte sich unzählige Menschen auf das Gebäudedach geflüchtet, und als endlich extra hohe Spezialleitern zur Stelle waren, reichten sie längst nicht aus, um die vielen verletzten, verschreckten und unter Schock stehenden Opfer in Sicherheit zu bringen. Man schoss nach Harpunier-Art Seile empor, um Personen daran abseilen zu können. Erst als die Flammen nicht mehr so hoch schlugen, konnten auf dem Dach Hubschrauber niedergehen und noch die letzten 80 Überlebenden retten.

Als sich die Feuerwehrleute endlich durch die Stockwerke des Hochhauses kämpfen konnten, fanden sie nach und nach 227 Menschen, die Opfer dieser Katastrophe geworden waren. Ihr qualvoller Tod wäre zu vermeiden gewesen, hätte das Haus über ausreichende Fluchtwege und wirksame Brandschutzeinrichtungen verfügt.

Ein weiterer, folgenschwerer Großbrand trug sich am 21. November 1996 in Hongkong zu. Im Stadtteil Kowloon war am späten Nachmittag ein 16-stöckiges Geschäftshaus in Brand geraten. Als die Feuerwehr alarmiert wurde, befanden sich noch die meisten Angestellten im Haus.

Wertvolle Zeit ging mit dem Aufbrechen von verschlossenen Zugängen verloren. Inzwischen

Ihre Räume waren zu Todesfallen geworden. Derweil schmolzen die Metallrahmen der Fenster; Decken und Wände brachen ein. Dass durch enorme ins Haus geleitete Wassermassen zahlreiche Menschen noch eine Chance hatten, dem Inferno zu entkommen, war der Tapferkeit der Feuerwehrmänner zu verdanken, von denen viele ihr eigenes Leben riskierten, um das anderer zu retten.

21 Stunden dauerte es, bis man den Brand unter Kontrolle hatte. Die Bilanz waren 39 Todesopfer, 35 Vermisste und 90 Schwerverletzte, unter ihnen auch Feuerwehrleute. Einer von ihnen, Liu Chi-hung, hatte den Tod durch den Sprung in einen Liftschacht gefunden, als er versuchte, Eingeschlossenen im Fahrstuhl zu helfen. Die Ursache des Feuerausbruchs ist nie geklärt worden; Tatsache aber war, dass es in jenem Gebäude weder eine Alarmanlage noch ein Sprinklersystem gebeben hatte.

■ Rechts: ***Feuerwehrmänner in der letzten Phase der Bekämpfung eines Gebäudebrands.***

■ Unten: ***Den Brand in der Dachkuppel eines Bürokomplexes in der Londoner City; die Löscharbeiten gestalten sich hier besonders schwierig.***

Die Feuerwehrmannschaft

Wie sich eine Feuerwehrmannschaft strukturiert, mag in vielen Ländern der Welt unterschiedlich sein. In den USA zum Beispiel besteht die Feuerwache, die sich dort »Fire Department« oder »Firehouse« nennt, als eigenständig operierendes »Unternehmen« auf kommunalbehördlicher Basis mit einer Anzahl von fest angestellten Mitarbeitern, die für den gesamten Fahrzeugpark – den indessen die Gemeinde stellt – und seinen Einsatz zuständig sind. Woanders gehören sowohl Fahrzeuge und Gerät als auch das gesamte, in vielen Disziplinen ausgebildete Personal in einen zusammengefassten Verantwortungsbereich.

Mannschaften bis zu einer Stärke von 30 Personen unterstehen dem Kommando eines »Officer«; zu jedem Fahrzeug wiederum gehört einer seiner Stellvertreter (»Junior Officer«). Es gibt Länder, in denen die Feuerwehr einen Teil des Militärs bildet, so etwa in Frankreich, wo seit Na-

■ Oben: ***Ein Industriebetrieb steht in Flammen. Die Feuerwehr setzt Textilballen unter Wasser, so dass diese nicht auch noch Feuer fangen können und eine zusätzliche Gefahr darstellen.***

poléonischen Zeiten die Sapeurs-Pompiers eine Spezialtruppe der Armee darstellen. Auch wenn sie vollkommen selbständig operiert, so hat die Feuerwehr Frankreichs doch eine direkte Querverbindung zur Armee. In Osteuropa und im Mittleren Osten verhält es sich ähnlich; auch hier bilden die Wehren Teile der staatlichen Verteidigungssysteme. Unter militärischem Kommando standen auch alle gleichgeschalteten und nach militärischem Vorbild strukturierten Wehren jener Länder, die 1939 bis 1945 in Kriegshandlungen involviert waren; für die Feuerwehren Deutschlands zum Beispiel war die Wafffen-SS der Organisationsträger und damit Heinrich Himmler der oberste Polizei- wie auch Feuerwehrchef.

Katastropheneinsätze wie im Krieg oder bei großen Naturkatastrophen fordern vom Feuerwehrmann ungleich härtere Arbeit als im Alltagseinsatz, der schon anstrengend genug sein kann. Aber nicht immer geht es nur ums Eingreifen im Notfall. Die Feuerwehr ist fürs Inspizieren von Sprinklereinrichtungen und Alarmeinrichtungen zuständig, für Sicherheitsvorkehrungen in öffentlichen Gebäuden wie Schulen, Universitäten, Krankenhäusern, Heimen und Kinosälen. Besondere Aufmerksamkeit gilt Hotels, Diskotheken und Restaurants, in denen Notausgänge, Rauchmelder und Löschgerät vorhanden sein und in regelmäßigen Abständen Prüfungen unterzogen werden müssen. Dass Hotelbrände große Probleme aufwerfen können, haben Beispiele in jüngster Zeit vor allem bei Anschlägen in politischen Krisengebieten mehrfach gezeigt.

DIE FEUERWEHR AUF DEM LAND

Im Unterschied zu den Berufsfeuerwehren in der Stadt sind die meisten Wehren auf dem Lande anders organisiert. Es sind die so genannten Freiwilligen Feuerwehren, und es gibt sie in vielen Staaten.

Das Unterhalten einer permanent in Alarmbereitschaft stehenden Berufsfeuerwehr ist sehr teuer, und deshalb kommt dies für viele kleine Städte oder Gemeinden nicht in Frage. Auch ist die Notwendigkeit meist nicht gegeben. Auf dem Land gehören viele Männer und auch Frauen der Freiwilligen Feuerwehr an, die zwar ebenso straff organisiert und perfekt ausgebildet ist wie die Berufsfeuerwehr, deren Mitglieder jedoch anderen Hauptberufen nachgehen und nur im Fall eines Einsatzes (oder einer Übung) zusammen kommen. Ihr Gerät, ihre Fahrzeugparks entsprechen selbstverständlich modernstem Standard; mit Beginn des 21. Jahrhunderts hat man fast überall die letzten Relikte alter Zeiten ausgemustert. Das Lösch- und Rettungswesen auf dem Lande steht dem in der Stadt in nichts mehr nach, wenngleich die Stationen und Gerätehäuser auch kleiner sind.

Dennoch sind die Aufgaben der Feuerwehr auf dem Lande häufig ganz andere als in der Stadt. Schon die Region, für die sie zuständig ist, hat ganz andere Ausmaße und umfasst neben mehreren Siedlungen weitläufige landwirtschaftliche Flächen und Waldgebiete, und gerade in den heißen Sommermonaten ist Gefahr des Feuerausbruchs hier besonders groß.

■ Gegenüberliegende Seite: ***Drei von einigen hundert Feuerwehrleuten, die 1994 den großen Brand im Crystal Nationalpark von Nevada, USA, löschen halfen.***

■ Rechts: ***Pferdegezogenes Feuerwehrfahrzeug am Stadtrand von San Francisco, wo 1906 das große Erdbeben wütete.***

■ Unten: ***Einwohner eines Dschungeldorfes in Sri Lanka versuchen ein Buschfeuer auszuschlagen, das ihre Ansiedlung bedroht.***

Häufig zieht sich die Bekämpfung solcher Brände über längere Zeiträume hin, und von allen mit der Löscharbeit betrauten Feuerwehrleuten wird hoher körperlicher Einsatz gefordert, viel Kraft und lange Ausdauer.

Die Mitglieder der Freiwilligen Feuerwehr sollten möglichst in der Nähe des Fahrzeugdepots wohnen, um im Falle eines Alarms rasch zur Stelle zu sein. Je weiter sie von zu Hause oder von ihrer Arbeitsstelle entfernt sind, desto mehr kostbare Zeit geht verloren, ehe die komplett bemannten Fahrzeuge ausrücken können. Zu jeder Tages- und Nachtzeit müssen sie verfügbar sein, was viel Verständnis seitens der Familie oder des Arbeitgebers voraussetzt. Oftmals tragen sie ständig ein Rufgerät mit sich, in jüngerer Zeit ein Mobiltelefon. Wenn das erste Fahrzeug das Depot verlässt, sind im Durchschnitt fünf oder sechs Mann an Bord, weitere Helfer kommen unter Umständen mit ihren privaten Fahrzeug zur Einsatzstelle. In vielen Gemeinden Europas alarmieren elektrische Feuersirenen auf dem Dach exponierter Gebäude die Feuerwehrmänner; früher waren es Glocken oder Trompeten, mit denen man sie zusammenholte.

■ Oben: ***Die Feuerwehr von Swansea, Wales, benötigte mehrere Stunden, um zwei Ponys aus dem Schlamm der Flussmündung des River Loughor in Sicherheit zu bringen.***

Je abgelegner die Brandstelle ist, desto mehr Bedeutung kommt dem Legen einer Schlauchleitung zum nächsten Hydranten oder Wasserreservoir zu. Das Auslegen der Schläuche ist keine leichte Arbeit, vor allem wenn in unwegsamem Terrain größere Distanzen zu bewältigen sind. Wurden mehrere Wehren alarmiert, organisieren sie bei Bedarf einen Pendeldienst mit Tanklöschfahrzeugen, sofern über das Straßennetz ein größeres Reservoir erreichbar ist. Das herbeigeschaffte Wasser wird in temporäre Behälter gepumpt, wo es den Spritzen zur Verfügung steht. Bis zu 36.000 Liter können pro Fuhre herangeschafft werden, wobei der Einsatzleiter so genau wie möglich abschätzen muss, wie viel Wasser voraussichtlich benötigt wird. Richtige logistische Planung ist entscheidend für die Effizienz der Löscharbeit.

Mehr als in der Stadt spielt beim Einsatz der Freiwilligen Feuerwehr auf dem Land das Wetter eine Rolle. Herrschen große Hitze und Trockenheit, ist die Gefahr von Wald- und Flächenbränden nicht nur immens, sondern es gestalten sich dann auch die Löscharbeiten umso schwieriger,

■ Links: ***Um einen Flächenbrand auf dem Lande zu löschen, müssen oft Schläuche über sehr lange Distanzen geschleppt werden. Hier verlangt die Löscharbeit einen hohen Kräfteeinsatz aller Beteiligten.***

■ Rechts: ***Auf einer Baustelle ist ein Arbeitsfahrzeug in einen Graben gerutscht und hat sich überschlagen. Feuerwehr und ein Notarztteam versuchen, den Insassen zu helfen.***

■ Rechts: ***Es gibt fast nichts, wofür die Feuerwehr nicht in Anspruch genommen würde. Hier nimmt sich ein Retter eines hilflosen Igels an, der erstaunlicherweise den Dachfirst eines Hauses erklommen hat.***

■ Unten: ***Einsatzfahrzeug der Freiwilligen Feuerwehr – als Aktiengesellschaft (Inc.) aufgezogen – der Kleinstadt Marydel in Maryland, USA.***

denn meist herrscht Wasserknappheit. Solche Brände haben die leidige Angewohnheit, sich sehr schnell und in alle Richtungen auszubreiten; kommt Wind auf, bewegt sich das Feuer noch rascher vorwärts. Tage-und mitunter sogar Wochen lang können die Löscharbeiten in solchen Fällen dauern, und zu ihrer Bekämpfung müssen häufig die Berufsfeuerwehren umliegender Städte mit in Anspruch genommen werden und Verstärkung aus der Luft zu Hilfe kommen. An der amerikanischen Westküste, in Australien, ebenso in Spanien, Portugal und Südfrankreich müssen in jedem Jahr Waldbrände aller Größenordnungen bekämpft werden. Hunderte oder gar Tausende von Häusern – Ferienhäuser wie Bauernhöfe – fallen solchen Bränden zum Opfer, die Schäden gehen in die Milliarden. Das Unglaubliche an solchen Katastrophen ist, das viele von ihnen vorsätzlich ausgelöst werden.

1994 gab es in der australischen Provinz New South Wales einen Flächenbrand, der sich über 9700 Hektar erstreckte. Es gab vier Todesopfer zu beklagen, mehr als 100 Personen trugen Verletzungen davon. Rund 20.000 Feuerwehrleute

■ Unten: ***Zunächst hieß es, eine Hecke sei in Brand geraten, doch dann stellte sich heraus, dass große Bauholzvorräte in Flammen standen. Um das sich nach allen Seiten rasch ausdehnende Feuer löschen zu können, musste Verstärkung angefordert werden – eine Mannschaft allein hätte den Brand nicht unter ihre Kontrolle bekommen.***

mit einer Flotte von insgesamt 1400 Fahrzeugen aus diversern Städten Australiens kamen den regionalen Wehren zur Hilfe, 84 Helikopter und vier Feuerlöschflugzeuge waren im Dauereinsatz.

Die Gefahr, dass landwirtschaftliches Gerät zur Brandursache wird, ist nicht gering. Überanspruchung von Maschinen zur Erntezeit, zum Beispiel ein heißgelaufener Mähdrescher, können einen Fahrzeugbrand auslösen, der sich schnell auf trockenes Erntegut überträgt, auf Strohballen, Stoppelfelder... und bevor das erste Löschfahrzeug eintrifft, erstreckt sich das Flammenmeer dann bereits über eine große Fläche.

Kritisch wird es auch, wenn Kunstdünger und andere Chemikalien brennen, die in Lagerhäusern auf dem Lande oft in größeren Mengen auf Vorrat gehalten werden. Selbst wenn sie nicht direkt ein Raub der Flammen werden, sondern nur in der Nähe eines Brandes vorhanden sind, muss die Feuerwehr die Gefahr erkennen und den Löschtrupp vorsorglich mit Schutzanzügen und Atemmasken ausstatten, weil sich giftige Gase entwickeln könnten. Nach dem Einsatz ist eine sorgfältige Dekontamination erforderlich, um jedes Risiko im Nachhinein auszuschalten. Tragbare Wassersprühgeräte müssen nicht nur die Schutzanzüge von allen Spuren etwa vorhandener chemischer Substanzen befreien, sondern auch alles andere, was mit ihnen in Berührung gekommen ist, einschließlich der Lösch- und Rettungsgeräte. Eine zeitraubende und viel Geduld erfordernde Angelegenheit.

Extreme Witterungsverhältnisse bescheren der Feuerwehr auf dem Lande häufig auch Einsätze, die in der Stadt selten sind. Sturm- und Orkanschäden gehören dazu, etwa entwurzelte und umgestürzte Bäume, die Hochspannungsleitungen mitgerissen haben, Straßen blockieren

■ Unten: ***Um diesen Bullen aus dem Schlammloch befreien zu können, musste die Feuerwehr ein Gestell mit einem Flaschenzug aufbauen.***

oder auf Hausdächer fielen; durcheinander gewirbelte Campingfahrzeuge in Trailer Camps, unter Wasser gesetzte Brückenunterführungen, in Not geratenes oder ausgebrochenes Vieh, Unfälle infolge Unwetter auf offener Landstraße.

Da die Arbeit nicht von Berufsfeuerwehrmännern geleistet wird, sondern von solchen im Nebenberuf ohne Bezahlung, ist sie besonders hoch zu bewerten. Die Tradition dieser Wehren reicht meist sehr weit zurück, und häufig sind es viele Generationen einer Familie, die bereits in ihren Diensten standen. Viel Gemeinschaftssinn und das Opfern der Freizeit gehört dazu, ebenso sehr das Organisieren von Veranstaltungen, die nicht zuletzt dem Zweck dienen, Geld in die Feuerwehrkasse zu bringen, denn die Finanzierung dieser Institutionen basiert zu einem erheblichen Maße auf privaten Mitteln.

■ Oben: ***Das ausgebrannte Dachgeschoss dieses Hauses erreicht die Feuerwehrmannschaft über einen Teleskopmast mit Arbeitsbühne.***

■ Links: ***Um diese Teleskop-Drehleiter ausfahren zu können, muss die Mannschaft wissen, wie sie die Oberleitungen vor dem brennenden Objekt überbrückt.***

FEUERWEHREN IN DER INDUSTRIE

Mit zunehmender Industrialisierung während der zweiten Hälfte des 19. Jahrhunderts erkannten große Unternehmen die Notwendigkeit, Brandschutz und Rettungswesen auf dem eigenen Betriebsareal zu organisieren. in Fabriken aller Branchen, zumal wenn sie über einen großen Maschinenpark verfügten und viele Mitarbeiter beschäftigten, wuchs das Risiko, dass es betriebsbedingte Unfälle gab. So wurde bald nicht nur eine Erste-Hilfe-Station für die medizinische Erstversorgung zur selbstverständlichen Einrichtung, sondern auch die Werksfeuerwehr. Sie trat in Aktion, wenn ein Brand ausbrach und begann mit der Löscharbeit, bis die alarmierte Stadtfeuerwehr eintraf.

■ Unten: ***Dicker Qualm steigt von der brennenden Chemiefabrik auf und behindert die Löscharbeiten ganz erheblich.***

Werksfeuerwehren

In früheren Zeiten waren die Mitglieder der Werksfeuerwehr speziell ausgebildete Arbeiter der entsprechenden Firma, die im Fall eines Feueralarms die Werkbank, den Webstuhl oder das Sägegatter verließen, ihre Uniform samt Messing-Schutzhelm anlegten und zu jenem Punkt eilten, von dem aus die notwendigen Maßnahmen getroffen wurden. Zur Verfügung standen anfangs nur Handpumpen, dekorativ geschmückt mit dem Namen des Unternehmens. Große Firmen gingen im mittleren 19. Jahrhundert dazu über, mobile Dampfpumpen anzuschaffen, sobald es sie gab, und mit ihrer Einführung war auch eine besondere Einweisung zur Bedienung verbunden. Bald gab es vollwertige Feuerwehrstationen auf so manchem Betriebsgelände, rund um die Uhr besetzt und mit professionellen Feuerwehrleuten bemannt.

Über eine sehr effiziente Werksfeuerwehr verfügte schon sehr früh die große Londoner Ginbrennerei Hodges im Londoner Stadtteil Lambeth. Ihr Inhaber, Frederick Hodges, nahm Brandschutz sehr ernst und etablierte eine Feuerwache auf dem Gelände seiner Firma, die permanent besetzt war; die Leute hatten eine schmucke Uniform zu tragen. Ständig war die Plattform eines 37 Meter hohen Beobachtungsturms besetzt, von der aus man nicht nur das Firmengelände, sondern auch alle Straßen

der weiteren Umgebung im Auge haben konnte.

Hodges' Feuerwehr war die erste in London, die im Jahr 1862 ihre Handpumpen durch solche mit Dampfmaschinenantrieb ersetzte. Die von der Firma Merryweather gebauten Pumpen wurden von Pferden gezogen und trugen die Bezeichnungen »Torrent« und »Deluge«. Sie waren im Stande, 636 Liter Wasser pro Minute 40 Meter weit zu befördern. Auch außerhalb der eigenen Firma fanden zahlreiche Einsätze statt – ertönte in Lambeth der Alarmruf »Feuer!«, war die Hodges-Wehr meist früher zur Stelle als das London Fire Engine Establishment, das LFEE. Im Laufe der Zeit entwickelte sich eine enge Zusammenarbeit der Hodges-Feuerwehr mit dem LFEE, und die moderne Ausrüstung der Hodges-Leute gab sicher mit den Ausschlag, dass die Londoner Stadtfeuerwehr ein knappes Jahr später den Entschluss fasste, ebenfalls mit Dampfpumpen anzutreten.

Die Einrichtung von Werksfeuerwehren machte in der gesamten Industriewelt Schule, und um 1905 waren voll motorisierte Löschfahrzeuge eine Selbstverständlichkeit geworden. Hinsichtlich ihrer Ausrüstungen entsprachen diese Feuerwehren denen, die bei den modernsten Stadtfeuerwehren zu finden waren. Über eine eigene Wehr mit Vollzeit-Löschkräften zu verfügen, die im Notfall wertvolle Anlagen schützte, wurde von den Unternehmen als lebenswichtig erkannt, und häufig waren diese Wehren in der Lage, viel gezielter und vor allem schneller einzugreifen als die zur Hilfe eilende Stadtfeuerwehr. Kleinere Unternehmen freilich begnügten sich nach wie vor mit einer »Feuerschutztruppe«, bestehend aus Freiwilligen der eigenen Belegschaft, die bei Alarm anrückte und den Brand unter Kontrolle zu halten versuchte, bis die kommunale Feuerwehr zur Stelle war.

Im Verlauf der letzten Jahrzehnte jedoch stieg

■ Oben: ***Löschübung in einer Ölraffinerie in Cheshire, England. Im Einsatz ist ein ERF-Löschfahrzeug mit Schaumkanone.***

■ Unten: ***Ein Löschtrupp versucht, einen Brand zu löschen, der am Leck einer Pipeline entstanden ist.***

■ Oben: ***Männer der London Fire Brigade dekontaminieren sich und ihr Gerät mit Sprühwasser nach einem Einsatz, der austretenden chemischen Flüssigkeiten gegolten hatte.***

der Aufwand zum Unterhalt einer eigenen Betriebsfeuerwehr nicht mehr linear an. Sie technisch jeweils auf dem jüngsten Stand zu halten, war so kostenintensiv geworden, dass der Aufwand kaum mehr bezahlbar war, und da die Präventivmaßnahmen im Rahmen modernen Brandschutzes bei Bauten und deren Einrichtungen immer wirkungsvoller wurden, machte eine hochmoderne Betriebsfeuerwehr kaum noch Sinn. Die Investitionen konzentrierten sich dagegen immer mehr auf raffinierte Rauchmelder und andere Sensoren, auf die Installation von Sprinkler- und automatischen Inertgas-Sprühanlagen im Fall von Brandgefahr.

Unternehmen besonderer Risikobranchen hingegen unterhalten sehr wohl nach wie vor eigene Werksfeuerwehren, besonders wenn ausgedehnte Betriebsareale zu betreuen sind. Die ist der Fall bei Raffinerien, großen Chemie- und Hüttenwerken, Erdgasstationen, Kraftwerken – vor allem Kernkraftwerken. Überall dort, wo die nähere und weitere Umwelt von austretenden Strahlungen oder Gasen gefährdet werden könnte, ist die Stationierung von Spezialfeuerwehren an Ort und Stelle unerlässlich. Aber es geht nicht allein um Menschen, die vor Gefahren zu schützen sind, sondern auch um die Erhaltung materieller Werte, die bei einem Großbrand auf dem Spiel stehen, seien es die Anlagen einer Automobilfabrik oder um das Inventar eines Mega-Warenhauses.

Großfeuer in der Industrie

So sehr Präventivmaßnahmen in großen Industriebetrieben auch das Risiko einer Brandkatastrophe in unserer Zeit eingegrenzt haben, sind solche Fälle niemals ganz auszuschließen. Einer, der sich am 21. Juli 1992 in West Yorkshire zutrug, werden die Feuerwehrleute und Anlieger wohl niemals vergessen. Die Werksfeuerwehr wurde am frühen Nachmittag zu einem Brand beordert, der im Rohhmateriallager der Celluloidfabrik in Bradford ausgebrochen war. Die Anlagen der Firma erstrecken sich über 16 Hektar; die Belegschaft umfasste mehr als 1600 Personen.

■ Rechts: ***Von der Bühne eines Hydro-Gelenkmastes (Dennis/Simon) aus steuert ein Feuerwehrmann den Strahl in den brennenden Schuppen eines Industriebetriebes.***

Die Werksfeuerwehr war gerufen worden, weil sich der Inhalt zweier Papptrommeln zu zersetzen schien; offenbar eine chemische Reaktion, die kein Eingreifen erforderlich machte. Eine verhängnisvolle Fehldiagnose, denn 50 Minuten später kam es zu einer gewaltigen Explosion. Innerhalb von sechs Minuten war die West Yorkshire Fire Brigade zur Stelle, doch das Lagerhaus stand bereits zur Gänze in Flammen. Verstärkung wurde angefordert.

Während der einsetzenden Löscharbeiten und der Evakuierung der Belegschaft griff das Feuer rapide um sich, weitere Explosionen folgten. Brennende Flüssigchemikalen bildeten Ströme, die in alle Richtungen austraten und alles, was sie berührten, sofort in Brand setzten. Das ganze Werk einschließlich seiner immensen Vorräte stand binnen kurzem in Flammen. Wie ein Riesenfeuerwerk schossen Behälter mit brennenden Chemikalien in den Himmel, Spuren der Vernichtung hinterlassend, wo sie niedergingen. Tiefschwarze Qualmwolken legten sich über das Inferno und machten den hellen, sonnigen Sommertag zur Nacht.

Dreißig Löschzüge, drei Drehleitern und zehn Sonderfahrzeuge waren an der Unglücksstelle, mehr als 200 Feuerwehrmänner nahmen den Kampf gegen die Feuerhölle auf. Die Löschwasserzufuhr aus 18 Hydranten reichte bei weitem nicht, die Spritzen zu versorgen, das nächste größere Reservoir befand sich in 1,6 km Entfernung.

Obwohl die Bevölkerung angewiesen worden war, Fenster und Türen geschlossen zu halten, gab es eine Menge Rauchvergiftungen, vor allem war das Obst und das Gemüse aus den Gärten für lange Zeit nicht genießbar. auch konnten die Schwimmbäder nicht mehr benutzt werden. Alles war von giftigen Substanzen, die der Qualm verbreitet hatte, in Mitleidenschaft gezogen.

■ Oben: ***Die Flammen haben sämtliche Stockwerke dieses Mühlenbetriebes erfasst. Schwere Arbeit für die Feuerwehr!***

Am frühen Abend hatten die Feuerwehren den Brand in der Celluloidfabrik unter Kontrolle. Sieben Stunden hatte der Kampf gedauert, zahlreiche Explosionen hatte es gegeben und insgesamt 39 Menschen zum Teil schwer verletzt. Es war der größte Brand, der in Yorkshire je stattfand und der in jener Region den bisher höchsten Aufwand an Löschtechnik erfordert hat.

FLUGHÄFEN

Von den ersten Tagen der Fliegerei an hatte man sich mit dem Risiko von Abstürzen und anderen Unglücken auseinanderzusetzen, in deren Folge Brandgefahr an erster Stelle stand. Und je größer die Flugzeuge wurden, desto intensivere Sicherheitsvorkehrungen waren zu treffen, vor allem in Anbetracht der Zunahme der Zivilluftfahrt mit hohem Passagier- und Frachtgutaufkommen. Die Flugrouten wurden immer länger, und in der Kausalität führten die Flugzeuge auch immer mehr Treibstoff mit sich. Um auf Zwischenfälle bei Start und Landung – den größten Risikofaktoren in der Fliegerei – sofort reagieren zu können, wurden Flughafen-Feuerwehren geschaffen.

Das Personal dieser speziellen Feuerwehren absolviert eine ganz besondere, auf alle Eventualitäten des Luftverkehrs ausgerichtete Ausbildung. Auch der Fahrzeugpark einer Flughafen-Feuerwehr ist weit gehend auf die besondere Art der Einsätze, so sie denn notwenig werden, abgestimmt. Früher bestand die Flotte aus normalen Tanklöschfahrzeugen, doch mindestens seit dem Ende des Zweiten Weltkrieges entwickelte sich eine eigene Spezies von Fahrzeugen, unter denen solche, die einen Schaumteppich legen können, einen besonderen Platz einnehmen. Die amerikanische Cardox Corporation baute als erste ein solches Spezialfahrzeug. Der Schaum, der bei einer »Crashlandung« das Entzünden austretenden Treibstoffs verhindert, entsteht durch eine Mischung von Wasser mit Kohlendioxid und wird durch eine oder mehrere Kanonen vom Dach des Fahrzeugs aus gespritzt. Seit den

■ Links: ***Feuerlöschübung an einem Passagierflugzeug des Fire Service College, England.***

■ Unten: ***Schaumlösch- und Rettungsfahrzeuge für den Flughafen-Einsatz der Fabrikate Simon Gloster Saro (vorne) und Thornycroft Nubian (hinten).***

■ Rechts: ***Flughafen-Feuerwehrfahrzeug mit einer Wasser- bzw. Schaumlöschspritze (»Snozzle«) am Teleskopausleger auf dem Dach, mit dem man auch in das Innere eines Flugzeuges eindringen kann.***

■ Rechts: ***Feuerwehrmänner der US Air Force in Spezialanzügen und mit Atemschutzgerät üben das Bergen eines Piloten aus der Kanzel eines Kampfflugzeuges.***

■ Unten: ***Löschübung einer norwegischen Flughafen-Feuerwehrtruppe an einem in Brand gesetzten Flugzeugrumpf.***

späten 1950er Jahren verfügen alle Flughäfen über Schaumlöschfahrzeuge. Sie haben sich in vielen Einsätzen bewährt und »sanfte« Flugzeuglandungen ermöglicht, etwa im Falle von Pannen beim Fahrwerk.

Weitere Sonderfahrzeuge wurden entwickelt, mit Allradantrieb und Vorrichtungen zum Auftrennen von Flugzeugrümpfen, und als die Maschinen immer größer wurden, mussten auch die Rettungsfahrzeuge mitwachsen. Große Lösch-

fahrzeuge in 6x6-Bauart kamen auf, als die erste Boeing 747 ihren Dienst aufnahm. Ein Jumbo-Jet in Not bedeutete Großeinsatz, schon in Anbetracht der hohen Zahl an Bord befindlicher Fluggäste, die es im Falle eines Falles in Sicherheit zu bringen galt.

Flughafen-Feuerwehrfahrzeuge mit Dieselmotoren lösten die Benziner ab, es kamen Automatikgetriebe auf, vermehrt wurde Hydraulik eingesetzt. Spezialwagen mit Hebebühnen wurden entwickelt, mit denen man an hoch liegende Triebwerke herankam. Ein klassischer Vertreter der neuen Generation solcher Fahrzeuge ist der Thorneycroft/Carmichael Nubian Major Dreiachser mit Allradantrieb und einem 300 PS starken Cummins-V8-Dieselmotor und halbautomatischem Getriebe. An Bord befinden sich 6820 Liter Wasser und 700 Liter Schaumsubstanz, woraus sich 32.000 Liter Schaum pro Minute erzeugen lassen.

Im Laufe der Zeit haben sich die Flugaufsichts- und Flugsicherungsbehörden vieler Länder in internationalen Gremien wie der IATA auf bestimmte Standards geeinigt. Für jeden Flugzeugtyp, der einen Flughafen der Mitgliedsstaaten aufliegt, müssen entsprechende Sicherheitsvorkehrungen gewährleistet sein. Die mitgeführten Treibstoffmengen, die Zahl der Passagiere und das Volumen der Frachten geben die Parameter vor, denen entsprochen werden muss. Ein kleiner Flugplatz, den auch nur kleine Maschinen anfliegen, mag mit einem einzigen Tanklöschfahrzeug und vier Mann Besatzung auskommen, während Weltflughäfen wie Frankfurt Rhein-Main, London Heathrow, Paris Charles-de-Gaulle oder New York JFK über große Flotten von Spezialfahrzeugen mit enormen Schaumlöschkapazitäten verfügen und sie auch in ständiger Alarmbereitschaft halten.

Besonders große Flughafen-Feuerwehrfahrzeuge stellt die niederländische Firma Kronenburg auf die Räder. Es sind Dreiachser von mehr als 30 Tonnen Gesamtgewicht, die in 30 Sekunden auf 80 km/h beschleunigen und durch ihre Kanonen auf dem Dach 9000 Liter Schaum pro Minute ins Ziel jagen.

■ Oben: ***Ein Simon-Feuerwehrfahrzeug und ein Pacer-Hilfsfahrzeug mit Schaumkanonen der Flughafen-Feuerwehrflotte von Nepal; vorn ein Ambulanz-Land-Rover.***

■ Unten links: ***Beim Durchbrechen der Landebahn-Absperrung kollidierte diese Privatmaschine auf der dahinter verlaufenden Landstraße mit einem Lieferwagen. Zum Glück brach kein Feuer aus.***

■ Unten rechts: ***Rettungshubschrauber der Flughafen-Feuerwehr von Osaka, Japan.***

■ Rechts: ***Typisches 4x4-Schaumlöschfahrzeug einer modernen Flughafen-Feuerwehr.***

■ Unten rechts: ***Feuerwehrmann mit Atemgerät bei einer Löschübung an Bord einer mit Qualm gefüllten Maschine.***

Nicht weniger intensiv schritt die Entwicklung spezieller Lösch- und Rettungsfahrzeuge für den Einsatz auf Militärflughäfen voran. Gerade Riesenflugzeuge wie der große Bomber B52 machten dies erforderlich. Im Auftrag der US Air Force mit ihren Luftstützpunkten in aller Welt entstanden wahre Monster von Löschfahrzeugen wie der vierachsige Oshkosh P-15 mit zwei 500-PS-Motoren und Allradantrieb.

Der Zeitfaktor spielt bei jedem Löscheinsatz eine enorm wichtige Rolle, insbesondere aber, wenn bei einem Flugzeug Tausende von Liter Treibstoff in Brand zu geraten drohen oder bereits Feuer gefangen haben, denn dann sind auch andere Maschinen auf dem Flugfeld gefährdet. Die Depots einer Flughafen-Feuerwehr befinden sich deshalb stets in Landebahn-Nähe. Einen Brand gar nicht erst entstehen zu lassen, wenn der Notfall eintritt, ist das dringendste Anliegen der Wehr, und daher ist ihre unverzügliche Präsenz so wichtig.

Neu in Gebrauch kommende Flugzeugtypen (es stehen Maschinen mit Kapazitäten bis zu 600 Passagieren in Aussicht!), die Inbetriebnahme neuer Abfertigungshallen und Umschlagobjekte, aber auch neue Generationen von Rettungsfahrzeugen machen es notwendig, dass Flughafen-Feuerwehrleute ständig geschult und in praktischen Übungen mit allen Neuerungen vertraut gemacht werden. Sie müssen das Gelände bis in den letzten Winkel kennen, in der Frage aller Sicherheitsvorkehrungen Bescheid wissen und mit der Anspannung leben können, in jedem Augenblick zum Einsatz bereit zu sein.

AUF DER STRASSE, AUF DER SCHIENE, AUF DEM WASSER

Stets wird die Feuerwehr gerufen, wenn Unfälle auf der Straße oder auf der Schiene passiert sind. Bei einem Bahnunglück handelt sich fast immer um ein äußerst folgenschweres Ereignis, wobei die Ursachen häufig minimaler Natur sind – brennendes Fett im Bordrestaurant, ein Maschinendefekt in der Klimaanlage, ein geborstener Radkranz wie beim Desaster von Unterlüß in Niedersachsen.

Bricht ein »normales« Feuer an Bord eines Zuges auf freier Strecke aus, bestehen große Chancen, dass alles routinemäßig abläuft: Der Zugführer bringt den Zug zum Stehen, die Fahrgäste steigen aus, die alarmierte Feuerwehr nimmt ihre Arbeit auf. Kompliziert wird es, wenn der Zug in einem unwegsamen Gelände in Brand gerät und die Löschtrupps mit Problemen im Annähern konfrontiert sind, vor allem aber, wenn das Unglück in einem Tunnel geschieht.

Brandfälle auf der Straße ergeben sich nicht allein in der Folge von Kollisionen, sondern – und das ist relativ häufig der Fall – durch defekte Kraftstoffanlagen, wenn Benzin oder Diesel mit heißen Motorteilen in Berügung kommen. Oder durch glühend heiß gefahrene Bremsen, etwa an Passstraßen. Elektrische Defekte, Kurzschlüsse auslösend, sind ebenso häufig die Ursache eines Fahrzeugbrands. Bei einem schweren Auffahrunfall können mehrere Brandursachen zugleich ein Feuer ausbrechen lassen, und wenn austretender, brennender Kraftstoff auf die Straße fließt, potenziert sich die Gefahr unmittel-

■ Gegenüberliegende Seite, oben und unten: ***Notärzte und Feuerwehr koordinieren ihre Arbeit bei einem schweren Verkehrsunfall.***

■ Rechts: ***Bei dem schweren Bahnunglück in Ladbrook Grove 1999, in das zwei Züge involviert waren, musste die Feuerwehr zahlreiche Waggons aufschneiden, um an die eingeschlossenen Opfer heranzukommen.***

■ Unten: ***Im Sicherheitstrakt zwischen den Bahnröhren des 44 km langen Tunnels unter dem Ärmelkanal stehen schmale Mercedes-Benz Rettungsfahrzeuge bereit, die als »Doppelender« in beide Richtungen fahren können.***

bar zu einem Risiko für alle Fahrzeuge in der Nähe. Auch hier ist höchste Alarmstufe gegeben, wenn sich ein solcher Fall in einem Tunnel ereignet. Feuer und Qualm haben gar keine andere Möglichkeit, als dem Verlauf des Tunnels im Luftzug zu folgen, und diese Situation stellt für die Flüchtenden eine ebenso tödliche Gefahr dar

wie für die Feuerwehrleute, die einen Tunnelbrand zu Leibe rücken.

Dass viele Tunnelstrecken gefährliche Todesfallen sind, haben Experten – etwa des ADAC – in jüngster Zeit nachgewiesen. Vor allem der Brand im 11 Kilometer langen Mont-Blanc-Tunnel zwischen Italien und Frankreich am 24. März 1999 hat gezeigt, wie hilflos auch die Feuerwehr in einem solchen Fall sein kann. Das Chaos ließ 39 Reisenden keine Chance mehr, dem Inferno zu entkommen. 48 Stunden dauerte es, ehe man den Brand unter Kontrolle hatte. Und zwei Jahre später ereignete sich ein ähnliches Unglück im St.-Gotthard-Tunnel, dort verloren 40 Menschen ihr Leben.

Auch der 44 Kilometer lange Kanaltunnel, der England mit dem Kontinent verbindet und in seiner Auslegung als absolut sicher galt, wurde durch eine Brandkatastrophe heimgesucht – niemals hätte man ein so folgenschweres Unglück dort für möglich gehalten. Das Feuer brach am 18. November 1996 an Bord eines Lastwagens aus und wurde erst bemerkt, als der Plattformzug, mit dem die Fahrzeuge befördert werden, bereits Richtung Frankreich in Bewegung war.

Nach 13 Kilometern brachte man ihn zum Stehen, und alle Personen wurden aufgefordert, aus ihren Autos zu steigen und sich in den Sicherheitstunnel zu begeben, der zwischen den beiden Bahntunneln verläuft. Er steht unter Druck, so dass kein Qualm in ihn eindringen kann. Durch das in Brand geratene Fahrzeug entstand jedoch eine so starke Rauchentwicklung, dass die Absaugvorrichtungen überfordert waren; die Temperaturen stiegen rapide an, weitere Fahrzeuge fingen Feuer. Sowohl von der englischen als von der französischen Seite näherten sich Löschtrupps dem Brandherd. Den Menschen im Sicherheitstunnel drohte zwar keine unmittelbare Gefahr, doch das Feuer dehnte sich ungehindert weiter aus und richtete enormen Schaden an; die Feuerwehren hatten acht Stunden unter extrem schweren Umständen zu kämpfen, ehe sie den Brand unter Kontrolle bekamen. Die Hitzeentwicklung eskalierte auf 1000 Grad Celsius und ließ Stahlträger einknicken und Bahnwaggons regelrecht an die Gleise festschmelzen. Weite Teile des Kanaltunnels mussten komplett erneuert werden; die Instandsetzungsarbeiten dauerten viele Monate.

Brandbekämpfung auf See

Feuerausbruch auf einem Schiff kann sich zu einem Alptraum entwickeln. Der Stahlkörper des Rumpfs und alle Verbindungsteile seiner Struktur übertragen die hohe Temperatur vom Brandherd rasch auf andere Sektionen, so dass auch diese innerhalb kurzer Zeit Feuer fangen können. Früher waren es die gefürchteten Kesselexplosionen, die das Desaster heraufbeschworen; auch heute noch beginnt ein Schiffsbrand meist durch einen Defekt im Maschinenraum, und wenn dort flüssiger Treibstoff brennt, ist die Katastrophe programmiert. Große Schiffe verfügen zwar über Rauchmelder, Sprinkleranlagen und automatische Kohlendioxyd- oder Inertgas-Löschanlagen, dennoch bleibt das Risiko der Ausdehnung eines Brandes groß. Auch wenn die Besatzung für den Fall eines Feuers an Bord ausgebildet und modernes Rettungsgerät vorhanden ist, bleibt Hilfe von außen unverzichtbar. Nur kann es auf hoher See lange dauern, bis sie eintrifft.

Welche Dimensionen ein Unglück durch Feuerausbruch an Bord annehmen kann, beweisen Fälle wie der des Frachters Ebn Majid, der sich am 28. Januar 1986 im Ärmelkanal zutrug. Als dünne Rauchschwaden erkennbar wurden, die aus einer Ladeluke drangen, wurde sofort das Kohlendioxyd-Löschsystem aktiviert. Doch die

■ Oben links: ***Vier Tage und vier Nächte dauerten die Löscharbeiten an der Ebn Majid, die 1986 im Ärmelkanal infolge Feuerausbruchs havarierte und von der Royal Navy an die Küste bugsiert wurde.***

■ Oben rechts: ***Zwei Züge, ein Trümmerfeld: Durch solche Katastrophen erfährt der Bahnverkehr für längere Dauer erhebliche Einschränkungen.***

Rauchwolken nahmen an Intensität zu, und die Schiffsleitung forderte Löschhilfe an. Es erschien die Royal Navy und schleppte das brennende Schiff in den Marinehafen von Weymouth, dort enterten Löschmannschaften der Dorset Fire Brigade und nahmen ihre Arbeit auf. Inzwischen stand die gesamte Ladung in Flammen: Sie bestand aus Tierfutter, Gummi und leicht entflammbaren Chemikalien. Eine brisante Mischung, die der Wehr vier volle Tage und Nächte lang zu schaffen machte. Die 120 zur Verfügung stehenden Atemschutzgeräte wurden in permanentem Turnus ausgetauscht; 8000 Mannstunden und den Einsatz von 41 Löschfahrzeugen machte die Löschbilanz aus. Noch tagelang blieb der Hafen gesperrt. Die Ursache des Brandes war vermutlich Selbstentzündung.

Auf Kreuzfahrtschiffen stellt die meist sehr hohe Zahl von Fahrgästen einen zusätzlichen Schwierigkeitsfaktor dar, wenn Feuer ausbricht. Besonders, wenn es ein Kabinenbrand ist und die schmalen Gänge unter Deck unpassierbar werden; Hunderte von Passagieren in Sicherheit zu bringen, ist dann allein schon ein logistisches Problem. Erinnert sei an das Schicksal der Achille Lauro, die am 30. Dezember 1994 vor der Küste Nordafrikas ein Raub der Flammen wurde. 1000 Personen mussten sich in Boote und auf Flöße retten, bevor dem italienischen Luxusliner Hilfe zuteil wurde, und es war ein Wunder, dass es nicht mehr als drei Todesopfer gab. Die Achille Lauro blieb als ein vom Rauch geschwärztes Wrack zurück...

■ Unten links: ***Nach dem Absturz eines Hubschraubers und einem sicherheitshalber gelegten Schaumteppich verharren die Feuerwehrfahrzeuge in Wartestellung.***

■ Unten rechts: ***Ein Feuerschutzboot der britischen Küstenwache löscht einen Brand auf einem Frachter per Wasserwerfer.***

FEUERWACHEN UND DEPOTS

So modern sie heute ausgestattet sind, so historisch sind doch viele Gebäude, in denen Feuerwachen untergebracht sind, und sie haben meist auch eine bewegte Geschichte. Die Clerkenwell Fire Station in London beispielsweise existiert seit 135 Jahren. Ihren Zweck erfüllt sie nach wie vor bestens, doch ihre im viktorianischen Stil gehaltene Fassade lässt ihr Alter erkennen, und auch im Innern existieren noch Vorrichtungen, die an die alte Zeit erinnern. An den Wänden hingen einst Pferdegeschirre, und in den oberen Stockwerken gibt es Räume, in denen die Feuerwehrmänner mit ihren Familien wohnten. Im Hof der Clerkenwell Fire Station spielten die Kinder – hier war ihr Zuhause. Der Feuerwehr-Kommandant war für das private Wohlergehen seiner Leute ebenso verantwortlich wie für das prompte Reagieren auf Feueralarm. Eine solche Form des Daseins professio-

■ Oben: ***Die Metropolitan Fire Brigade, London, posiert mit ihren von Pferdewagen gezogenen Dampfspritzen vor der Southwark Fire Station, 1898.***

■ Ganz links: ***Typisch amerikanische Feuerwache in Ridgeway, Colorado, aus dem 19. Jahrhundert mit Beobachtungs- und Glockenturm.***

■ Links: ***Historische Feuerwache in Nevada City, Kalifornien, ebenfalls mit Glockenturm.***

■ Oben: ***Sieben Feuerwehrfahrzeuge vor dem Gebäude der Londoner Feuerhauptwache; ein Foto von etwa 1925.***

neller »Firemen« war in Großbritannien kein Einzelfall.

Gerade in England errichtete man Feuerwachen vorwiegend in noblen Wohn- und Geschäftsvierteln. Als König Georg VI. im Juli 1937 die neue Hauptfeuerwache in London einweihte, konnte er voll Stolz auf ein 64 Meter breites Gebäude mit sieben Ausfahrten verweisen. In der mit Marmor ausgelegten Eingangshalle waren auf Bronzetafeln die Namen von allen Londoner Feuerwehrmännern eingraviert, die im Einsatz ihr Leben verloren hatten. Das neue Gebäude stand – Ironie des Schicksals – an einem Themsekai, auf dessen Fläche 1918 ein Lagerhaus abgebrannt war und sieben Todesopfer gefordert hatte.

Jedes Fahrzeugdepot hat eine Reihe von Ausfahrten, hinter deren Rolltoren Fahrzeuge einsatzbereit stehen. Die Wache befindet sich neben oder unmittelbar über der Fahrzeughalle. Einst wurde in der Zentrale echt »Wache« geschoben; hier ging die Alarmmeldung per Boten beim Wachhabenden ein, als es noch kein Telefon gab. Heute stellt die Wache ein Kommunikationszentrum dar mit Standby-Verbindungen zu den einzelnen Einsatzfahrzeugen, zu anderen Wachen, zur Hauptwache, zur Polizei, zu Krankenhäusern, Hubschrauberstaffeln und anderen Institutionen zu Lande, zu Wasser und in der Luft. Datenbanken und Internet-Verbindungen liefern alle erforderlichen Informationen, sobald sie benötigt werden.

■ Unten links: ***Drei moderne Feuerwehrfahrzeuge aus den USA in der dort üblichen bunten Lackierung.***

■ Unten rechts: ***Das Backsteingebäude dieser Feuerwache in Alexandria, Virginia/USA, datiert aus dem 19. Jahrhundert.***

Stationen, die rund um die Uhr besetzt sind, benötigen Aufenthalts- und Ruheräume für die in Alarmbereitschaft befindlichen Feuerwehrleute, auch Lese- und Fitnessräume, Duschen, eine Küche, Schulungsräume. Auf der Station muss jede Menge Gerät auf Vorrat gehalten werden, Luftkompressoren müssen nachgefüllt, Maschinen gereinigt werden. Tank- und Waschanlagen für die Fahrzeuge müssen vorhanden sein, Werkstatträume und Hebebühnen. Routine-Inspektionen werden meist im eigenen Haus erledigt.

Große Stationen verfügen auch über ausgedehnte Ausbildungs- und Trainingsanlagen, in denen Übungen stattfinden können, unter realitätsähnlichen Konditionen, einschließlich künstlicher Raucherzeugung. Und sie haben eigene medizinische Abteilungen mit Ärzte- und Helferteams, die im Notfall nicht erst vom näch-

■ Oben: ***Bescheiden anmutendes Fahrzeugdepot der Feuerwehr in einer Kleinstadt in Quebec, Kanada. Es gehört zu einem kleinen Hotelkomplex.***

■ Links: ***Werkstatträume der städtischen Feuerwehr in Boston, Massachusetts/USA.***

■ Rechts: ***1992 eingerichtetes Depot der Flughafenfeuerwehr vom Heathrow Airport, London. Es befindet sich unmittelbarer Nähe zum Start- und Landebahnbereich.***

■ Unten: ***Das moderne Gebäude der Feuerwehr, die in Ashford am Zugang zur englischen Seite des Kanaltunnels stationiert ist. Acht Fahrzeugausfahrten können zugleich benutzt werden.***

sten Krankenhaus abgezogen werden können.

In ländlichen Gebieten, wo in der Regel Freiwillige Wehren operieren, sind Feuerwachen und Fahrzeugdepots kleiner. Sie beherbergen meist nur zwei oder drei Löschfahrzeuge und verfügen selten über mehr als zwei Aufenthaltsräume für Mannschaften, die ja auch nicht permanent auf der Wache in Alarmbereitschaft sind. Ältere Gebäude dieses Genre erkennt man oft an ihrem Turm, den man zum Trocknen der Schläuche wie zum Beobachten der Umgebung benötigte und in dessen Spitze nicht selten die Alarmglocke hing.

Ein größerer Hof zu Übungszwecken gehört zu den meisten Depots, denn Training und praktische Schulung am Gerät können nicht auf offener Straße stattfinden. Das Areal dient häufig auch anderen Zwecken – nämlich zu Demonstrationen vor Publikum, zu sportlichen Wettbewerben der Jugendfeuerwehr und nicht zuletzt auch zu dem einen oder anderen Fest mit der Gemeinde, die für die Aufgaben der Feuerwehr zu interessieren zu jeder Zeit ein wichtiges Anliegen darstellt.

FEUERWEHR-UNIFORMEN

Die Uniform eines Feuerwehrmannes war im 18. und 19. Jahrhundert prächtig anzusehen, dekorativ und farbenfroh – dabei aber höchst unpraktisch. Mit der Uniform kennzeichneten sich die Männer als Angehörige einer Wehr, die im Dienst der damals üblichen Brandkassen, also Versicherungsgesellschaften stand. Selbst als das Löschgerät in Form moderner Dampfspritzen immer effektiver wurde, die Feuerwehrleute sich dem Feuer also in größerer Nähe aussetzten, waren sie selbst schlecht geschützt. Reich verzierte Helme, blanke Knöpfe und dekorative Gürtelschnallen schienen wichtiger als Schutzkleidung aus schwer entflammbarem Material.

Einen ersten Schritt, die Arbeitskleidung des Feuerwehrmanns nach praktischen Gesichtspunkten auszulegen, tat der Chef der Feuerwehr von Edinburgh, James Braidwood, als er 1824 die Operetten-Uniformen der Brandkassen abschaffte und die Männer der von ihm ins Leben gerufenen städtischen Feuerwehr mit schwarzem Drillichzeug ausstattete. Auch führte er Lederhelme und kniehohe Stiefel ein. 1832 folgte Braidwood einem Ruf nach London, wo er die Feuerwehr der Hauptstadt ebenfalls reorganisierte und ihre Männer mit neuen, praktischen Monturen einkleiden ließ. Hinzu gekommen war ein seidenes Halstuch, das verhindern sollte, dass Funken in den Kragenausschnitt gerieten.

Mitte des 19. Jahrhunderts waren in vielen Ländern Europas aber noch immer auf Hochglanz polierte Messinghelme en vogue. Ihre Form nahm an Opulenz allmählich ab, und aus blankem Messing wurde bei einigen Wehren spiegelblanker Chrom. Die Amerikaner gingen wie die Engländer ebenfalls zu Lederhelmen über, und den damals eingeführten halblangen Mantel tragen sie noch heute, wenngleich sich sein Schnitt und seine Materialzusammensetzung auch geändert hat. Erst 1930 wurden die

■ Links: ***Diese Uniform eines französischen Feuerwehrmanns von etwa 1860 und seine Ausrüstung lassen erkennen, dass die »Sapeurs Pompiers« eine militärische Gliederung darstellten.***

Helme der Feuerwehrleute in Europa leichter: Man stellte sie wie Tropenhelme aus gepresstem Kork her mit einem Überzeug aus Kunststoff. Metallhelme hatten sich zunehmend als gefährlich erwiesen, nachdem unter Strom stehende elektrische Leitungen tödliche Schläge auf Feu-

■ Unten links: ***Nachdem Helme aus Messingblech sich bei der Berührung mit Stromkabeln als lebensgefährlich erwiesen hatten, führten die Briten 1934 Helme aus gepresstem, lackiertem Kork (links) ein.***

■ Gegenüberliegende Seite unten: ***Vergleich von Schutzanzügen der Feuerwehr in England von 1866 (rechts außen) bis heute.***

erwehrmänner erteilt hatten, etwa von beschädigten Decken aus. Doch während des Krieges hielten wieder stählerne Helme, denen der Militärs entsprechend, bei der Feuerwehr Einzug, und in zahlreichen Ländern ist es beim Schutzhelm aus Stahl geblieben.

Fortschritte bei der Entwicklung feuer- bzw. hitzeresistenter Fasern und Gewebe führten auch zur Verbesserung der Schutzkleidung bei der Feuerwehr. Von Kopf bis Fuß in Anzüge aus

■ Oben links: ***Die Briten behielten diese Art der Uniform von 1936 bis ca. 1970 bei.***

■ Oben Mitte: ***Japanischer Feuerwehrmann in paramilitärischer Uniform.***

■ Oben rechts: ***Moderne Schutzkleidung gewährt einen maximalen Allround-Schutz.***

diesem in den 1980er Jahren entwickelten und seither weiter verbesserten Materialen gewähren einen wirksamen Schutz und stellen damit auch einen wichtigen Beitrag zu noch größerer Effizienz der Rettungsarbeit dar. Ein besonderes Ereignis hat eine wichtige Verbesserung der Schutzkleidung der Londoner Feuerwehr herbeigeführt: Das war bei einem Brand in der U-Bahn-Station Kings Cross im Jahre 1987, als 31 Menschen in einem Fahrstuhl den Tod fanden. Die

kurze Jacke mit Gürtel, seit mehr als 100 Jahren Tradition, fand anschließend ihre Ablösung durch einen längeren Schutzrock, einem Anorak gleichend, glattflächig und ohne Knöpfe.

■ Oben links: ***Japanische Feuerwehrleute in leichter Schutzkleidung und mit Atemgeräten erwarten ihre Anweisungen.***

■ Oben rechts: ***Japanische Feuerwehrmänner in Vollschutzkleidung und Visierhelmen im Löscheinsatz.***

Moderne Schutzkleidung

Der heute übliche Schutzanzug für einen Feuerwehrmann besteht aus einem Außengewebe, das physische Protektion bietet, unterlegt durch eine feuchtigkeitsundurchlässige Schicht und einer weiteren, die thermophysikalische Eigenschaften hat. Mit entsprechendem Kopfschutz und Stiefeln ist größtmöglicher Schutz gegen starke Hitzestrahlung und andere Einflüsse gegeben, wobei Bewegungsfreiheit und Tragekomfort ebenso berücksichtigt sein müssen, denn der Träger dieser Montur muss ja unter den widrigsten Umständen schwere Arbeit leisten – oft stundenlang.

■ Unten: ***Im Gleichschritt und mit einem Lied auf den Lippen paradieren diese japanischen Feuerwehrmänner bei einem Umzug.***

Die heute meist aus Kunststoff bestehenden Helme haben ein bewegliches Visier, eine Vorrichtung für Sprechfunk und Anschluss fürs Atemschutzgerät. Aus der Raumfahrt übernommene Formen und Materialien, um Gesicht und Nackenbereiche noch besser zu schützen, haben den Helm weiter optimiert. Handschuhe mit großen Stulpen und Schutzschilde bestehen natürlich ebenfalls aus speziellen Materialien, bei denen es in erster Linie auf Hitzschutz ankommt.

Bei den Stiefeln ist es ebenso. Sie müssen nicht nur besten Tragekomfort gewähren, sondern spezielles Sohlenmaterial aufweisen, dicht abschließende Schäfte sowie vordere Schutzkappen haben. Vor allem müssen sie vollkommen dicht sein, nicht nur gegen Wasser, sondern auch gegen jede Art von chemischen Flüssigkeiten.

Die Standard-Feuerwehrkleidung kann bei der Waldbrandbekämpfung jedoch vollkommen fehl am Platz sein. Die physische Anstrengung ist hier besonders hoch, und heißes Sommerwetter kann gemeinsam mit der Hitzeabstrah-

■ Rechts: ***Diese Uniformen trugen Feuerwehrleute in den 1920er Jahren bei der Wiener Stadtfeuerwehr.***

lung des Feuers die Belastung bis zur Unerträglichkeit steigern. Deshalb ist für solche Einsätze eine andere Art von Schutzkleidung entwickelt worden, leichter und aus atmungsaktivem Gewebe hergestellt.

Schutzanzüge für die unterschiedlichsten Einsätze, vor allem auch solche ohne Brände, werden fortlaufend getestet und verbessert. Internationale Gremien beschäftigen sich mit diesem Thema unter Einbeziehung von Experten aus allen Fachgebieten. In Europa gibt es eine EU-Kommission, die hierfür zuständig ist und allen Mitgliedsstaaten Standards vorgibt, die einzuhalten sind. Die Amerikaner arbeiten auf der gleichen Ebene und haben die Schutzanzüge ihrer Feuerwehrleute vollkommen resistent gegen das gefährliche Kohlenmonoxid gemacht.

So sehr die moderne Technologie Einzug gehalten hat im Brandbekämpfungswesen und in der Ausrüstung der Feuerwehrleute, so intensiv wird dennoch die Tradition gepflegt. Uniformen und Helme aus früheren Epochen werden aufbewahrt und bei Paraden, Festen und anderen feierlichen Anlässen angelegt, ebenso wie es fast überall »normale«, in Deutschland dunkelblaue Uniformen gibt, die der Feuerwehrmann trägt, wenn er nicht im Alarm-Einsatz ist.

■ Unten links: ***Moderne Schutzanzüge sind heute weit gehend hitzeresistent.***

■ Unten rechts: ***Japanische Feuerwehrleute in voller Montur und Atemschutz bei einem Übungseinsatz mit Schaumlöschgeräten.***

FEUERLÖSCH-ÜBUNGEN

Nicht nur um körperlich fit zu bleiben, sondern auch, um im Umgang mit dem Gerät nicht aus der Übung zu kommen und neues kennen zu lernen, stehen bei allen Wehren der Welt Training und Schulung auf dem Programm. Die Handhabung von Ausrüstung, Gerät und Fahrzeugen, sicher und unter allen, häufig besonders stressreichen Situationen, setzt in regelmäßigen Abständen durchzuführende Übungen voraus. Bei jedem Wetter, unter widrigsten Umständen, sei es auf hohen Leitern, in völliger Dunkelheit, auch unter psychischen Belastungen, denen ein Feuerwehrmann ebenfalls ausgesetzt ist – nicht zuletzt durch den Umgang mit Schwerverletzten oder der Konfrontation mit dem Tod.

Ausbildung und Übungen

Ob eine Wehr aus Vollzeitkräften besteht, also als Berufsfeuerwehr strukturiert ist, oder in Form einer Freiwilligen Feuerwehr, deren Mitglieder nur im Bedarfsfall antreten: Jedes Mitglied der Mannschaft pflegt an Übungen teilzunehmen. Um überhaupt Feuerwehrmann (oder -frau) werden zu können, ist eine Grundausbildung zu ab-

■ Oben: ***An diesem Gebäude wird der Einsatz von Spritzen und Leitern geübt.***

■ Ganz links: ***Ein zu Übungszwecken dienendes Gebäude, das der Feuerwehr einer Stadt in der Provinz Zian, China, zur Verfügung steht. Zwei Drehleitern werden angesetzt.***

■ Links: ***Ein »Verletzter« wird abgeseilt. Unter der Aufsicht eines Übungsleiters proben hier Anfänger den Ernstfall.***

■ Gegenüberliegende Seite: ***Eigens zu Übungszwecken errichtete Trainingsgebäude auf dem Gelände der Städtischen Feuerwehr von New York City.***

■ Oben links: ***Übungs-Kletterturm der Feuerwehr von Paris aus dem Jahre 1920.***

■ Oben Mitte: ***Eine Feuerwehr in Deutschland übt den Umgang mit dem Sprungtuch, etwa 1910.***

■ Oben rechts: ***Die Alternative zum Sprungtuch: Die Rutsche, hier bei einer Übung im Jahre 1910.***

solvieren, die theoretische wie praktische Arbeit umfasst. Letztere besteht aus dem Umgang mit Leitern, Spritzen, Handlöschern, Schläuchen, Leinen, Sprungtüchern, Rutschen, Stationärmotoren, Hydraulikeinrichtungen, Beleuchtungskörpern, Schneide-, Spreiz- und Hebewerkzeugen und vielem mehr. Man lernt alles Notwendige zur Leistung Erster Hilfe und für den Umgang mit Verletzten.

Auch nach eingehender Grundausbildung im Löschwesen und im Rettungsdienst wird man nicht automatisch Mitglied der Feuerwehr. Wie in anderen Berufen auch, gibt es eine Probezeit. Während ihrer Dauer sind Einsätze der unterschiedlichsten Art zu absolvieren, und die Bewährung unterliegt der Beurteilung durch die Vorgesetzten – lang etablierte und qualifizierte Männer der Mannschaft. Beste körperliche Konstitution, sportliche Fitness und rasches Reaktionsvermögen sind Voraussetzungen, die ohnedies erfüllt sein müssen. Und immer wieder sind es Übungen, an denen teilzunehmen Pflicht ist, für den Anwärter wie für die bereits langjährig Dienenden.

Zu den wichtigsten Geräten, die es zu bedienen gilt, zählt der Atemschutz. Mit ihm richtig umzugehen ist nicht nur für den Brandbekämpfer lebenswichtig, sondern versetzt ihn auch oft

■ Oben links: ***Rettungsmaßnahmen im Gebirge und an Steilhängen gehören in alpinen Gebieten ebenfalls zum Ausbildungsprogramm.***

■ Oben: ***Auf einer eigens zu Kühlzwecken gespritzten Wasserlache robben sich zwei Feuerwehrmänner bei einer Übung an einen künstlichen Brandherd heran.***

erst in die Lage, in Not Befindlichen zu helfen. Zu den regelmäßigen Übungen gehört, sich mit Atemmaske und Pressluftflache auf dem Rücken durch dickem Qualm hindurch zu arbeiten, Schlauchleitungen zu legen, Menschen und Gegenstände in Sicherheit zu bringen. Große Brandwachen verfügen über Trainingsgelände mit eigens präparierten, mehrgeschossigen Gebäuden, deren Innenausbau variiert und für unterschiedliche Einsätze präpariert werden kann. Es werden Hindernisse errichtet, künstlicher Rauch erzeugt sowie Dummys als Tote und Verletzte platziert, die es zu bergen gilt.

Spezialausbildung

Es kann geschehen, dass in einem Brandfall unvorhersehbare Explosionen auftreten oder durch Gase plötzliche Feuerwalzen entstehen, denen sich die Brandbekämpfer gegenüber sehen. Um sich auf solche Situationen vorbereiten zu können, werden Feuer, etwas aus Spanabfällen, in Stahlbehältern entzündet, wodurch eine große Hitze- und Rauchentwicklung entsteht. Es kann über ein rechnergesteuertes System Gas zugeführt werden, das eine realitätsnahe Situation schafft. Die häufigsten Ursachen für einen Wohnungsbrand lassen sich in diesen Übungsgebäude ebenfalls künstlich herbeiführen: Explodierende Fernsehempfänger, in Flammen aufgehende Friteusen, ein in Brand geratenes Bett. Da erfahrungsgemäß meist wenige Minuten später die ganze Wohnung in Flammen steht, nicht zuletzt durch leicht entzündbare Textilien, lassen sich durch solche simulierten Situationen Reaktionsschnelligkeit und Entscheidungsvermögen testen. Was muss vor einem Übergreifen der Flammen zuerst geschützt werden, wie lässt sich die Ausdehnung des Brandes im Frühstadium verhindern? Und immer wieder die Frage: Was ist zu tun, um gefährdete Personen in Sicherheit zu bringen?

Geübt wird auch die Rettungsarbeit bei Verkehrsunfällen. Das Ausbringen von Sand auf einer Ölspur verlangt kaum besondere Kenntnisse, doch der Umgang mit Heavy-Duty-Werkzeug ist Spezialistensache. Hierzu zählt das Handhaben von Schneid- und Spreizgerät, um Menschen aus einem verunfallten Fahrzeug befreien zu können. Da müssen Dächer aufgeschnitten und Karosserien zerlegt werden, man muss Lenksäulen und Antriebsstränge abmontieren können – in Rekordzeit. Viele solcher Arbeiten werden im Team mit Notärzten und deren Assistenten absolviert. Der Zeitfaktor spielt bei allen Einsätzen immer wieder eine ganz entscheidende Rolle.

Spezialisten werden auch für Taucheinsätze benötigt, für die Arbeit auf der Drehleiter, für die

■ Links: ***Japanische Feuerwehrmänner üben den Umgang mit Rettungsseilen aus verschiedenen Stockwerken eines Hauses.***

■ Rechts: ***Ein Feuerwehrmann der US Air Force demonstriert den Umgang mit der Hochdruckspritze.***

Forschung nach Brandursachen, für den Umgang mit radioaktiven Stoffen, Flughafen- und Schiffsfeuerwehren. Es gibt besondere Fahr- und viele andere Prüfungen, etwa für die Ausbildung zum Hubschrauberpiloten, ferner medizinische Lehrgänge oder solche für die Bergung von Erdbebenopfern. Wie in anderen Berufen auch, stehen dem Feuerwehrmann Möglichkeiten offen, Karriere zu machen und seine Qualifikationen dort unter Beweis zu stellen, wo sie ihn weiterbringen.

Etwas anders liegen die Verhältnisse dort, wo nicht vollberuflich arbeitende, sondern auf freiwilliger Basis nur fallweise zur Verfügung stehende Kräfte die Feuerwehr bilden. Also auf dem Lande und in kleineren Gemeinden. Ausbildung und Training, Lehrprogramme und Übungen entsprechen im Großen und Ganzen denen der Berufsfeuerwehr, auch existieren selbstverständlich berufsständische Hierarchien vom Oberbrandmeister bis zur Nachwuchs-Hilfskraft. Da aber die Brandbekämpfung und der Rettungseinsatz durch diese Leute nur nebenberuflich ausgeübt wird, ist eine Karriere bei der Wehr nicht das eigentliche Berufsziel. Gleichwohl ist die Ausübung der »FF-Jobs« von so großer Bedeutung für die Gemeinde, dass die Arbeit der Männer und Frauen dieser Wehren volle Unterstützung genießt und sie bei Übungen damit rechnen dürfen, dass jedermann zur Stelle ist. In manchen Gemeinden finden wöchentliche oder vierzehntägliche Zusammenkünfte statt, bei denen Geräte gecheckt oder Sicherheitsfragen diskutiert werden. Es ist von außerordentlicher Bedeutung, mit allen Einrichtungen vertraut zu bleiben, auch wenn es monatelang keinen Alarm gab. Neulinge gilt es auszubilden und zu unterweisen, weshalb auch die Einrichtung der Jugendfeuerwehren so wichtig ist, Neuanschaffungen im Gerätepark zu erproben, und nach Einsätzen Manöverkritik zu halten.

■ Unten: ***Diese Art von Hakenleitern wurden in New York einst an Häusern benutzt, bei denen man keine Drehleitern einsetzen konnte (etwa aufgrund zu schmaler Zufahrtswege). Sie werden kaum noch verwendet, außer zu Übungszwecken, um das Arbeiten in großer Höhe an der Hauswand zu trainieren.***

KOMMUNIKATIONS- UND MELDEWESEN

■ Oben: ***Telefonzentrale der Feuerwehr-Leitstelle im Wachraum der London Fire Brigade um 1909.***

■ Unten: ***Solche Motorräder stehen der Feuerwehr in Japan zur Verfügung, die sie vorwiegend bei Erdbebenkatastrophen zu Kommunikationszwecken einsetzt.***

Man sieht sie im Allgemeinen nicht, und doch bilden sie einen sehr wichtigen Teil des gesamten Feuerwehr- und Rettungssystems. Es sind die Männer und Frauen in den Zentralen, wo das Kommunikations- und Meldewesen zusammenläuft. Jeder eingehende Anruf, jeder ausgelöste Alarm wird hier zuerst registriert und weitergegeben. Für jede einzelne Fahrzeug- und Mannschaftsbewegung, für jeden kleineren oder größeren Einsatz laufen hier die Koordinaten zusammen. Der Fortschritt der Telekommunikation seit Erfindung des Fernsprechers, dann mit der Entwicklung elektronischer Nachrichtenübermittlung, hat die Reaktionszeiten enorm verkürzt, wenn man einmal zurückblickt und sie vergleicht mit jenen in einer Ära, als sich die Feuerwache noch Pferde bei der nächsten Brauerei ausleihen musste, um ihre Spritzenwagen bespannen zu können.

Als im 18. Jahrhundert die ersten Feuerwachen eingerichtet wurden, musste der Wachmann versuchen, im Falle eines Feueralarms seine Leute so schnell wie möglich zusammen zu bekommen. Es wurde hierzu eine Glocke geläutet; später diente ein Trompetensignal vom Turm der Wache dazu, die Mitglieder der Wehr davon zu informieren, dass sie anzutreten hatten. Elektrische Signalgeber, so genannte Feuermelder, kamen im frühen 20. Jahrhundert auf. Sie standen meist in Gestalt schlanker Säulen mit einem Druckknopf hinter einer Scheibe, die man eindrücken musste, an belebten Straßen. Noch heute gibt es solche Melder, zum Beispiel in öffentlichen Gebäuden.

Sprechfunk über Kurzwelle, wie ihn auch die Polizei benützt, kam Mitte der dreißiger Jahre auf. Damit waren Zentrale und Einsatzfahrzeuge untereinander verbunden. Das »Festnetz« jener Tage war dann die Telefonleitung, doch ihre Nutzungsmöglichkeiten waren noch sehr eingeschränkt. Und wenn, wie etwa im Zweiten Weltkrieg, die Verbindungen zerstört waren, mussten wie in früheren Zeiten Meldefahrer mit dem Motorrad Informationen und Anweisungen übermit-

■ Links: ***Um die Schutzscheibe über dem Alarmknopf dieses elektrischen Straßen-Feuermelders einzuschlagen, benutzt die Frau den Absatz ihres Schuhs. Ein Foto von ca. 1920.***

teln. Sie hatten ihre Meldungen in schriftlicher Form bei sich, und man vermag sich vorzustellen, wie viel wertvolle Zeit gerade bei großen Einsätzen verloren ging, solche Meldungen auf Papier zu bringen und sie weiterzuleiten.

In der zweiten Hälfte des 20. Jahrhunderts, mit Beginn des Zeitalters der Elektronik, hat die Nachrichtenübermittlung einen gewaltigen Schritt nach vorn getan. Dank der moderne Kommunikations-Technologie geht der eingehende Notruf über die in den meisten Staaten landesweit einheitliche Telefonnummer – in Deutschland und manchen anderen Ländern Europas die 112, in den USA die 911 – sofort zu der nächsten zuständigen Zentrale. Zur Ausbildung des »Operator« gehört es, den meist aufgeregten oder in Panik befindlichen Anrufer zu beruhigen und von ihm zu erfahren, von wo aus er sich meldet. In den meisten Fällen ist auch dies bereits auf einem Display ablesbar. Handelt es sich bei dem Brandobjekt um einen Industriebetrieb oder ein Lagerhaus, werden mehrere Fahrzeuge losgeschickt. Präziser formulierte Anforderungen sind von Alarmierungen zu erwarten, die von der Polizei hereinkommen, etwa nach einem Verkehrsunfall. Man darf in jedem Fall davon ausgehen, dass innerhalb kürzestmöglicher Zeit reagiert wird, und dass bei Einsätzen an komplizierten Objekten die Fahrer der Fahrzeuge Computerausdrucke mit auf den Weg bekommen, die Details des betreffenden Areals zeigen, einschließlich etwa vorhandener Hydranten und anderer Wasserstellen, Notausgänge und Fluchtwege. Über Sprechfunk werden von der Zentrale weitere Informationen durchgegeben.

Die Zeitspanne vom Eingehen des Alarms bis zum Ausrücken der ersten Fahrzeuge lässt sich auf weniger als eine Minute reduzieren, sofern die Feuerwache rund um die Uhr voll besetzt ist. Länger dauert es natürlich, wenn Fahrzeugbesatzungen erst von verschiedenen Plätzen her zusammen kommen, etwa auf Handyanrufe oder andere Signalempfänger hin – solche»Piepser«

■ Unten: ***Bis Anfang der 1950er Jahre sahen so die Schalttafeln in den Telefonzentralen der Feuerwehr aus. Das »Fräulein vom Amt« stöpselte jede Verbindung einzeln zusammen.***

■ Links: ***In den Zentralen der großen Einsatz-Leitstellen gibt es überdimensionale Stadt- oder Regionalpläne an den Wänden, auf denen bei Eingang eines Alarms oder eines Notrufs die betreffenden Punkte aufleuchten. Auf Monitoren an den Arbeitsplätzen erscheinen Ausschnitte der betreffenden Stellen mit allen wichtigen Details.***

■ Unten: ***An modernen Arbeitsplätzen mit High-Tech-Ausstattung arbeitet das Personal der Leitzentrale rund um die Uhr. Die Tätigkeit ist sehr anstrengend, verlangt absolute Konzentration und die Fähigkeit zu blitzschnellem Reagieren.***

tragen auch Ärzte in großen Kliniken, und die Mitglieder der Freiwilligen Feuerwehr haben sie ebenfalls Tag und Nacht bei sich. Wo Sprechfunk zur Kommunikation dient, sind die Bandfrequenzen der betreffenden Netze geschützt, so dass niemand »dazwischenfunken« kann und es keine Überschneidungen mit anderen Diensten gibt. Dies ist vergleichbar mit den Verbindungen vom Tower eines Flughafens zu Cockpits der landenden und startenden Maschinen. Über die Sende- und Empfangsfrequenzen verständigt man sich auch über die Entsendung weiterer Fahrzeuge und Mannschaften, falls nötig auch von anderen Depots. Die Koordinierung solcher Maßnahmen geschieht ausschließlich über die Zentrale, die durch so genannte Konferenzschaltungen mit mehreren Teilnehmern zugleich kommuniziert, zugleich die Kontakte zu anderen Organen hält, zu Polizeistationen und -fahrzeugen, Krankenhäusern, Hubschrauberstationen, involvierten Behörden. Diese Arbeit ist von gleich hoher Verantwortung wie die vor Ort an der Einsatzstelle und wird großenteils von Frauen ausgeübt, die hierzu eine umfassende Ausbildung absolvieren. Untereinander verständigen sich

die Feuerwehrleute und Rettungsmannschaften natürlich auf direktem Funkweg. Die Geräte sind inzwischen sehr klein geworden und werden am Körper getragen; der Sprechfunk wird automatisch abhörsicher codiert und arbeitet mit einer Reichweite bis zu mehreren Kilometern.

In den Zentralen der großen Einsatz-Leitstellen gibt es überdimensionale Stadt- oder Regionalpläne an den Wänden, auf denen bei Eingang eines Alarms oder eines Notrufs die betreffenden Punkte aufleuchten. Auf Monitoren an den Arbeitsplätzen erscheinen Ausschnitte der betreffenden Stellen mit Details, die kein normaler Stadtplan enthält, etwa Lüftungsschächte von Untergrundbahnen zeigend, Kanalisationsverläufe und die jeweilige Verkehrsdichte oder andere Geschehnisse via Webcams. Um mehrere Einsätze in einer Region zugleich (in der Großstadt häufig der Fall) leiten und bedienen zu können, ist die Zahl der Arbeitsplätze entsprechend hoch. Die Tätigkeit an diesen Stellen ist sehr anstrengend, verlangt absolute Konzentration und die Fähigkeit zu blitzschnellem Reagieren. Die notwendige Schichtarbeit an allen Arbeitsplätzen ist ein zusätzlicher Stressfaktor.

■ Unten: ***Hier laufen die Nerven des Systems zusammen, das für die Koordinierung von Feuerwehr- und Rettungsfahrzeugeinsätze in den West Midlands (Birmingham, England) zuständig ist. Alle Instrumente moderner Telekommunikation stehen zur Verfügung.***

HAMPSHIRE FIRE & RESCUE SERVICE
Hampshire
County
Council
VOLVO
Angloco
FL6
INTERCOOLER
L81RTP

TEIL 2

FEUERWEHR-FAHRZEUGHERSTELLER VON A BIS Z

Auf den folgenden Seiten werden sämtliche bedeutenden Hersteller von Feuerwehrfahrzeugen in alphabetischer Reihenfolge mit jeweils einem kurzen Abriss der Markengeschichte vorgestellt. Es wäre so gut wie unmöglich, alle Fabrikate aufzulisten, unter denen überhaupt jemals ein Feuerlösch-Motorfahrzeug auf die Räder gestellt wurde; vielmehr kam es hier auf die wichtigsten an, deren Beiträge zur mobilen Brandbekämpfung und im Rettungswesen von besonderer Bedeutung waren, seien es Löschfahrzeuge, Drehleitern oder Rettungswagen anderer Natur.
Deutlich wird, wie sehr sich die Konstruktionen im Laufe der Jahrzehnte veränderten. Und kaum ein Hersteller liefert heute mehr ein in jeder Hinsicht komplettes Fahrzeug; meist sind mehrere Unternehmen daran beteiligt: die Fahrzeugfabrik, die Chassis und Motor stellt, der Hersteller von Fahrerhaus und Karosserie sowie eine oder mehrere Firmen, die für die Ausstattung und die Feuerwehrtechnik im Detail zuständig sind, dem Zweck jedes einzelnen Fahrzeugs und auch den speziellen Vorgaben durch den Auftraggeber entsprechend.

■ Gegenüberliegende Seite: ***1994er Volvo FL10/Angloco mit 30-m-Metz-Drehleiter des Hampshire Fire and Rescue Service beim Passieren einer niedrigen Durchfahrt zur Winchester Cathedral, England.***

■ Links: ***International Mehrzweck-Feuerwehrfahrzeug Baujahr 2001 des Australian Fire Service.***

AEC

Der bekannte britische Lastwagen- und Omnibushersteller AEC (Associated Equipment Company) nahm vor dem 2. Weltkrieg auch die Fabrikation von Feuerwehrfahrzeugen auf und versorgte damit die Commonwealth-Länder über fast 50 Jahre. Meist waren es Fahrgestelle der Baureihen Regal, Regent und Mercury, die von diversen Karosseriefirmen aufgebaut wurden und als Spritzenfahrzeuge, Drehleiterfahrzeuge, Wagen mit Tele-Arbeitsbühnen und leichte Rettungsfahrzeuge ihren Dienst versahen. Später kamen Spezialfahrzeuge hinzu wie Schaumlöscher, schwere Rettungs- und Bergungsfahrzeuge.

Einige der frühen AEC hatten 9,5-Liter-Vergasermotoren von Meadows, während das schwere Mercury-Chassis, ab 1953 angeboten, von vornherein mit dem AEC AV-470-Dieselmotor versehen war. Die meisten Löschfahrzeuge basierten seither jedoch auf dem Regent-Chassis, wie es auch für Lastwagen- und Omnibus-Aufbauten verwendet wurde. 1960 wurde das Modell TGM präsentiert, ein Fahrzeug mit modernem Fahrgestell und abkippbarem Fahrerhaus, das in Feuerwehrausführung weite Verbreitung fand.

AEC Drehleiter-Fahrzeug	
Baujahr	1963
Motor	AEC AV 470 Diesel
Hubraum	9,6 Liter
Getriebe	5-Gang
Ausrüstung	Merryweather-Leiter

■ Oben: ***AEC Regent/Merryweather Löschfahrzeug von 1952 einer Feuerwehr in Wales.***

■ Unten: ***1966er AEC Mercury/Merryweather Schaumlöschfahrzeug mit hölzerner Teleskopleiter.***

■ Oben: ***1967 AEC Marquis Seven Löschfahrzeug der Leicester City Fire Brigade vor der Auslieferung.***

Besonders bekannt wurden AEC-Fahrzeuge mit Drehleitern und Arbeitsplattformen an Hydraulikmasten. Die von Merryweather gelieferten »turntable ladders« bestanden aus vier Stahlstreben und ließen sich auf 30 m ausziehen. Frühe Versionen wiesen einen Abtrieb (oder mehrere) vom Fahrzeugmotor auf, mit welchem die einzelnen Segmente der Drehleiter bewegt werden konnten; alternativ waren diese aber auch im Handbetrieb zu bedienen. Die erste Hydraulik bot Merryweather 1957 an, die von einem Sitz aus im Fahrzeugheck zu bedienen war. Das Fahrzeug ließ sich für den Einsatz der Drehleiter ringsum aufbocken, ebenfalls per Hydraulik. Es

■ Rechts: ***AEC Mercury/HCB/Angus/Simon SS 70 von 1965 mit Hydro-Gelenkmast im Dienst der Lincolnshire Fire Brigade, England.***

gab auch kombinierte Fahrzeuge mit Drehleiter, Wassertank und einer Motorspritze für 1600 l/min.

Den ersten Wagen mit hydraulisch betätigtem Arbeitsbühnen-Ausleger stellte AEC 1960 vor, geliefert an die Berufsfeuerwehr in Glasgow, Schottland. Dies war ein Simon-SS-Modell mit einer Hubhöhe von 20 m, zugleich Vorbild für eine neue Generation von Fahrzeugen dieser Bauart, die von anderen Herstellern aufgegriffen wurde. Hydraulik-Arbeitsbühnen setzten sich jetzt sehr schnell.

Feuerwehrfahrzeuge auf der Basis des AEC wurden in Großbritannien mit den unterschiedlichsten Aufbauten nach Vorgaben der Auftraggeber versehen. Elf sowohl von Carmichael als auch Merryweather aufgebaute Löschfahrzeuge stellte 1961 die Londoner Feuerwehr in Dienst, sie basierten auf dem AEC-Marquis-Chassis und hatten entweder eine 15-m-Abprotzleiter an Bord oder eine fest montierte 10-Meter-Teleskopleiter. Die mit einer oder zwei Pumpen bestückten Fahrzeuge wiesen einen 4500-Liter-Tank auf.

1962 wurde die Firma AEC in die Leyland-Gruppe integriert; der Bau von Feuerwehrfahrzeugen ging etwa zehn Jahre später zu Ende.

AHRENS-FOX

Die 1908 in Cincinnati, Ohio, gegründete Firma Ahrens-Fox war eine der ersten in den USA, die motorisierte Feuerwehrfahrzeuge baute. Ein erstes Fahrzeug mit Motorspritze entstand 1911, die erste motorisierte Drehleiter 1923. Ahrens-Fox genoss stets einen ausgezeichneten Ruf für Qualität; typisch waren die großen Vorbaupumpen mit kugelförmigem Luftspeicher oberhalb der Fahrzeug-Vorderachse. In den 1930er Jahren entstanden die ersten Wagen mit geschlossenen Aufbauten. Obwohl die Firma 1936 in Liquidation ging, entstanden einzelne Fahrzeuge weiterhin im Kundenauftrag. Sanierungsversuche schlugen fehl; der Betrieb wurde schließlich von Mack übernommen. Ende der 1950er Jahre war der Name Ahrens-Fox vom Markt endgültig verschwunden.

■ Rechts: ***Ahrens-Fox NS4 Löschfahrzeug mit der typischen Vorbaupumpe, 1928.***

■ Links: ***Eine der letzten Ahrens-Fox, ein 4500-Liter-Tanklöschfahrzeug Modell HT der 1950er Jahre.***

M-Type Löschfahrzeug

Baujahr	1927
Motor	6-Zylinder Benzin
Leistung	55 PS
Getriebe	4-Gang Handschaltung
Ausrüstung	4-Zylinder-Motorpumpe

ALBION

■ Links: ***Albion Löschfahrzeug ca. 1935, in für damalige Zeiten ungewöhnlicher Frontlenker-Bauweise.***

Die ersten Feuerwehrfahrzeug entstand bei der Albion Motor Car Company in Glasgow, Schottland, im Jahr 1903. Es waren Schlauchwagen auf Pkw-Basis; einige waren auch mit Spritzen ausgestattet. 1920 löste Kardanantrieb den bis dahin bei Albion noch üblichen Kettenantrieb ab. In den nachfolgenden 50 Jahren gehörte Albion zu den Hauptlieferanten britischer Feuerwehren; hauptsächlich wurden Löschfahrzeuge gebaut und auch in großer Zahl exportier, z.B. bis nach Australien. Lösch- und Tanklöschfahrzeuge stellte Albion auch nach dem 2. Weltkrieg her, ebenso Rettungs- und Mehrzweckfahrzeuge aller Art. Die Modelle der Baureihen CX/Chieftain, Claymore und Clydesdale hatten mehrheitlich 6,5 Liter Leyland-Dieselmotoren sowie Aufbauten von Carmichael.

1972 wurde Albion in die Leyland-Gruppe integriert und setzte den Bau von Feuerwehrfahrzeugen nicht weiter fort. Etliche Fahrzeuge blieben bis 1988 im Gebrauch.

FT Löschfahrzeug

Baujahr	1928
Motor	4-Zylinder Benzin
Leistung	70 PS
Getriebe	4-Gang Handschaltung
Karosserie	Braidwood-Bauart

ALEXANDER PERRIE

Die in New South Wales, Australien, beheimatete Firma Alexander Perrie hat für die Wehren der Provinzen New South Wales und Northern Territory zahlreiche Fahrzeuge unterschiedlichster Spezifikation gebaut, ebenso für die australischen Streitkräfte.

Typisch für die Feuerwehrfahrzeuge von Alexander Perrie der 1970er und 1980er Jahre sind die auf Fahrgestellen von International, Typ 1810D, für die New South Wales Fire Brigade. Sie wiesen eine im Heck installierte Godiva-Pumpe auf mit einer Förderkapazität von 3400 l/min aus dem 1800-Liter-Tank. Eine Anzahl dieser Fahrzeuge war mit Hydraulikwerkzeugen bestückt.

■ Oben: ***In Australien gebauter Alexander Perrie mit 1800-Liter-Wassertank und Godiva-Pumpe im Heck, 3400 l/min leistend.***

ALFRED MILES

In Cheltenham, England, ansässige Karosseriefabrik, die nach dem 2. Weltkrieg zahlreiche Feuerwehr-Aufbauten im Auftrag kleinerer Gemeinden angefertigt hat. Die meisten Fahrzeuge hatte ein Commer- oder Bedford-Chassis. Viele wiesen hintere Falttüren fürs Fahrerhaus auf, Panorama-Windschutzscheiben, seitliche Stauräume mit Rolläden sowie beidseitig zwischen die Achsen gesetzte Schlauchhaspeln, dazu einen 1800-Liter-Wassertank mit Spritze (2270 l/min). Verschiedene Leiterkonstruktionen bis zu 15 m Steighöhe gehörten ebenfalls zur Ausrüstung.

■ Rechts: ***Commer QX/Alfred Miles von 1950, einst in Bootle, England, stationiert.***

■ Links: ***Dennis F8/Alfred Miles Tanklöschfahrzeug Baujahr 1952.***

Commer QX Tanklöschfahrzeug	
Baujahr	1954
Motor	3-Zylinder Zweitakt-Diesel
Hubraum	4,75 l
Getriebe	4-Gang Handschaltung
Karosserie	mit Falttüren am Fahrerhaus

ALVIS

Die für ihre Sportwagen, aber auch Militärfahrzeuge bekannte Alvis Ltd. in Coventry, England, 1920 als T. G. John Ltd. gegründet, begann in den 1950er Jahren auch mit dem Bau von Feuerwehr- und Rettungsfahrzeugen, hauptsächlich für den Flughafeneinsatz. Die massiven Löschfahrzeuge waren Dreiachser in 6x6-Auslegung, und für die Royal Ceylon Air Force entstand 1959 ein solches Fahrzeug in Amphibienausführung. Wie bei den Militärfahrzeugen kamen Rolls-Royce-Motoren vom Typ B81 zum Einbau, 240 PS starke Sechszylinder. Die Schaumlöschanlagen kamen von Pyrene. Alvis-Feuerwehrfahrzeuge waren auf allen Luftstützpunkten der Air Force zu finden.

■ Unten: ***Im Verlauf der 1950er Jahre bezog die britische Royal Air Force mehr als 80 solcher Alvis 6x6 Feuerwehrfahrzeuge für den Einsatz auf ihren Flughäfen.***

Alvis/Pyrene MK 6 Crash Tender	
Baujahr	1954
Motor	RR 8-Zylinder Benzin
Leistung	240 PS
Getriebe	Vorwähl-Handschaltung
Bauart	Salamander-Chassis

AMERICAN LAFRANCE

■ Links: ***Die Stadtfeuerwehr von Gridley, Kalifornien/USA, erhielt 1926 dieses American LaFrance Löschfahrzeug.***

■ Links: ***Löschfahrzeug in weiß von 1931 der Cranston Heights Fire Company, USA.***

■ Unten links: ***American LaFrance Doppelkabine FL80 von 2002, die in British Columbia, Kanada, ihren Dienst versieht.***

Die Firma American LaFrance wurde im Jahre 1903 durch die Fusion mehrerer Unternehmen gegründet; eine von ihnen war die LaFrance Company, die seit 1873 Dampfmaschinen baute und in ganz Amerika verkaufte.

Das Programm von American LaFrance umfasste zunächst nur Feuerspritzen auf Pferdewagen; nicht vor 1910 entstand das erste Fahrzeug mit einem Benzinmotor als Antriebsaggregat. Es diente als »hose laying car«, also zum Legen von Schlauchleitungen und hatte entsprechende Längen bereits mit einander verkoppelter Schläuche an Bord, dazu gab es sechs Sitzplätze für Löschpersonal. Dieses mit Typ 5 bezeichnete Auto besaß einen Simplex-Vierzylindermotor mit Kettenantrieb zur Hinterachse.

Bald darauf entstanden Fahrzeuge mit Dampfspritzen verschiedener Größenordnungen; 1916 bot American LaFrance schon einen ganzen Katalog von Fahrzeugen unterschiedlichster Bauart an, darunter solche mit Pumpen, die 4500 l/min leisteten. Im Zuge weiterer Entwicklungen erschien 1931 ein Modell mit 240 PS starkem V12-Motor, der auch für die Pumpe zuständig war. Und mit dem Bau immer höherer Wolkenkratzer wurden auch die Spritzleistungen der Feuerlöschpumpen in Batterie-Bauweise immer größer; 1937 lagen sie bei 13.500 Liter pro Minute.

Doch nicht vor 1929 erschien in den USA der erste Feuerwehrwagen mit Vierradbremsen, eingeführt von American LaFrance. Knapp zehn Jahr später stellte man den ersten Frontlenker vor, die Baureihe 700 mit V12-Motor und einer Spritze, die 6750 l/min schaffte. Dieses für die damalige Zeit sehr moderne Fahrzeug setzte die Maßstäbe für die künftigen Entwicklungen.

Ab 1973 baute man bei American LaFrance auch Fahrzeuge nach Kunden-Spezifikation auf Basis des Century-Chassis; die ersten gingen an das New York Fire Department. Die 10,2 t schweren Fahrzeuge (Leergewicht) hatten einen 350 PS starken V6-Dieselmotor mit Allison-Getriebeautomatik und konnten mit Pumpen bestückt werden, die 4500 bis 9000 l/min schafften. Die Typen Challenger und Conquest bot man auf Fahrgestellen anderer Hersteller an.

■ Rechts: ***Offenes schweres American LaFrance-Spritzenfahrzeug mit faszinierender Technik, Baujahr 1948, mit einem Display alter und neuer Schutzhelme.***

■ Oben: ***American LaFrance Century von 1981 als Begleitfahrzeug für Flughafen-Schaumlöscher.***

Seit frühester Zeit an stellte American LaFrance auch Drehleitern her; bis Ausbruch des 2. Weltkrieges waren damit 1500 Fahrzeuge bestückt worden. Neben dem »Water Chief« war der »Ladder Chief« ein erfolgreiches Modell.

1966 wurde American LaFrance Mitglied der A-T-O Inc., zu der auch die Snorkel Fire Equipment Company gehört. Damit war ein komplettes Fahrzeugprogramm unter ein Dach gekommen, wobei Fahrzeuge mit Teleskop-Gelenkmasten, hinten oder vorn am Fahrzeug oder auf Sattelschlepper-Auflegern montiert, einen neuen Schwerpunkt bildeten.

■ Oben: ***1999er American LaFrance 148 RR/HUB Löschfahrzeug der Feuerwehr in Vancouver, British Columbia//Kanada.***

■ Unten: ***In Seattle, Washington/USA ist diese Sattelschlepper-Hydraulikleiter American LaFrance/Becker (32 m) stationiert. Der Aufleger wird vom Heck aus mitgelenkt.***

ANDERSON'S ENGINEERING

In Langley bei Vancouver, British Columbia/Kanada befindet sich der Sitz der 1972 gegründeten Anderson's Engineering Ltd., die auf Kundenwunsch maßgeschneiderte Konstruktionen lieferte: Lösch- und Tanklöschfahrzeuge aller Größen, Drehleitern, Gelenkarm-Bühnenwagen, Rüstfahrzeuge und viele andere Spezialfahrzeuge.

Zunächst waren die Abnehmer solcher Fahrzeuge nur die Wehren im westlichen Kanada, bald aber schon im ganzen Land. In den 1980er Jahren folgten Exportaufträge, die aus Chile, Saudi-Arabien, Indonesien und Guam eintrafen, ebenso aus den Vereinigten Staaten. Anderson's Fire Trucks erfreuten sich einer hohen Reputation.

1986 kam es zu einer Partnerschaft mit der Firma Bronto Skylift, deren Hydraulikleitern mit Arbeitsbühne nun auch bei Anderson-Fahrzeugen zu finden waren, montiert auf Fahrgestellen verschiedener Hersteller wie etwa International. Einige der neuen Anderson/Bronto-Fahrzeuge bekamen Leitern von 52 m Steighöhe, aufgebaut auf vierachsigen Pacific-Truck-Fahrgestellen, wie sie zum Beispiel der Feuerwehr der Stadt Montreal erhielt. Dies waren die längsten Feuerwehrleitern in ganz USA.

■ Links: ***In Kanada gebaut, doch in Zaldivar, Chile eingesetzt: Anderson Western Star 4x4 Löschfahrzeug im Dienst der Place Dome Mine Company.***

■ Unten links: ***Das Sidney Fire Department, British Columbia/Kanada, stellte 1994 dieses Anderson FL 80 mit besonders langem Radstand in Dienst. Integriert ist ein 2270-Liter-Tank und eine Spritze von 4725 l/min Leistung.***

■ Rechts: ***Spezialanfertigung für die petrochemische Industrie: 1982er Anderson Schaumlöschfahrzeug für die Shell-Raffinerie in Burnaby, British Columbia/Kanada.***

■ Unten: ***1994er Anderson Duplex Dreiachser (6x4) mit 33-m-Drehleiter und sehr viel Gerätestauraum.***

1995 wurde Bronto von einer Gruppe übernommen, zu der auch die Firma Emergency One zählte, dadurch musste sich Anderson's nach einem neuen Partner umsehen und fand ihn in dem Leiterhersteller Smeal. Anderson/Smeal-Fahrzeuge fanden in ganz Kanada Verbreitung. Doch trotz guter Umsätze musste Anderson's im November 2000 aus wirtschaftlichen Gründen die Produktion einstellen.

ANGLOCO

Auf Nutzfahrzeug-Fahrgestellen der Hersteller Scania, DAF, Volvo, Daimler-Benz, aber auch Land-Rover, fertigt die Angloco in Yorkshire, England über einen Zeitraum von nunmehr 25 Jahren Feuerwehrfahrzeuge der unterschiedlichsten Bauart an, einige mit Bronto-Teleskop-Leitermasten. Nicht nur in Großbritannien sieht man sie, sondern auch auf Karibik-Inseln, im Mittleren Osten und in Afrika – 38 Länder sind es, die Angloco mit Drehleitern, Wasser- und Schaumlöschfahrzeugen bedient, wenngleich Britische Feuerwehren auch die Hauptabnehmerschaft bilden. Auf dem Programm stehen Zwei-, Drei- und Vierachser, denen man in Kenia und Guyana ebenso begegnet wie auf der Insel Mauritius oder in Bahrrein.

■ Oben: ***Volvo FL10/Angloco/Bronto 33-m-Drehleiter der London Fire Brigade, Baujahr 1990.***

■ Rechts: ***1990er Leyland 180/Angloco Tanklöschfahrzeug bereit zum Einsatz.***

AUSTIN

Als einer der namhaftesten Automobil- und Nutzfahrzeughersteller Großbritanniens war Austin längst etabliert, als die Firma im Jahr 1939 auch ins Feuerwehrgeschäft einstieg. Denn als am Horizont die Wolken eines neuen Krieges heraufzogen, reagierte man in Birmingham sofort mit dem Bau von Lösch- und Rettungsfahrzeugen, die dann auch bald dringend gebraucht wurden. Der »National Fire Service« bestellte in großer Zahl die beiden Modelle K2 und K4. Der K2 war ein Dreitonner für fünf Mann Besatzung und Gerät, die Spritze wurde auf einem Anhänger mitgeführt. Beim K4, als Fünftonner und für drei oder fünf Mann ausgelegt, befand sich die Spritze fest auf dem Fahrzeug montiert (2270 l/min); die Drehleiter wurde per Hand bedient. Sie kam von Merryweather und ließ sich auf 18 Meter ausfahren. Einige Fahrzeuge wiesen Vorbaupumpen auf. Noch bis in die 1960er Jahre taten einige K2 und K4 treue Dienste. 1959 brachte Austin das Militärfahrzeug Gypsy 4x4 heraus, auch dieses Modell wurde wie dessen Vorgänger Champ 4x4 als kleines Feuerwehrfahrzeug aufgerüstet.

■ Links: ***Austin FFK Schaumlöscher von 1959 mit HCB/Angus-Aufbau und einer Teleskopleiter. Der Frontlenker mit Ausstellscheiben war bis 1974 in Betrieb.***

■ Links: ***Austin K4 mit 15-m-Abprotz-Teleskopleiter. Ein Fahrzeug aus der Kriegszeit, das noch in den 1950er Jahren eingesetzt wurde.***

AUSTRAL

Solange dieses australische Unternehmen bestand, bediente es den heimischen Markt in erheblichem Umfang. Austral baute eigene Fahrstelle, setzte Aufbauten aber auch auf fremde Chassis. Das Grundmodell war der »Firepac«, das es in zwei Versionen gab. Sowohl der Typ 3000 als auch der größere 4000 hatten Caterpillar-Turbodieselmotoren, Getriebeautomatik und Rosenbauer-Löschpumpen; Luftfederung gehörte zum Standard. Die meisten Fahrzeuge wurden in Queensland und New South Wales ausgeliefert. Zwei größere Löschfahrzeuge mit 40-m-Leitern wurden im Sonderauftrag hergestellt, für die man Scania-Fahrgestelle vom Typ P113H-360 in 8x4-Auslegung verwendete. Die besonders umfangreich ausgestatteten Gelenk-Vierachser orderte das Fire Department of Queensland.

In den späten 1990er Jahren wurde Austral von der Varley-Gruppe übernommen, und der Firepac wurde anschließend in verbesserter Ausführung als Varley Commander weitergebaut.

■ Links: ***Austral Firepac 3000 mit turbo-aufgeladenem Caterpillar-3116-Dieselmotor und Getriebeautomatik. Das Chassis ist selbsttragend und hat Luftfederung. Die Rosenbauer-Löschpumpe ließ sich in der Mitte oder im Heck montieren.***

■ Oben: ***Einer von vier Firepac-Rettungswagen mit Dieselmotor und längerem Radstand, 1996 gebaut. Man experimentierte mit grellen Lackierungen.***

■ Unten: ***Zwei Austral-Feuerwehren – sie blieben die einzigen dieser Art in Australien – wurden auf Fremdchassis aufgebaut wie diese auf einem Scania-Fahrgestell P113H 8x4. Das Fahrzeug hat eine Simon ALP340-Leiter (40 m).***

AUSTRALIAN FIRE COMPANY

Diese Firma entstand nach der Liquidation der Carey Gulley Engineering Company. Die neue, in Privathand befindliche Gesellschaft übernahm die Betriebsanlagen vom Vorgänger, verlagerte ihren Firmensitz aber bald darauf nach Gepps Cross, Süd-Australien.

Das Programm der Australian Fire Company (AFC) reicht von kleinen Einsatzfahrzeugen bis zu schweren Lösch- und Drehleiterfahrzeugen sowie Rettungswagen aller Dimensionen. Importierte Ausrüstungen aus Europa umfassten Pumpen von W.S. Darley und Leitern von Bronto, Metz und Snorkel.

Die Fahrzeuge dieses Herstellers findet man überall in Australien. Auf amerikanischen Freightliner-Lkw-Fahrgestellen aufgebaut ist eine große Flotte von Feuerwehrfahrzeugen, die in Melbourne stationiert ist. Ebenfalls verwendet werden Scania-Fahrgestelle vom Typ G94 für Wehren in New South Wales und Canberra, und ein Scania 113H mit einem F37HDT-Gelenkmast von Bronto wurde 1998 nach Melbourne geliefert.

1998/99 baute AFC eine Flotte von 26 Rettungsfahrzeugen auf Basis Emergency One HPR 4x4 für die Australischen Streitkräfte. Die in Modul-Form angefertigten Aufbauten waren aus Aluminium.

Im Jahr 2000 wurde die Australian Fire Company mit allen Betriebseinrichtungen und Konstruktionsrechten von der Skilled Equipment Manufacturing Company übernommen.

■ Links: ***Australian Fire Company 4-Series mit Scania-Fahrgestell, 1998 für die Australian Capital Territory Fire Brigade gebaut.***

■ Oben: ***Drei solcher Frankston/AFC Tanklöschfahrzeuge mit Telesquirt-Leiter und 1800-Liteer-Tank wurden 1998 an die Victoria County Fire Authority geliefert. Die Darley-Pumpen schaffen 5000 l/min.***

■ Rechts: ***So genannte Crash Fire Rescue Unit im Dienst der australischen Luftwaffe. Sie besitzt zwei solcher Fahrzeuge in Edinburgh, South Australia. An Bord befinden sich ein 2500-Wassertank, ein 300-Liter-Schaumtank mit Feecon-Löschkanone auf dem Dach und eine Hatz/Darley-Pumpe.***

AVIA

In der Tschechoslowakei entstanden in den Jahren nach dem 2. Weltkrieg zahlreiche Feuerwehrfahrzeuge auf Fahrgestellen des Typs A30 der Firma Avia in Prag, die 1956-57 auch Kleinwagen herstellte. Die leichten Löschfahrzeuge in geschlossener Bauweise hatten 2,68 m Radstand und einen 80-PS-Dieselmotor, sie waren für sieben bis acht Mann Besatzung ausgelegt. Zur Ausrüstung gehörten eine Tragkraftspritze und eine kurze Ausziehleiter; das Gesamtgewicht dieser Fahrzeuge lag bei etwas über 5 t.

Leichtes Löschfahrzeug	
Baujahr	1965
Motor	4-Zylinder Benzin
Leistung	80 PS
Getriebe	4-Gang Handschaltung
Aufbau	7 Sitzplätze

■ Oben: ***Leichtes Löschfahrzeug Deutz/Avia spanischer Herkunft, nicht identisch mit dem in Prag gebauten Avia-Feuerwehrfahrzeugen. Der Wagen wurde auf der Insel Mallorca fotografiert.***

ANDERE FABRIKATE

■ Alexis Fire Equipment Company
Der Amerikaner Gene Morris besaß in Alexis, Illinois, eine Lkw-Reparaturwerkstatt und gründete 1947 die Alexis Fire Equipment Company mit der Zielsetzung, bessere Feuerwehrfahrzeuge zu bauen als die auf dem Markt befindlichen. Aus diesen Anfängen entwickelte sich ein erfolgreiches Unternehmen, das noch heute existiert und Lösch-, Tanklösch-, Leiter- sowie Rüst- und Spezialfahrzeuge aller Größenordnungen in 4x4- und 6x4-Bauweise herstellt.

■ American Fire Engine Company
Die American Fire Engine Company wurde 1891 in Seneca Falls, Elmira/New York gegründet. 1900 kam es zur Verschmelzung mit den Firmen Ahrens, Button, Clapp & Thomas und Silsby, wodurch die International Fire Engine Company entstand, die ihren Namen 1903 in American La France änderte.

■ Amoskeag
Die Amoskeag Manufacturing Company gehörte mit zu den ersten, die in den USA Löschpumpen mit Dampfmaschinenantrieb baute. Ihre Spritzen taten in New York schon 1860 ihren Dienst und wurden bald im ganzen Land eingesetzt. 1876 wurden der Amoskeag-Dampfwagen vorgestellt, dem viele weitere folgten; sie wogen 7 t und waren an die 50 km//h schnell – nur sehr schwer zu bremsen. Amoskeag-Pumpen waren die leistungsstärksten ihrer Zeit und konnten einen Wasserstrahl 105 m weit schicken.

■ Ariès
Von 1904 bis 1934 bestand in Courbevoie bei Paris die S.A. Ariès, die u.a. eine Reihe von 3- und 5-t-Lastwagen im Programm hatte und auf deren Chassis in Frankreich zahlreiche Feuerwehraufbauten entstanden. Die Vierzylindermotoren hatten 3,8 und 4,7 Liter Hubraum. Vollgummireifen und Kettenantrieb behielt man bis 1922 bei.

■ Austro-Daimler
Die 1900 in Wiener-Neustadt gegründete Österreichische Daimler-Motoren-Gesellschaft stellte bis Anfang der 1930er Jahr nicht nur Personen- und Sportwagen her, sondern eine Reihe schwerer Nutzfahrzeuge (anfangs auch mit benzin-elektrischem Antrieb), von denen viele mit Feuerwehraufbauten, vor allem Drehleitern, versehen wurden.

BARIBBI

Bis in die frühen achtziger Jahre hinein stellte die Firma Baribbi in Italien die meisten Feuerwehraufbauten her. Ihre Tanklöschfahrzeuge mit 3000-Liter-Tank basierten auf OM/Fiat-Fahrgestellen, versehen mit Hoch- und Niederdruckspritzen von einer Leistung bis zu 1700 l/min. Auf OM-Basis entstanden auch viele andere Fahrzeuge, auch Schaumlöscher für italienische Flughäfen. Zu den größeren Fahrzeugen dieser Bauart gehört der schwere OM/Fiat 6x6-Dreiachser mit 11.000-Liter-Wasser- und 1550-Liter-Schaumtank der Squalo-Reihe. Er hat eine Schwenkkabine und wiegt mit kompletter Ausrüstung 32 Tonnen.

Flughafen-Schaumlöschfahrzeug	
Baujahr	1974
Motor	V8-Diesel
Leistung	300 PS
Getriebe	Handschaltung
Bauart	6x6 Dreiachser

■ Oben: ***1992er Scania/Baribbi Rettungsfahrzeug für den Gerätetransport auch auf dem Dach.***

BEDFORD

■ Unten: ***Ein Bedford Feuerwehrfahrzeug in offener Bauweise, ca. 1934, stationiert in Horsham, England.***

Die Nutzfahrzeugmarke Bedford der britischen General-Motors-Tochter Vauxhall in Luton bei London stand von den frühen 1930er Jahren an auch für zahlreiche Feuerwehrfahrzeuge. Es handelte sich um Ableitungen bewährter Pkw-Konstruktionen von 2 t, motorisiert mit einem 3,2-Liter-Sechsszylinder-Benzinmotor, als Lösch-, Schlauch- und Leiterfahrzeuge. Auch nach dem Krieg war das parallel zum deutschen Opel Blitz geführte britische Bedford-Programm bei den Wehren sehr beliebt; es gab Tanklösch- und Drehleiterfahrzeuge von 5 und 7 t und verschiedenen Radständen.

Den Maßstab für die Auslegung solcher Fahrzeuge setzte der Birmingham Fire and Ambulance Service mit einem Auftrag, der 27 Fahrzeuge mit 3,2 m Radstand umfasste; das Chassis war die verkürzte Version eines Omnibus-Fahrgestells. Zur Ausrüstung gehörten

BEDFORD

■ Unten: ***Die Freiwillige Feuerwehr von Peterborough, eine der ältesten in Großbritannien, besaß in den 1960er Jahren diesen Bedford R mit Allradantrieb.***

■ Oben: ***1951er Bedford Spritzenfahrzeug mit Abprotzleiter auf verkürztem SB-Fahrgestell.***

■ Unten: ***Drei Bedford Feuerwehrfahrzeuge aus den 1960er Jahren, eines davon mit Metz-Drehleiter, in Neuseeland.***

■ Ganz unten: ***Eine Reihe »Green Goddesses«, wie sie 1953 im britischen Regierungsauftrag entstanden.***

Bedford TK/HCB Angus

Baujahr	1966
Motor	6-Zylinder Benzin
Leistung	176 PS
Getriebe	4-Stufen-Automatik
Besonderheit	Rolls-Royce R61-Motor

ein 450-Liter-Wassertank, eine 15-m-Teleskopleiter und eine Motorpumpe von 2270 l/min Förderleistung. 1953 entstanden bei Bedford einige Hundert solcher Tanklöschfahrzeuge im Regierungsauftrag für kleinere Gemeinden in ganz England (Auxiliary Fire Service); Basis war das Bedford-S-Chassis, die Lackierung erfolgte einheitlich in Grün. Als Antriebsaggregat diente ein 4,9-Liter Sechszylinder-Benzinmotor. Die 4500-l/min-Pumpe wurde aus einem 1800-Liter-Reservoir versorgt, die Teleskopleiter wies ca. 10 m Steighöhe auf. Noch heute stehen einige der »Green Goddesses« (grüne Göttinnen), wie der Volksmund sie nennt, als Reservefahrzeuge zur Verfügung.

Die Bedford-Nutzfahrzeugproduktion erfuhr im Gegensatz zu der ihrer deutschen Schwestermarke Opel in den 1960er und 1970er Jahren eine enorme Ausweitung; die Baureihen umfassten viele Varianten vom 2- bis zum 16-Tonner und wurden als B, R, TJ, TK, TKL, TKEL und KGS bezeichnet. Hunderte von Fahrgestellen erhielten Feuerwehraufbauten, und als Motoren hatten sie meist Perkins- oder Commer-Diesel unter der Haube.

■ Unten: ***Bedford TK mit Abprotzleiter vor der St. Alban's Fire Station im Norden Londons, 1960.***

■ Darunter: ***1968er Bedford TK Frontlenker der Hampshire Fire Brigade, heute bereits ein Sammlerstück.***

■ Unten: ***Eine Anzahl von Bedford-Feuerwehrfahrzeugen wie dieser 1972er HCB in Coventry wurde gelb lackiert.***

■ Darunter: ***Bedford TK, seit mehr als 30 Jahren auf der Mittelmeerinsel Malta stationiert.***

■ Oben: ***Tanklöschfahrzeug einer Feuerwehr in Schottland: Bedford Baujahr 1958.***

■ Rechts: ***1962er Bedford mit Magirus-30-m-Teleskop-Drehleiter, aufgenommen in Neuseeland.***

BICKLE SEAGRAVE / KING SEAGRAVE

Die kanadische Firma Bickle hat seit 1906 mit dem Brandbekämpfungswesen zu tun. Robert Sydney Bickle begann damals mit dem Bau von Handspritzen und solchen, die von Pferden gezogen wurden; 1915 montierte er die erste auf ein Kraftfahrzeug. In jenem Jahr wurde in Woodstock, Ontario, auch die Bickle Fire Engine Company gegründet.

Ab 1923 stellte Bickle Fahrzeuge der Ahrens-Fox Fire Engine Company, Ohio/USA, in Lizenz her. Mehr als zehn Jahre lange baute er für den kanadischen Markt Ahrens-Fox-Fahrzeuge und stattete sie mit eigenem Gerät aus. »The Canadian Ahrens-Fox«, ab 1924 in neuen Werksgebäuden hergestellt, gab es in vier verschiedenen Ausführungen, teils auch nach Kundenwunsch modifiziert. Verwendet wurden unter anderem Fahrgestelle von American LaFrance, Chevrolet, Ford und Packard.

Versehen mit Aufträgen der Stadtfeuerwehren von Montreal und Quebec, traf Bickle Ende der1920er Jahre ein Abkommen über die Belieferung mit Drehleitern von Magirus in Ulm, damals bereits ein weltweit bekanntes Unternehmen. Die Leitern waren damals

■ Ganz oben: ***1978er Scot 6x4 Fire King mit 17-m-Snorkel-Hydraulikleiter der Feuerwehr in Revelstoke, British Columbia. Die mittschiffs eingebaute Pumpe leistete 4770 l/min.***

■ Oben: ***GMC King/Seagrave Löschfahrzeug von 1966 mit 2840-l/min-Pumpe und einem Wassertank von 2725 Liter Fassungsvermögen.***

■ Links: ***Das Crownest Pass Fire Department in Blairmore, Alberta erwarb 1974 diesen Ford C900 Fire King 6x4 mit 26-m-Snorkel-Gelenkarm. Zur Erstversorgung der 4770-l/min-Pumpe diente ein 900-Liter-Reservoir.***

■ Rechts: ***1982er International CO 1950B/King Tanklöschfahrzeug der Feuerwehr in Esquimalt, British Columbia.***

■ Darunter: ***Liebevoll restauriertes Bickle Seagrave Feuerwehrauto von 1953.***

noch aus Holz, und es entstanden in großer Zahl Bickle-Magirus-Leiterfahrzeuge nicht nur für kanadische Wehren, sondern auch für Kunden in den USA. In den frühen 1930er Jahren führte Bickle Hydraulik-Drehleitern auf Plattformwagen ein; sein neuer Partner war die Firma Peter Pirsch & Sons in Kenosha, Wisconsin/USA.

Von besonderer Bedeutung war die Liaison mit der Seagrave Corporation in Columbus, Ohio. Bickle wurde Alleinimporteur der bekannten Seagrave-Feuerwehrfahrzeuge für ganz Kanada, und auch der Firmenname wurde geändert und lautete ab 1935 Bickle Seagrave Ltd. Das Unternehmen nahm in der Branche lange Jahre die Spitzenposition ein und konnte ein umfassendes Sortiment von Feuerwehr- und Rettungsfahrzeugen aller Art anbieten.

Nach dem Tod des Firmengründers im Jahre 1949 ging die Firma nacheinander durch verschiedene Hände; die Umsätze gingen stark zurück.

Anfang 1956 stellte man die Produktion ein. Zu diesem Zeitpunkt betrat Vernon Bickle King die Szene, ein Neffe R. S. Bickles, der in Woodstock im Lkw- und Anhängergeschäft tätig war und die Rechte an der Firma Bickle Seagrave erwarb. Die Fertigung wurde noch im gleichen Frühjahr wieder aufgenommen, die Fahrzeuge unter der Markenbezeichnung King Seagrave hergestellt. 1962 nahm man ein neues Werk in Betrieb, der Absatz verlief sehr zufriedenstellend. Zur gleichen Zeit wurde King Seagrave kanadischer Importeur für Teleskopleitern der Firma American Snorkel. Zeitweilig arbeiteten für King Seagrave bis zu 475 Personen.

Als jedoch die FWD Corporation, Hersteller von Allrad-Spezialfahrzeugen, 1972 die Firma Seagrave erwarb, verlor King Seagrave die Exklusiv-Vertriebsrechte für Kanada. Hinzu kam die wirtschaftliche Rezession der frühen 1980er Jahre. Die Firma wurde verkauft und meldete 1984 Konkurs an. Der nicht nur in Kanada berühmt gewordene Hersteller musste nach über 70 Jahren Präsenz abtreten – die Namen Bickle und King gehörten fortan der Vergangenheit an.

■ Unten: ***King Seagave Tanklöschfahrzeug von 1985 mit 6800-l/min-Pumpe und einem Tank von 3400 Liter Fassungsvermögen.***

BRIJBASI

Die in Bombay und Neu-Delhi produzierende Firma Brijbasi Hi-Tech Udyog Ltd. ist in Indien führend in der Herstellung von Feuerwehrfahrzeugen, meist unter Verwendung von Fahrgestellen von Leyland oder Tata. Zum Programm gehören kleinere Einsatzfahrzeuge wie große Wasser- und Schaumlöscher, die teils in Betrieben der petrochemischen Industrie stationiert sind.

Brijbasi Löschfahrzeug	
Baujahr	1972
Motor	6-Zylinder Diesel
Leistung	180 PS
Getriebe	Handschaltung
Besonderheit	2270-l/min-Pumpe

■ Oben: ***Mit Blumen geschmückter Tata/Brijbasi Udyog 1210 der Feuerwehr in Neu-Delhi. An Bord sind Atemschutzgeräte, Rettungswerkzeuge und ein Notstromaggregat zu Beleuchtungszwecken.***

BRONTO

■ Links: ***1997er Emergency One Hurricane/Superior 8x4 mit Bronto-Gelenkmast und Arbeitsbühne, einsetzbar bis zu einer Höhe von 50 m. Das Fahrzeug gehört der Feuerwehr der Stadt Calgary, Kanada.***

Seit mehr als 40 Jahren produziert die Bronto Skylift Oy. in Tampere, Finnland, große Hydraulik-Gelenkmasten, Leitern und Bühnen. Sie hat in der Branche eine führende Position erlangt und gehört seit 1995 zur Federal Signal Corporation of America. In gut 110 Ländern stehen mehr als 5000 Bronto-Hydraulikmasten im Dienst; das Programm reicht von der F23 mit 23 Meter Arbeitshöhe bis zur 88 m hohen F88 auf einem schweren 5-Achs-Fahrgestell. Eines der am weitesten verbreiteten Modelle ist das Modell 28-2TI (28 m) auf Volvo FL10 oder Scania G93M/P113H mit Tandemachse. In die Gelenkmasten integriert sind Scheinwerfer, Kamera-Anschlüsse und Sprungtücher. Nach Bronto-Lizenzen werden Gelenkmasten auch von anderen Herstellern gebaut.

■ Links: ***Das Ottawa Fire Department verfügt über dieses Fahrzeug mit hydraulischem Bronto-Teleskopmast von 40 m Arbeitshöhe – ein eindrucksvolles Stück Technik, gesteuert von einem Stand am Heck des Fahrzeugs.***

BUFFALO

Die Buffalo Fire Apliance Corporation wurde 1895 in New York gegründet und stellte zunächst Handfeuerlöschgeräte her. Das erste Feuerwehrauto unter dieser Markenbezeichnung erschien 1922. Es folgten Tank- und Schaumlöschfahrzeuge sowie Drehleitern auf diversen Fremdfahrgestellen; 1928 wurden auch eigene Chassis angefertigt. Die in sorgfältiger Handarbeit in den 1930er und 1940er Jahren hergestellten Aufbauten glichen im Stil großen Cabriolets und waren geradezu als elegant zu bezeichnen. Bis zum Kriegsausbruch waren 170 solcher Fahrzeuge erstellt worden; die Fabrikationsmethoden galten als innovativ und effizient. 1948 wurde die Fahrzeugproduktion jedoch eingestellt; fortan konzentrierte man sich bei Buffalo ausschließlich auf die Herstellung von Handfeuerlöschern.

Buffalo Type III Löschfahrzeug

Baujahr	1930
Motor	6-Zylinder Benzin
Leistung	70 PS
Getriebe	4-Gang Handschaltung
Besonderheit	Cabriolet-Karosserie

■ Oben: ***Geradezu elegant wirkten die Cabriolet-Karosserien der Buffalo-Feuerwehrfahrzeuge. Hier ein 1940er Buffalo Pathfinder in der Stadt Winters, Kalifornien.***

■ Unten: ***Bei diesem gut restaurierten 1931er Buffalo Löschfahrzeug befindet sich die Pumpe unterhalb der Fahrersitzbank. Eine Windschutzscheibe oder ein Verdeck gab es nicht.***

ANDERE FABRIKATE

■ BAI

Die 1991 in Bagnolo Mella gegründete BAI Antincendi International ist ein bekannter italienischer Hersteller von Feuerwehr- und Rettungsfahrzeugen aller Art auf Scania-, Volvo- und Mercedes-Benz-Fahrgestellen. Kunden sind städtische Feuerwehren, Industriefirmen, Flughafengesellschaften in ganz Italien.

■ Belsize

Die Belsize Motor Company in Manchester, England, baute schon vor dem 1. Weltkrieg Feuerwehrfahrzeuge; bereits 1912 gab es Fahrzeuge mit Motorpumpen und 15-m-Abprotzleitern, auch am Fahrzeug fest montierte Drehleitern, deren Aufrichtmechanik durch komprimiertes Kohlendioxid aktiviert wurde. 1939 wurde die Fertigung eingestellt.

■ Benz

Feuerwehraufbauten auf Benz-Fahrgestellen gab es vor der Fusion der Firma mit der Daimler-Motoren-Gesellschaft 1926 in vielen Ausführungen. Mit der Übernahme der Süddeutschen Automobilfabrik in Gaggenau (SAF) wurden alle Benz-Nutzfahrzeuge dort hergestellt. Ab 1923 auch Bau von Fahrzeugen mit Dieselmotor.

■ Berliet

Diese von 1906 bis 1975 bestehende französische Firma (später in Véhicules Industriels Renault integriert), gegründet von Marius Berliet, stellte eine Vielzahl von Nutzfahrzeugen aller Größenordnungen her. 1930 erschien der erste Berliet mit Dieselmotor. In Frankreich waren Berliet-Feuerwehrfahrzeuge bei vielen Wehren im Einsatz, auch auf Flughäfen und auf Industriearealen.

Binz

Rettungs-, Einsatz- und Ambulanzfahrzeuge der Marke Binz sind in der ganzen Welt bekannt. Die in der württembergischen Stadt Lorch beheimatete Firma existiert seit 1936 und begann mit Krankenwagen auf Mercedes-Benz-Chassis; inzwischen gehören Fahrzeuge bis zu 7,5 t zum Programm auf Basis VW LT, Mercedes-Benz Sprinter und Atego sowie MAN. Spezialfahrzeuge für jede Verwendung im Rettungswesen werden gebaut einschließlich Mobilbüros mit kompletter Kommunikations-Ausstattung.

■ Borgward

Die in Bremen beheimatete Firma Borgward hat nach dem Kriege bis zu ihrer Schließung im Jahr 1961 eine große Zahl von Nutzfahrzeugen hergestellt, die im Feuerwehrbereich Verwendung fanden. Vom ersten B2000 Baujahr 1952 bis zum letzten B522 A wurden unterschiedliche Lösch- und Leiterfahrzeuge, auch Mannschafts- oder Tragkraftspritzenfahrzeuge mit Benzin- und mit Dieselmotor aufgebaut, teils mit Allradantrieb und Vorbaupumpen unterschiedlicher Zulieferer (z.B. Ziegler). Zahlreiche Freiwillige Feuerwehren auf dem Lande übernahmen Borgward-Nutzfahrzeuge aus Militär- oder BGS-Beständen und bauten sie für ihre Zwecke um.

■ BMC

Mit der Fusion der britischen Hersteller Austin und Morris entstand 1952 die British Motor Corporation, kurz BMC. Eine Anzahl Nutzfahrzeug-Konstruktionen, auch die später hinzugekommener Marken, bildeten die Grundlage für Feuerwehrfahrzeuge aller Art, so der LG30 als Schaumlöscher oder der 5-t-Typ LG oder der 16-t-BMC Boxer. Einige wurden als Tanklöschfahrzeuge mit Fassungsvermögen von 4500 Liter Wasser aufgebaut.

■ Oben: ***Boise Rettungsfahrzeug des Snohomish County Fire District, Arlington Heights, Washington DC.***

1968 wurde BMC Teil der Leyland Group Personen- und Nutzfahhrzeuge), womit BMC als Markenbezeichnung verschwand. Bis 1990 waren aber noch viele dieser Fahrzeuge in Betrieb.

■ Boise Mobile Equipment (BME)

Amerikanischer Hersteller mit Sitz in Idaho, der Individuell ausgerüstete Feuerwehr- und Rettungsfahrzeuge im Kundenauftrag baut. Spezielle BME-Fahrzeuge sind sowohl für den städtischen Einsatz als auch für die Waldbrandbekämpfung geeignet, sie weisen Webcams an allen Seiten des Fahrzeugs auf und erlauben die Arbeit von einem zentralen Schaltpult aus. Eine weitere Besonderheit ist das Rohrrahmenchassis des BME mit Aufbauten aus Aluminium oder galvanisiertem Stahl.

■ Braco

Die Braco AS in Lierskogen, Norwegen, stellt Aufbauten komplett aus Aluminium für Feuerwehrfahrzeuge im Kundenauftrag her; die Fahrgestelle kommen von großen Nutzfahrzeugherstellern. Beliefert werden Wehren in allen skandinavischen Ländern. Braco-Fahrzeuge sind besonders auf den Einsatz unter extremen Klimaverhältnissen des winterlichen Nordens zugeschnitten.

CAMIVA

Durch die Zusammenlegung der Nutzfahrzeugfertigung von Citroën-Berliet und der Feuerwehr-Ausrüstungsfirma Guinard entstand 1971 das große französische Unternehmen Camiva mit Sitz in St.-Alban-Leyesse bei Chambéry. Unter der Markenbezeichnung Camiva werden dort Feuerlösch- und Rettungsfahrzeuge aller Größenordnungen gebaut, auch für Industrie- und Flughafenwehren im In- und Ausland. Die Firma Camiva gehört auch zu den bedeutendsten europäischen Herstellern von Drehleitern aus einer speziellen Aluminiumlegierung, die in mehr als 80 Länder der Welt exportiert werden.

■ Oben: ***Dennis F127 mit einer Camiva-Drehleiter EPA 30 m von 1988. Das Fahrerhaus stammt von John Dennis Coachbuilders.***

CARMICHAEL

■ Links: ***Land-Rover Frontlenker als Rettungsfahrzeug von Carmichael von 1970.***

■ Unten: ***1987er Dennis RS135/Carmichael, speziell für die Bereitstellung von Atemschutzgeräten angefertigt.***

Die britische Firma Carmichael gehört seit den frühen fünfziger Jahren zu den bedeutendsten Ausrüstern der Branche. Ihr Firmensitz befindet sich in Worcester. Hergestellt werden Wasser- und Schaumlöschfahrzeuge, Drehleitern, Fahrzeuge mit Gelenkmasten und Arbeitsbühnen und viele andere für Auftraggeber im In- und Ausland. Carmichael wirbt damit, das umfassendste Programm der Branche in Großbritannien anbieten zu können, das sämtliche in Frage kommenden Fahrzeugtypen umfasst. 70 Prozent der Produktion werden exportiert. Es gibt kaum einen Hersteller von Nutzfahrzeug-Fahrgestellen, mit dem Carmichael bisher nicht zusammenarbeitet hätte; die Liste der Fabrikate reicht von AEC, Albion, Bedford und Commer bis Ford, Iveco, Leyland, Mercedes-Benz, Scania und Volvo.Aufsehen erregte Camichael 1972 mit dem Umbau des damals noch ganz neuen Range Rover zu einem Dreiachser zu einem Rettungsfahrzeug für den Autobahneinsatz. Mit seinem 3,5-Liter-V8-Motor war der Range Rover sehr

■ Oben: ***Von Carmichael umgebauter und ausgerüsteter General-Motors-Rettungswagen mit verlängertem Radstand im Dienst des Cloucestershire Fire and Rescue Service, England.***

schnell. Das Konzept überzeugte: In den kommenden sieben Jahren entstanden 37 weiterer solcher Fahrzeuge. Zu Löschzwecken gab es eine Vorbaupumpe mit 900-l/min-Leistung.

Eine der jüngsten Schöpfungen Carmichaels ist der Cougar auf Basis des vierachsigen Timoney 8x8 für Flughafen-Feuerwehren wie die in London-Stanstead. Der Motor ist ein Detroit-Diesel mit 18 Liter Hubraum und 825 PS, gut für eine Beschleunigung von Null auf 80 km/h in nur 32 Sekunden. Das Fahrzeug transportiert 12.000 Liter Wasser und 1500 Liter Schaumkonzentrat. Die Schaumkanone auf dem Dach lässt 4500 Liter pro Minute heraus.

Zu den weiteren Flughafen-Feuerwehrfahrzeugen von Carmichael gehört der Cobra 2000 6x6 mit 12.000 Liter Wasser an Bord und einer Kabine für fünf Mann. Der Motor ist ein Caterpillar-Viertaktdiesel vom Typ C18. Zu den leichteren Fahrzeugen zählen die auf GM-Basis (Chevrolet) oder Land-Rover-Chassis aufgebauten 1135-Liter-Löschwagen für Wasser oder Schaum mit verlängertem Radstand, die sich sehr bewährt haben, während größere Fahrzeuge auf Dennis, Mercedes-Benz, Scania und Volvo basieren, einige mit Hydraulikmasten und Arbeitsbühnen bis 54 m Höhe versehen. Die Wassertanks und andere Elemente des Aufbaus bestehen großenteils aus GFK.

CEDES

■ Links: ***Batteriefracht von 2000 kg auf der Vorderachse dieses Löschfahrzeuges Bauart Cedes von 1905, eingesetzt bei der Londoner Feuerwehr.***

Eine neue Art von Nutzfahrzeugantrieben, auch für Oberleitungsomnibusse, entstanden ab 1900 in Wien unter der Markenbezeichnung Cedes, die deutlich macht, dass es sich um eine Tochter der Daimler Motoren-Gesellschaft (Mercedes) handelte. Das Besondere war der Elektroantrieb dieser Fahrzeuge.

Der batterie-elektrische Antrieb über Radnabenmotoren an den vorderen Rädern (Frontantrieb!) – auf den ersten Blick könnte man ihre Gehäuse für Bremstrommeln halten – war an jedes Chassis zu montieren, hatte nur zwei Nachteile: das immense Gewicht der mitzuführenden Batterien und der relativ kurze Aktionsradius der Fahrzeuge, maximal 40 Kilometer. Gleichwohl gab es eine Reihe von Cedes-Feuerwehrfahrzeugen in Wien und anderen Städten, so auch in London, wo die städtische Feuerwehr acht Pferdelöschfahrzeuge auf Cedes-Elektroantrieb umrüstete und sie mit 30-m-Drehleitern von Magirus versah. Mit voranschreitender Entwicklung des Benzinmotors überlebte sich der Elektroantrieb.

22 m Drehleiter-Fahrzeug	
Baujahr	1908
Motor	elektr. Radnabenmotoren
Leistung	36 PS
Getriebe	über Regelwiderstand
Besonderheit	2000 kg Batterien

CENTRAL STATES FIRE APPARATUS

Rechts: ***1989er Mack MC/Central States Löschfahrzeug.***

Eine Serie von Bränden in Lyons, South Dakota/USA, veranlasste 1971 das Unternehmer-Ehepaar Harold und Helen Boer, ihrem Betrieb für Schweißgeräte- und Apparatebau einen Zweig zur Herstellung von Feuerwehrfahrzeugen anzugliedern. Die Central States Fire Apparatus Inc. etablierte sich als erfolgreiches Unternehmen und stellte gegen Ende der 1970er Jahre bereits 50 Fahrzeuge pro Jahr her, die überall im Mittleren Westen der USA eingesetzt wurden. Der Betrieb wuchs auf eine Fläche von 10.000 qm und beschäftigte schon bald 140 Mitarbeiter. 1990 half Boer mit Konstruktionslizenzen aus Österreich die Firma Rosenbauer America zu gründen, was einer Ausweitung des Geschäfts auf internationaler Basis die Tore öffnete.

Die Palette des Bauprogramms von Central States umfasst Lösch- und Tanklöschfahrzeuge, Hydraulik-Drehleitern, Rettungs- und Spezialfahrzeuge aller Art. Ein 1983er Central States Feuerlöschfahrzeug auf Ford-Basis hat das South Dakota Volunteer Fire Department noch heute im Einsatz.

■ Links: ***International S4900/Central States Rettungsfahrzeug Baujahr 1996 für Sondereinsätze des Tuckwilla Fire Department, Washington.***

CHEVROLET

Die alteingesessene amerikanische Firma Chevrolet (GM-Konzern) lieferte mit ihren Pkw- und Lkw-Fahrgestellen so manche Basis für Feuerwehraufbauten, auch in Großbritannien, wo ab 1928 ebenfalls Chevrolet-Fahrzeuge produziert wurden. Später übernahm die GM-Tochter Bedford das Chevrolet-Nutzfahrzeugprogramm und baute Fahrzeuge speziell für den Markt in Großbritannien.

Chevrolet-Feuerwehrfahrzeuge gab es sowohl in Europa als auch in den USA nach dem 2. Weltkrieg auf der Basis leichter Nutzfahrzeug-Chassis wie den 1970er COE Frontlenker mit 3,7 m Radstand und V8-Motor, 1600-Liter-Wassertank und einer 3400-l/m-Pumpe.

■ Oben: ***1937er Chevrolet in der damals üblichen offenen Bauart der Kittanning Fire Company, Pennsylvania, USA.***

■ Rechts: ***Miniatur-Feuerwehr Chevrolet/ FMC 4x4 mit V8-Motor (235 PS) und mittschiffs eingebauter Löschpumpe.***

■ Rechts: ***Chubb Pathfinder 6x6 Schaumlöschfahrzeug der Flughafen-Feuerwehr von Hongkong.***

CHUBB

Die britische Chubb Fire Security Ltd. machte in den 1970er Jahren von sich reden, als sie die ersten schweren Flughafen-Feuerwehrfahrzeuge baute, entsprechend den immer größer werdenden Passagiermaschinen wie Boeing 747. Mit dem 1974 vorgestellten Chubb Pathfinder 6x6 Airport Crash Tender stand ein Löschfahrzeug zur Verfügung, das pro Minute mehr als 60.000 Liter Schaum in den Rumpf eines brennenden Flugzeugs befördern konnte; das Chassis war ein Reynolds Boughton, angetriebenen von einem Detroit-Diesel V6 von 635 PS.

Es entstanden eine Anzahl weiterer hochpotenter Schaumlöschfahrzeuge, aber auch große Wasserlöschfahrzeuge wie der 1975er Pacesetter entstanden in Zusammenarbeit mit der Merseyside Fire Brigade und der Technischen Universität von Loughborough. Das niedrig gebaute, in nur 18 Sekunden auf 65 km/h zu beschleunigende Fahrzeug mit seinen per Servokraft öffnenden Türen in der sechsplätzigen Kabine hatte eine aus Aluminium und Kunststoff bestehende Karosserie; als Antriebsaggregat diente ein 238 PS starker Detroit Diesel im Heck mit automatischer 4-Stufen-Kraftübertragung. Die Pumpe mit 4500 l/min Förderkraft befand sich an der Fahrzeugfront, in Großbritannien eine eher seltene Bauart.

■ Links: ***1991er Chubb National Schaumlöschfahrzeug mit 16-m-Teleskop-Gelenkmast.***

■ Unten: ***Chubb Protector 6x6 Schaumlöschfahrzeug mit Hochdruck-Dachkanone.***

CITROEN

Auf dem Chassis der populären Citroën-Lastwagen Typ 45 und 55, später C30 und C35, gab es eine große Zahl unterschiedlicher Feuerwehrfahrzeuge, viele für die Waldbrandbekämpfung in Südfrankreich ausgerüstet oder als Drehleiterfahrzeuge konzipiert. Ab 1961 kamen die HY-Baureihen 350, 600 und 700 mit Frontantrieb (2,2 Liter Vierzylinder) hinzu, von denen ebenfalls viele im Feuerlöschdienst eingesetzt oder als Ambulanzen verwendet wurden und bei vielen Wehren auch noch heute aktiv sind. Gemeinsam mit der von Citroën 1967 übernommenen Nutzfahrzeugfirma Berliet kam es 1971 zur Fusion mit Guinard, wodurch die Camiva S.A. entstand, heute der führende Feuerwehrfahrzeug-Hersteller Frankreichs.

COMMER

Links: ***Commer YC Baujahr 1913 Feuerwehr der London Fire Brigade, heute als Oldtimer eine viel bestaunte Attraktion.***

Unten: ***1950er Commer FC Tanklöschfahrzeug im typischen Karosseriedesign seiner Zeit.***

1905 entstand in London der erste Lastwagen unter der Marke Commer (Ankürzung für »Commercial Cars«). Er hatte Kettenantrieb und war als Frontlenker konzipiert. 1926 wurde die Firma von Humber übernommen und 1928 in die Roots Group integriert, aus der 1970 die Chrysler UK wurde. Mit dem 1954 vorgestellten Zweitakt-Dieselmotor wurde zugleich eine neue Nutzfahrzeugreihe eingeführt, die auch als Basis für Feuerwehrfahrzeuge diente. Der Motor war ein 4,75-l-Dreizylinder von Tillings-Stevens. Beliebt war auch das QX-6,5-t-Chassis mit 3,6 m Radstand und 109 PS starken Unterflur-Benzinmotor. Leichtes Gewicht und geringer Wartungsaufwand kennzeichneten diese Baureihe, die viele Jahre lang aktuell blieb. Auch der Ccmmer KC 40 von 1961 wurde häufig als Feuerwehr gebaut. Seltener sah man den großen 7-Tonner 86A mit seiner 30-m-Drehleiter von Magirus, aufgebaut von der Firma Davis Haydon. Als innovativ galt das Modell VAC von 1963 mit Simon-SS65-Gelenkmast-Arbeitsbühne, die erste in Großbritannien, geliefert an die Monmouth Fire Brigade in Wales. Die Feuerwehr-Fertigung ging bei Commer 1975 zu Ende; die anderen Nutzfahrzeugreihen wurden künftig unter Dodge vermarktet.

■ Links: ***Lösch- und Leiterfahrzeug von 1950 der Carmarthenshire Fire Brigade, Wales.***

■ Unten links: ***Commer Löschfahrzeug Baujahr ca. 1960 mit Abprotzleiter von 13 m Steighöhe.***

■ Unten rechts: ***Einer der letzten: 1975er Commer Hi-Line G1211 Tanklöschfahrzeug der Harwell Fire Brigade, England.***

Commer FC

Baujahr	1950
Motor	6-Zyl. Vergasermotor
Leistung	109 PS
Getriebe	4-Gang Handschaltung
Besonderheit	Unterflurmotor

CROWN

■ Links: ***1976er Crown Löschfahrzeug des Los Angeles County Fire Department, Kalifornien.***

Die in Los Angeles, USA, beheimatete Crown Firecoach Inc. war bereits 1904 im Geschäft und stellte Omnibusse her, doch das erste Feuerwehrfahrzeug dieser Firma erschien erst 1951. Seither aber finden sich Crown Fahrzeuge in allen Staaten der USA, und nicht nur dort. Crown ist auch im Exportgeschäft aktiv. Zunächst gab es nur ein einziges Modell mit einer Karosserie offener Bauart und 3 m Radstand; die Aufbauten allerdings wurden ganz nach Wünschen der Auftraggeber ausgeführt. Crown stellte auch Rettungsleitern her, in einteiliger oder mehrteiliger Ausführung bis zu 30 m Steighöhe, teils für den Transport per Zugmaschine. Ab 1980 erfuhr das Programm eine weitere Ausdehnung mit dem Schwerpunkt auf Tanklöschfahrzeuge, teils mit Arbeitsbühnen-Gelenkmasten von Snorkel versehen. Die für ihre Langlebigkeit bekannten Crown-Fahrzeuge sind seit einiger Zeit mit hydraulischem Niveauausgleich versehen.

■ Links: ***Crown Löschfahrzeug Baujahr 1967 des Watsonville Fire Department, Kalifornien.***

■ Unten: ***1981er Crown Tanklöschfahrzeug der Feuerwehr von Marysville, Washington/USA mit 2270-Liter-Wassertank und 6800-l/min-Pumpe in der Fahrzeugmitte.***

CUSTOM FIRE

■ Unten: ***Ford L8000 mit einem Aufbau von Custom Fire und 5700-l/min-Pumpe, Baujahr 1992.***

In den späten 1970er Jahren nahm die Custom Fire Inc. in Osceola, Wisconsin/USA ihre Tätigkeit als Hersteller von Feuerwehrfahrzeugen auf und hat seitdem kontinuierlich expandiert. Die Firma verfügt heute über ein sehr großes Betriebsareal und baut pro Jahr an die 36 Fahrzeuge; sie werden an Abnehmer überall in den USA geliefert.

Von kleinen Fahrzeugen als Hilfstender bis zu schweren Tanklöschfahrzeugen und mobilen Einsatzzentralen auf Basis des Ford L8000 Truck bietet die Custom Fire ein breites Programm an; die Aufbauten sind genietet, nicht ge-

schweißt, was Reparatur- oder spätere Umbauarbeiten erleichtert. Eine Anzahl Module zur Ausstattung großer Löschfahrzeuge wurde kürzlich nach Südafrika geliefert.

■ Rechts: ***Ford L8000 von 1989 mit dekorativer Bemalung des Northfield Fire and Rescue Department, Minnesota, USA. Der Aufbau von Custom Fire ist als mobile Einsatzzentrale eingerichtet.***

WEITERE FABRIKATE

■ Crash Rescue

Die 1967 gegründete Crash Rescue Equipment Service Inc., Dallas, Texas/USA, stellte anfänglich Ausrüstungen zur Brandbekämpfung im Flugwesen her (Aircraft & Rescue Fire Fighting, ARFF), dehnte ihre Tätigkeit ab 1978 aber auch auf den Fahrzeugbau auf und ist heute überall in den USA vertreten. Mit einer im eigenen Hause entwickelten Schaumlöschkanone, die sich auf einen Gelenkmast montieren lässt, hat Crash Rescue 1990 einen neuen Markt erschlossen; dieser »Snozzle« ist in alle Fenster- und Türöffnungen einfahrbar und lässt sich auch mit einer Infrarotkamera kombinieren. Seine Bedienung wird ferngesteuert. Eine eigene Abteilung bildet die Firma Fire Wagons, die Komplettfahrzeuge erstellt, sowohl motorisiert als auch in Form von Trailern auf verschiedenen Fahrgestellen, ausgestattet mit Spezialgerät.

■ Crimson Fire

Die erst 2003 gegründete Crimson Fire Inc. ist eine der jüngsten Firmen dieser Branche in den USA. Sie hat ihren Sitz in Brandon, South Dakota, und gehört zur Spartan Motors Inc., die 1990 drei Feuerwehrhersteller übernahm, unter anderem Quality und Luverne, und sich damit einen erheblichen Marktanteil im Feuerwehr-Fahrzeuggeschäft sicherte. Das Programm von Crimson umfasst alle Fahrzeugtypen einschließlich Drehleitern und Gelenkmast-Plattformwagen. Die jüngsten Fahrzeugkonstruktionen bestehen zu 100 Prozent aus rostfreiem Stahl.

■ Csepel

Die Csepel Autogyar in Cspel, Ungarn, ist der größte Militär- und Nutzfahrzeughersteller dieses Landes, gegründet 1950. Ursprünglich auf Steyr-Lizenzen basierend, aber auch Komponenten anderer Hersteller einbeziehend, baut Csepel Dieselfahrzeuge aller Größenordnung, teils mit drei und vier angetriebenen Achsen, so auch Fahrzeuge für Feuerlöschzwecke, die in anderen osteuropäischen Ländern ebenfalls zu sehen sind.

■ CSI Emergency Apparatus

Die 1989 gegründete CSI Fire and Truck Company hatte anfänglich nur regionale Bedeutung in Michigan, USA. Mittlerweile verfügt sie in Grayling, Michigan, über große Kapazitäten und liefert Feuerwehrfahrzeuge landesweit. 1995 änderte sich der Firmenname in CSI Emergency Apparatus, und das Bauprogramm umfasst alle Fahrzeugtypen zur Brandbekämpfung.

DAF

Seitdem DAF im Nutzfahrzeuggeschäft aktiv ist, kamen aus Eindhoven auch Fahrgestelle für Feuerwehraufbauten, und nicht nur für Wehren (»Brandweer«) in den Niederlanden. 1989 übernahm DAF die Lkw-Produktion von Leyland, was eine weitere Ausweitung des Geschäftes weltweit bedeutete. Die Firma DAF hat sich 1975 in großen finanziellen Schwierigkeiten befunden und staatliche Hilfe in Anspruch nehmen müssen. Die Sanierung ging einher mit Investitionen in die Entwicklung neuer Motoren und Automatikgetriebe, die sich auf lange Sicht auszahlten: DAF festigte seine Position auf ganzer Linie.

DAF Bergungsfahrzeug	
Baujahr	1995
Motor	6-Zyl. Dieselmotor
Leistung	210 PS
Getriebe	6-Gang Handschaltung
Besonderheit	modulfähig

■ Oben: ***DAF 1100 Löschfahrzeug für die niederländische Feuerwehr, solche Fahrzeuge stehen auch in anderen Ländern im Einsatz.***

■ Oben: ***DAF FF1600 Löschfahrzeug für die petrochemische Industrie mit Rosenbauer-Pumpe und Schaumkanone auf dem Dach.***

Große Bedeutung erlangten DAF-Tankfahrzeuge der Typen 16/17 und 20/210, Bergungsfahrzeuge auf Basis des DAF 60 und Rettungswagen auf T45-Chassis. DAF hat vor allem in Großbritannien Leyland ersetzt, beispielsweise mit dem Modell 1718 mit seinem im Heck installierten Hiab-Hydraulikkran. Die Gerätekombinationen umfassen alle Varianten bis hin zur Metz-Drehleiter auf DAF-1900-Fahrgestell.

DARLEY

■ Unten: ***1951er Ford F-Series/Darley Spritzenfahrzeug, gebaut für die Wehr einen kleinen Stadt in Colorado, USA.***

Die W. S. Darley & Co hat ihren Firmensitz in Melrose Park, Illinois/USA und fabriziert Spritzen seit den 1920er Jahren. Sie verfügt über großes technologisches Know-how und baut seit langem auch komplette Lösch-, Tanklösch- und Rettungsfahrzeuge für amerikanische sowie ausländische Auftraggeber; die Fahrgestelle stammen von Herstellern wie General Motors, Ford, Duplex oder International. Jedes Fahrzeug entsteht individuell nach Kundenwunsch bis hin zum Schaumlöschwagen für den Flughafeneinsatz.

■ Ganz oben links: ***1972er Ford/Darley Löschfahrzeug mit 3400-l/min-Pumpe der Feuerwehr von Boston, Indiana//USA.***

■ Ganz oben rechts: ***Freightliner/Darley von 1992 als Lösch- und Rettungsfahrzeug in Prairie Grove, Arizona/USA.***

■ Oben links: ***1996er Freightliner/Darley Löschfahrzeug im Dienst der Feuerwehr von Whatcom County, Washington/USA.***

■ Oben rechts: ***International/Darley Löschfahrzeug von 1998 des Skagit County Fire District, Grassmere, Washington/USA.***

■ Rechts: ***2000er Spartan Gladiator 6x4 mit 30-m-Gelenhubmast von Arial Innovations sowie Arbeitsbühne.***

■ Unten rechts: ***Spartan/Darley Löschfahrzeug Baujahr 1993 der Wehr in Irishtown, Pennsylvania – deshalb die grüne Lackierung!***

N2000 Custom Pumper

Baujahr	2000
Motor	Detroit-Diesel
Leistung	430 PS
Getriebe	Allison HD 4060 PR
Besonderheit	Aluminium-Aufbau

DENNIS

■ Links: ***Dennis Big Four, ein Löschfahrzeug, das in den 1930er Jahren sehr populär war.***

Die Dennis Brothers begannen 1895 in Guildford, England, mit dem Bau von drei- und vierrädrigen Motorwagen, ehe sie Kommunalfahrzeuge und Lastwagen anboten und 1908 ihr erstes Feuerwehrfahrzeug auf die Räder stellten, ein Vierzylinder für die Bradford Fire Brigade in Yorkshire. Weitere Aufträge folgten, und binnen kurzem durfte sich die Firma Dennis als der bedeutendste Feuerwehrhersteller in Großbritannien bezeichnen – ein Titel, der mehr als 50 Jahre lang Gültigkeit behielt.

Bereits 1930 lieferte Dennis im Jahresdurchschnitt gut 100 Fahrzeuge; ab 1935 waren auch Dieselmotoren (Lizenz Lanova) im Programm. Eines der erfolgreichsten Fahrzeuge war das Modell Big Four von 1934, das auch an ausländische Kunden geliefert wurde. 1937 lieferte Dennis sein 250. Feuerwehrfahrzeug aus, es ging an die Stadtfeuerwehr von London. Noch war die überwiegende Zahl aller Wagen offener Bauart.

F101 Lösch- und Leiterfahrzeug

Baujahr	1956
Motor	8-Zyl. Diesel 12 l
Leistung	170 PS
Getriebe	5-Gang Handschaltung
Besonderheit	Rolls-Royce-Motor

■ Oben: ***Der Dennis F8 war nur 2 m breit und für die schmalen Dorf- und Landstraßen Englands konzipiert. Dieses Auto gehört dem Devon County Fire Service.***

Nach Ende des Zweiten Weltkriegs ging die Dennis F-Reihe in Serie; wegen Stahlblechmangels erhielten die ersten Fahrzeuge Holzkarosserien. Die Motoren waren Reihenachtzylinder mit 70 PS

■ Links: ***1949 für die London Fire Brigade gebauter Dennis F7 als Löschwagen mit aufgeprotzter Leiter. Der Motor war ein 5,7-Liter-Rolls-Royce Sechszylinder. Hunderte von Fahrzeugen dieser Bauart taten mehr als zwei Jahrzehnte lang in ganz England Dienst.***

■ Rechts: ***Dennis RS8, Baujahr 1985, bereit zum Einsatz vor einer Feuerwache im Hafen von Singapur.***

Typ B80, geliefert von Rolls-Royce. Die F-Serie wurde bis in die 1970er Jahre beibehalten, ab 1956 aber mit einem Rolls-Royce-Dieselmotor bestückt, ein 12,2-Liter mit 170 PS. Eine Besonderheit war der Dennis F8 mit einer Fahrzeugbreite von nur knapp 2 m für den Einsatz auf dem Lande und in kleinen Städten.

Gegen 1960 durfte sich die Dennis Bros. Ltd. rühmen, Kunden in 46 Ländern der Erde zu haben. Die Fahrzeuge der F- und der neuen D-Serie waren mit verschiedenen Motorisierungen erhältlich, darunter mit einem 195 PS starken Rolls-Royce-Aggregat oder einem 4,2-Liter-Sechszylinder von Jaguar. Auf Wunsch wurden Dennis-Fahrzeuge ab 1962 mit Scheibenbremsen an den Vorderrädern versehen.

1976 ging die R-Serie in Produktion. Sie war mit Luftdruckbremsen ausgestattet und einem Fahrerhaus aus GFK. Der Motor war ein V8-Perkins-Diesel mit 6,4 Liter Hubraum. Drei Jahre später wurde die R- von der RS- und der SS-Serie abgelöst; letztere hatte eine nach vorn schwenkbare Kabine. Das Fahrerhaus war hier aus Stahl und bot einer sechsköpfigen Besatzung und ihren Atemgeräten Platz. Von dieser Ausführung wurden rund 1750 Stück gebaut, die meisten als Löschfahrzeuge. Seit 1977 gehört Dennis zur Hestair-Industriegruppe, und ab 1981 wurden in Guildford nur mehr Fahrgestelle mit Fahrerhäusern gefertigt; die Feuerwehraufbauten kamen künftig von anderen Firmen.

In ganz neuer Konfiguration erschien 1991 der Dennis Rapier. Das Besondere an seiner Konstruktion war ein geschweißtes Rohrrahmenchassis aus rostfreiem Stahl, das niedrige Auf-

■ Oben: ***Gepflegter Dennis F21 von 1957 mit 28-m-Drehleiter von Metz, einst im Besitz der Rochdale Fire Brigade, England.***

■ Oben: ***Dennis F107, der von 1964 bis 1977 im Londoner Stadtteil Lambeth bei der Feuerwehr als Abschleppfahrzeug diente.***

■ Rechts: ***1994er Dennis Sabre Tanklösch- und Rettungsfahrzeug der Wiltshire Fire Brigade, England.***

■ Ganz oben: ***1988er Dennis Tankfahrzeug der RS-Serie neben einer Staffel der »Red Arrows« auf einem britischen Militärflugplatz.***

■ Oben: ***Dennis vom Typ F125 von 1980 mit 30-m-Magirus-Drehleiter bei einer Vorführung der Kent Fire Brigade, England.***

bauhöhen gestattete, ferner die vordere Einzelradaufhängung mit Scheibenbremsen. Hinten gab es Schraubenfederung und 19,5-Zoll-Rädern statt der bisherigen 22-Zöller. Zur Serienausstattung gehörten ferner ABS und Traktionskontrolle. Durch seinen niedrigen Masseschwerpunkt war dieses Fahrzeug extrem stabil. Der Motor kam von Cummins, es handelte sich um einen 8,3-Liter-Sechszylinder-Diesel von 250 PS, kombiniert mit einer 5-Stufen-Getriebeautomatik von Allison. Mit 120 km/h Spitzengeschwindigkeit und seiner hervorragenden Straßenlage war der Rapier das schnellste und zugleich wendigste Fahrzeug seiner Zunft.

1994 präsentierte Dennis das Modell Sabre, technisch abermals verbessert und mit einem 295 PS starken Cummins-Diesel nach Euronorm 3 bestückt. Eine Ergänzung stellt das kompakte Tankfahrzeug Dagger dar, dem Rapier und dem Sabre ebenbürtig.

■ Links: ***Dennis Rapier Rettungsfahrzeug von 1992 mit 14-m-Ausziehleiter.***

■ Unten: ***1984er Dennis F133/Carmichael/ Magirus (30 m) der Humberside Fire Brigade.***

DODGE

■ Links: ***1979er Dodge/HCB Angus 1313 Tankfahrzeug der Gwent Fire Brigade, Wales.***

■ Links: ***Dodge/LaFrance Custom 400 4x4, Baujahr 1977, mit 1135-l/min-Pumpe des Whatcom County Fire District, Washington/USA.***

Die Dodge Brothers gründeten ihr Unternehmen 1917 in den USA; 1928 kam die Firma zur Chrysler Corporation. In England unter der Marke Dodge hergestellte Nutzfahrzeuge gibt es seit 1976, als Commer als Mitglied der Roots Group von Chrysler UK geschluckt wurde.

Dodge Feuerwehrfahrzeuge kannte man in den USA schon vor und während des 2. Weltkrieges, doch erst ab 1947 begannen sie im Zivilbereich eine größere Rolle zu spielen. Die frühesten Versionen basierten auf Militärfahrzeugen und hatten einen 5,2-Liter-Benzinmotor sowie Allradantrieb.

Dann war es der Dodge Power Wagon 4x4 mit seinen ausgezeichneten Geländeeigenschaften, der bald bei zahlreichen ländlichen Wehren in aller Welt zu sehen war, auch viele Flughafen-Feuerwehren stellten ihn in ihre Dienste. Mit dem großen Chrysler-V8-Motor (6,8 l, 230 PS) vermochte das Fahrzeug in 15 Sekunden auf 80 km/h zu beschleunigen, die Schaumlöschpumpen waren nicht selten auf eine Leistung von 12.000 l/min ausgelegt.

Aus der britischen Chrysler/Dodge-Produktion gingen ebenfalls viele Fahrzeuge, meist Dreitonner, in den Feuerwehrdienst, karossiert als Lösch- bzw. Tanklösch-, Rüst- und Drehleiterfahrzeuge. Die Aufbauten lieferten zahlreiche Spezialfirmen. Eine Ausweitung des Programms ergab die Einführung der Baureihen K und G in den 1970er Jahren. Der K850/100 G13 war ein 5-Tonner, der K2213 ein 22-Tonner. Motorisiert mit Perkins-V8-Dieeselmotoren, wiesen die größeren Modelle Sechsganggetriebe auf. Die Pumpen für die 1800-Liter-Löschfahrzeuge lieferte Godiva.

Die schwereren Fahrzeuge wie die vom Typ G1613 oder G16C wurden großenteils als Leiterfahrzeuge gebaut; Zulieferer waren die deutschen Firmen Magirus und Metz, Hydraulikmasten mit Bühnen kamen von Simon. Auf Power-Wagon-Basis entstanden auch viele Rettungsfahrzeuge und Notarztwagen sowie Schaumlöscher für den Flughafeneinsatz.

1979 erschien der Dodge D50, ein Fahrzeug, das sich vor allem für den Ausbau zur Industriefeuerwehr eignete, denn es ließ sich je nach Zweck mit den unterschiedlichsten Wechselaufbauten versehen, ein Vorteil, den auch die Serie G aufwies.

1979 gab Chrysler UK alle Betriebe in England an die Firma Peugeot weiter, die sie zwei Jahre später in die RVI-Gruppe (Renault Véhiculs Industriels) integrierte. Eine letzte Renault/Dodge-Feuerwehr entstand 1995 für die Avon Fire Brigade – ein für Straße und Schiene gleichermaßen verwendbares Spezialfahrzeug für den Einsatz auf der 5 km langen Tunnelstrecke am River Severn.

■ Rechts: ***1949er Dodge/American Löschfahrzeug mit 2270-Liter-Tank und reichhaltiger Ausstattung als perfekt restaurierter Oldtimer.***

DUPLEX

Die 1909 in Charlotte, Michigan, gegründete Fahrzeugfabrik Duplex stellt seit geraumer Zeit neben Autokränen, Schneeräumern und anderem schweren Gerät auch Feuerwehrfahrzeuge her. Sie gehört seit 1975 zur Badger/Crane-Gruppe in Winona, Minnesota. Sehr bekannt sind die von Duplex gebauten Spezialfahrzeuge der Serie R-300, die sowohl Tanklöscher sind als auch große Drehleitern haben. Als Antriebsaggregate dienen Detroit-Zweitakt-Diesel BV71 mit Allison-Automatik. Die Teleskopleitern reichen bis 26 Meter, der Wassertank fasst 2270 Liter, die Pumpe schafft 5700 l/min.

■ Ganz oben: ***1973er Duplex/Van Pelt Tanklöschfahrzeug des Alameda County Fire Department, Dublin, Kalifornien/USA.***

■ Oben rechts: ***Auffallendes 6x4-Tanklöschfahrzeug von Simon/Duplex, Baujahr 1994, der Farmington Fire Company, Delaware/USA.***

■ Rechts: ***1995er Simon/Duplex 6x4-Tanklöschfahrzeug mit 31-m-Arbeitsbühnen-Leiter, im Dienst des Rehobot Beach Fire Department, Dover, Delaware/USA.***

WEITERE FABRIKATE

■ David Haydon

Die David Haydon Ltd. in den West Midlands, England, hat sich auf die Herstellung von Feuerwehraufbauten spezialisiert und fabriziert schon seit den 1950er Jahren Magirus-Drehleitern in Lizenz, meist 30-m-Hydraulikleitern. Als Basisfahrzeuge dienen verschiedene Modelle von AEC, Bedford, Leyland und anderen. David Haydon fertigt auch Aufbauten für andere Feuerwehrhersteller an.

■ Delahaye

Wie einige andere Fahrzeughersteller der ersten Stunde wandte sich auch die 1898 in Tours gegründete Firma Emile Delahaye schon früh dem Bau von Feuerwehrfahrzeugen zu. 1907 entstand das erste Löschfahrzeug mit Motorpumpe. Die Fuhrparks der »Sapeurs Pompiers« in den Großstädten Frankreichs waren in den 1920er Jahren größtenteils mit Delahaye-Fahrzeugen ausgestattet; einheitlich hatten sie 1800-l/min-Pumpen und mobile Schlauchhaspeln. 1931 begann Delahaye mit dem Bau von Dieselmotoren, und ab 1939 bildete die Firma mit Bernard, Unic, Laffly und Simca eine Vertriebsgemeinschaft. 1954 kam es zur Fusion mit Hotchkiss deren Aktienmehrheit seit1952 bei Peugeot lag, womit die auch für ihre Sportwagen bekannte Marke verschwand. Hotchkiss, seit 1903 im Automobilgeschäft, baute ebenfalls Feuerwehrautos.

■ Unten: ***1995er Mercedes-Benz 1124F/ Emergency One (UK) Tankfahrzeug.***

■ Darunter: ***Scania G94-230/Emergency One (UK) Tankfahrzeug Baujahr 2003 der Grampian Fire Brigade in Schottland. Weiß lackierte Feuerwehrfahrzeuge sind in Großbritannien selten.***

EMERGENCY ONE (UK) LTD.

Die in Schottland beheimatete Emergency One (UK) Limited ist ein verhältnismäßig junges Unternehmen und lieferte seine erste Feuerwehr 1991 an die lokale Strathclyde Fire Brigade. Die auf den Bau von Tanklöschfahrzeugen spezialisierte Firma expandierte sehr bald und lieferte im Lauf der Zweit zahlreiche Fahrzeuge sowohl an alle acht Distrikt-Wehren in Schottland als auch an Kunden in England. Die britische Tochter der amerikanischen Emergency One (s. nächste Seite) verwendet Mercedes-Benz-, Scania- und Volvo-Fahrgestelle.

■ Oben: ***2002er Volvo FL6/Emergency One (UK) Tankfahrzeug mit 14-m-Teleskopleiter des Hampshire Fire & Rescue Service, England.***

■ Rechts: ***Scania/Emergency One (UK) Tankfahrzeug Baujahr 2002 des Bedfordshire & Luton Fire & Rescue Service, England.***

Tankfahrzeug	
Baujahr	2002
Motor	6-Zyl. Diesel
Leistung	260 PS
Getriebe	Automatik
Besonderheit	zahlr. Rettungsgerät

EMERGENCY ONE (E-ONE)

Die 1974 in Ocala, Florida/USA gegründete Firma Emergency One (in den USA kurz E-One genannt) gehört zu den jüngeren Herstellern von Feuerwehrfahrzeugen, hat sich aber in knapp drei Jahrzehnten ein internationales Renommee aufbauen können. Tausende von Fahrzeugen aller Bauarten von E-One tun heute in rund 80 Ländern Dienst.

Eine der Spezialitäten dieses Herstellers war von Anbeginn die Konzeption von austauschbaren Modulen für verschiedene Fahrgestelle, zum Beispiel von Ford, Freightliner oder General Motors, so dass auf rationelle und wirtschaftliche Weise Spezialfahrzeuge für jeden Einsatzzweck geschaffen werden konnten. Auch die Lieferzeiten sind durch Verwendung dieser vorfabrizierten Module recht kurz und betragen in manchen Fällen nur 90 Tage.

■ Links: ***1994er Kenworth/Emergency One 6x4 Rettungsfahrzeug des Claymont Fire Department, Delaware/USA.***

■ Links darunter: ***Emergency One/ HPR 8x8 von 1997 mit Schaumlöschkanone an einem 15 m langen Snoozle-Gelenkarm. Mitgeführt werden 7360 Liter Schaumkonzentrat, gespritzt werden können 12.700 Liter pro Minute.***

Besondere Bekanntheit erlangte der Emergency One Protector Pumper, ein Löschfahrzeug mit Mittelpumpe und 3400-Liter-Wassertank, dessen spätere Ausführungen eine Schwenkkabine hatten. Ein anderes populäres Modell ist der Midi Pumper, ein Allradfahrzeug auf General-Motors-Chassis für den Einsatz auf dem Lande; dieses Tanklöschfahrzeug hat einen 2270-Liter-Tank. In den 1980er Jahren entstanden auch zahlreiche Mehrzweckfahrzeuge, zugleich Lösch- und Gelenkmastfahrzeug; die Teleskop-Technik kam von der Firma Snorkel. Andere Nur-Leiter-Fahrzeuge (29 m) entstanden um die gleiche Zeit, sie waren Zweiachser kurzer Bauart und zeichneten sich durch

■ Rechts: ***Emergency One Cyclone II 6x6 von 2000 mit 30-m-Teleskopleiter. Das Fahrzeug gehört der Feuerwehr von Seattle, Washington/USA.***

große Wendigkeit aus. Ein zweiter Mann zum Lenken der Hinterachse, wie bei den in Amerika weit gehend üblichen Langfahrzeugen, war hier entbehrlich.

Die große Palette von Fahrzeugmodellen umfasste unter anderem den Strato Spear mit 33-m-Teleskopleiter und Bühne – ein Fahrzeug, das in den 1980er Jahren als ein Superlativ galt. Die vier Leiterteile bestanden aus geschweißtem Aluminium. Am Einsatzort wurde das Fahrzeug aus Stabilisierungsgründen ringsum aufgebockt.

Die Verwendung von Aluminium an möglichst vielen Bauteilen wurde bei E-One zu einer Spezialität. Man strebt dadurch eine Gewichtsersparnis an, um auf der anderen Seite eine höhere Nutzlast auf das Chassis zu bekommen, ohne dass Antriebssysteme oder Bremsen einer höheren Belastung ausgesetzt wären.

Emergency One verfügt in den Vereinigten Staaten über fünf Werke, und es gibt kaum ein Sondermodell, das nicht schon einmal gebaut worden wäre. Das Unternehmen gehört zur Federal Signal Corporation, zu der 1995 auch die finnische Bronto Skylift mit ihrem Teleskop-Leiterbau kam. Eine weitere bedeutende Akquisition war 1998 die Saulsbury Fire Rescue Company, die ebenfalls ein großes Potenzial zur Gruppe beisteuerte und deren Position in der Branche festigen half.

In den USA und zahlreichen Staaten rund um den Globus haben sich Fahrzeuge von Emergency One hervorragend bewährt. Zum aktuellen Programm gehören der Cyclone II als Industriefeuerwehr mit ferngesteuerter Schaumlöschkanone (Leistung: 18.000 Liter pro Minute), der große Titan HPR Schaumlöcher als 4x4, 6x6 und 8x8 sowie Drehleitern vom Typ Typhoon HP von Längen von 23 bis 32 Meter. In zahlreichen Großstädten der Vereinigten Staaten sind die hohen Leitern wichtigstes Equipment der Berufsfeuerwehren geworden. Wann immer ein Fahrzeug der Emergency-One im Alarmfall ausrückt, ist ein Bronto Skylift vermutlich mit im Konvoi.

■ Unten: ***Eines der ersten von Emergency One zu 100 Prozent gebauten Mehrzweck-Löschfahrzeuge. Es entstand 1984 für das Mercer Island Fire Department in Washington/USA.***

■ Rechts: ***1997er Emergency One Cyclone TC/Superior Tanklöschwagen. Der Dreiachser kann 11.300 Liter Wasser und 110 Liter Schaumkonzentrat fassen; die Leistung der Pumpe beträgt 8000 l/min.***

■ Gegenüberliegende Seite: ***1985 gebauter Emergency One Hurrycane Dreiachser (6x4) mit 33-m-Leiter für den Einsatz in Victoria/Kanada.***

ERF

■ Oben: ***1971er ERF F-Series Tanklöschfahrzeug auf einer Feuerwehr-Veranstaltung.***

Die Buchstaben ERF stehen für Edwin Richard Foden, der als Spross einer in Großbritannien sehr bekannten Nutzfahrzeug-Dynastie 1933 eine eigene Firma gründete und neben herkömmlichen Lastwagen auch Spezialfahrzeuge aller Art baute, nicht zuletzt Feuerwehren. Diese entstanden bei der ERF Ltd. in Sandbach, England, vor dem Kriege und in den ersten Jahren danach zwar nur vereinzelt, ab 1966 jedoch in größerem Umfang, wie zum Beispiel die Modelle F 84 RS und F 84 PF. Der RS war ein Tanklöschfahrzeug, der PF eine mobile Drehleiter mit Hydraulik-Arbeitsbühne. Als Antriebsaggregate verwendete man bei ERF entweder einen Perkins V8-510 oder 560 Diesel, beide mit Getriebeautomatik. Auftraggeber hatten die Wahl zwischen Pumpen mit 2270- oder 4500-l/min-Leistung.

Die Nachfrage nach ERF-Feuerwehrfahrzeugen nahm über Erwarten zu, so dass man 1972 eine eigene Tochtergesellschaft in Winsford, Cheshire, gründete, die ERF Fire Division Ltd., die ausschließlich solche Fahrzeuge baute. Fünf Jahre später ging sie in den Besitz der Cheshire Fire Engineering über, die indes ebenfalls zu ERF gehört. Zahlreiche Fahrzeuge wurden in den 1960er und 1970er Jahren von der Firma Hampshire Car Bodies-Angus karossiert.

Die als Gelenkmastfahrzeuge aufgebauten ERF, meist mit Rolls-Royce-V8-B81-Motoren bestückt, erhielten die Simon-SS-Teleskopleitern mit Arbeitshöhen von 22 bis 28 m. Eine kleinere Zahl von ERF-Leiterfahrzeugen (30 m) stattete man in Zusammenarbeit mit Metz und Magirus aus.

1982 stellte ERF die Herstellung von Feuerwehrfahrzeugen ein; nur wenige der bis dahin gebauten sind heute noch in Betrieb. Doch 1996 gab es ein Relaunch: ERF stellte den Heavy Duty EC 8 vor, der als Schaumlöschfahrzeug oder Leiterfahrzeug mit Simon-Gelenkmast angeboten wird; Modulfahrzeuge kamen ebenfalls ins Programm, wie sie etwa der West Midlands Fire Service erwarb. Weitere Schaumlöscher entstanden u.a. im Auftrag der Wiltshire Fire Birgade auf Basis des ERF EC10 mit einer Hydraulik-Arbeitsbühne von Italmec.

EXCALIBUR

Die Excalibur CBK Ltd. in Stoke-on-Trent, Staffordshire/England, ist auf die Anfertigung von Feuerwehraufbauten spezialisiert und lieferte 1986 ihre ersten Fahrzeuge aus, ein Bedford-Löschfahrzeug und eines auf Basis Land-Rover. Seitdem ist die Firma kontinuierlich gewachsen und baut heute Lösch- und Tanklöschfahrzeuge sowie Rettungswagen verschiedener Spezifikationen. Die von Excalibur verwendeten Fahrgestelle kamen in jüngerer Zeit von Dennis, Renault-Dodge, Mercedes-Benz und Volvo.

Volvo FL6 Tanklöschfahrzeug

Baujahr	1996
Motor	6-Zyl. Diesel
Leistung	265 PS
Getriebe	Automatik
Besonderheit	umfangr. Rettungsgerät

■ Links: ***1996 nahm der Lincolnshire Fire and Rescue Service diesen Volvo FL6 14/Excalibur in Dienst.***

FAUN

Die Nürnberger Faun-Werke, hervorgegangen aus den 1918 gegründeten Fahrzeugfabriken Ansbach und Nürnberg, haben eine lange Nutzfahrzeug-Tradition, vor allem auch im Feuerwehrbau. Militär- und Flughafen-Feuerlöschfahrzeuge der größten Kategorien entstanden in Nürnberg, so z. B. der vierachsige LF1410/52V mit 1000 PS starkem V10-Zylinder-Dieselmotor von Mercedes-Benz und Vierstufen-Automatik. Mit 50 t Gesamtgewicht war dieser Faun in den 1970er Jahren das größte und stärkste Löschfahrzeug der Welt. Der von Metz ausgerüstete Gigant beschleunigte in 65 Sekunden von Null auf 100 km/h, hatte einen 18.000-Liter-Wassertank und ein Reservoir für 2000 Liter Schaumkonzentrat. Faun gehört zu den Ausrüstern der Bundeswehr.

■ Oben: ***Faun/Sides 8x8 Vierachser, stationiert auf dem Flughafen Palma de Mallorca, mit Schaumlöschkanone auf dem Dach. Ein schweres Kaliber mit Allradantrieb und großer Bodenfreiheit.***

FERRARA

Die Ferrara Fire Apparatus Inc. ist eine Gründung des ehemaligen Feuerwehrmannes Chris Ferrara des Central Volunteer Fire Department. Mit einigen Kollegen machte er sich Ende der 1970er Jahre selbständig und begann ein Fahrzeug zu bauen, das sich an Erfahrungen in der Praxis orientierte und obendrein preisgünstig war. Die kleine Firma expandierte und stellte weiteres Gerät her; doch erst 1988 trat sie unter der Bezeichnung Ferrara Fire Apparatus Incorporated an die Öffentlichkeit und baute komplette Feuerwehrfahrzeuge. Seither ging es steil bergauf – heute rangiert Ferrara unter den Top Five der Branche in den Vereinigten Staaten.

Inferno Löschfahrzeug	
Baujahr	2003
Motor	6-Zyl. Diesel
Leistung	350-500 PS
Getriebe	Automatik
Besonderheit	umfangr. Ausrüstung

■ Unten: ***1999 gebauter Ferrara FI-RK 6x4-Drehleiter (33 m) mit Doppelkabine.***

■ Links: ***Löschfahrzeug des Harvey Fire Department, Los Angeles/USA, ein 1999 gebauter Ferrara mit sechs Mann Besatzung.***

Das Bauprogramm umfasst alle Arten von Fahrzeugen vom Tanklöschfahrzeug bis zur Drehleiter. Verwendung finden je nach Bedarf modifizierte Fahrgestelle der amerikanischen Hersteller International und Duplex, aber es entstehen auch Eigenkonstruktionen wie der Gladiator, Interceptor und Penetrator, während der schwere Intruder für den Aufbau großer Teleskop-Gelenkmasten mit Arbeitsbühne dient. Diese »aerial ladder platforms«, kurz ALP genannt, lassen sich bis zu einer Arbeitshöhe von 33 m ausfahren.

Als Material für die Aufbauten verarbeitet Ferrara Aluminium oder rostfreien Stahl, die verwendeten Pumpen liefern 4500 bis 8000 l/min, die Tanks der als TLF aufgebauten Fahrzeuge fassen bis zu 9000 Liter.

■ Oben: ***1995er Ferrara Intruder Tanklöschfahrzeug mit 4000 Liter Wasservorrat und einer 4770-l/min-Pumpe in Lasalle, Michigan/USA.***

■ Unten: ***1999 gebauter Ferrara/Inferno Rettungsfahrzeug mit vorderer Seilwinde und viel Geräte-Stauplatz, Los Angeles/USA.***

FIAT/O.M.

Der seit 1899 in Turin ansässige Automobilhersteller Fiat hat zwar seit 1902 ein nicht unbedeutendes Nutzfahrzeugprogramm gepflegt, doch erst durch die Übernahme der seit 1925 als Lkw-Hersteller in Brescia aktiven Firma O.M. (Officine Meccaniche) im Jahr 1968 begann eine nennenswerte Produktion von Fahrzeugen zur Brandbekämpfung.

In ganz Italien fand von den frühen 1970er Jahren an der O.M.150 als Feuerwehrfahrzeug Verwendung. Der Viertonner war in aller Regel mit einem 3000-Liter-Wassertank und einer Hochdruckpumpe versehen. Ein größeres Modell war der O.M.260, ein häufig als Flughafen-Feuerwehr gebauter Dreiachs-Frontlenker, dessen gut 300 PS starker Motor ein V8-Diesel war. Auch als Militärfahrzeug fand er in großer Stückzahl Verwendung. Mit noch größerer Tankkapazität wurden solche Fahrzeuge in Italien vorwiegend für die Waldbrandbekämpfung eingesetzt.

Kleinere Fahrzeuge wie der Fiat Campagnola 4x4 oder Vans auf Basis des T2 1300 als Geräte-, Begleit- und Explorationsfahrzeuge hatte fast jede Freiwillige Feuerwehr in Italien im Fuhrpark. Viele waren mit auswechselbaren Arbeitsmodulen bestückt oder mit Tragkraftspritzen, Stationäraggregaten und anderem Gerät.

Die Fiat-Nutzfahrzeugsparte und damit auch die Marke O.M. wurden 1975 in die IVECO S.p.A. integriert.

Fiat / O.M. 260	
Baujahr	1982
Motor	V8 Diesel
Leistung	300 PS
Getriebe	6-Gang Handschaltung
Besonderheit	6x4 Schaumlöscher

Links: ***Solche Fiat Campagnola 4x4 wie dieses Modell von 1950 gab es zu Tausenden im Dienst ländlicher Feuerwehren in Italien.***

Links: ***1985er Fiat Campagnola 4x4 in selbsttragender Bauweise mit festem Kabinenaufbau.***

Unten: ***1992er Fiat Typ 14 mit langem Radstand als Gerätewagen der Freiwilligen Feuerwehr Kellinghusen, Schleswig-Holstein.***

FORD

■ Unten: *Zeitgenössische Aufnahme eines Ford Model TT von 1924 als Löschfahrzeug mit reichhaltiger Ausrüstung des Morristown Fire Department, New Jersey/USA.*

Schon das legendäre, in vielen Millionen Stück fabrizierte T-Modell von Ford, dessen Nutzfahrzeugvariante ab 1913 TT hieß, und auch dessen ab 1928 gebauter Nachfolger, das A- bzw. AA-Modell, diente bei zahlreichen Feuerwehren als Lösch-, Leiter- oder Allroundfahrzeug, in den USA wie in vielen anderen Ländern der Welt. Doch erst mit der Einführung des V8-Motors im Jahre 1932 war die Voraussetzung gegeben, solche Fahrzeuge adäquat zu motorisieren, womit Ford auch das Nutzfahrzeugprogramm entsprechend ausweitete.

In Europa war es die britische Ford-Tochter, die in den späten dreißiger Jahren viele Feuerwehrfahrzeuge (Fordson 7V Thames) baute; sie bewährten sich vor allem während der Kriegsjahre zur Brandbekämpfung angegriffener Städte. In der Nachkriegszeit war das Ford-Chassis F5 ein beliebter Geräteträger, gefolgt vom G398TA mit Vierradantrieb. Lösch- und Tanklöschfahrzeuge mit Tankkapazitäten bis zu 2000

■ Unten: *Als »Woody« karossierte Ford-V8-Feuerwehr von 1938, gesehen in Holland. An das seltene Fahrzeug wurde eine Trockenlöschanlage angekoppelt, in der Brandbekämpfung zur Vorkriegszeit noch recht ungewöhnlich.*

■ Rechts: *Ford V8 von 1938 mit Karosserie im amerikanischen Pkw-Stil als Feuerlöschfahrzeug der Harrow Fire Brigade, England.*

■ Unten: *30-Meter-Drehleiter von Magirus auf einem US-Ford-Chassis der 1950er Jahre im Dienst der Feuerwehr von Knokke-Heist, Belgien.*

■ Oben: *Die in ganz Dänemark aktive Falck-Rettungsgesellschaft, ein Privatunternehmen, besitzt diese 1980er Ford D1114/Magirus-Drehleiter (30 m), die aber heute nur noch zu Schauzwecken verwendet wird.*

■ Rechts: ***1980 stellte der Shropshire Fire Service diesen Ford 1317/CFE Rettungswagen in Dienst. Das Antriebsaggregat ist ein 8,8-Liter-Diesel von Perkins. Die Mannschaft übt mit einer Tragkraftspritze.***

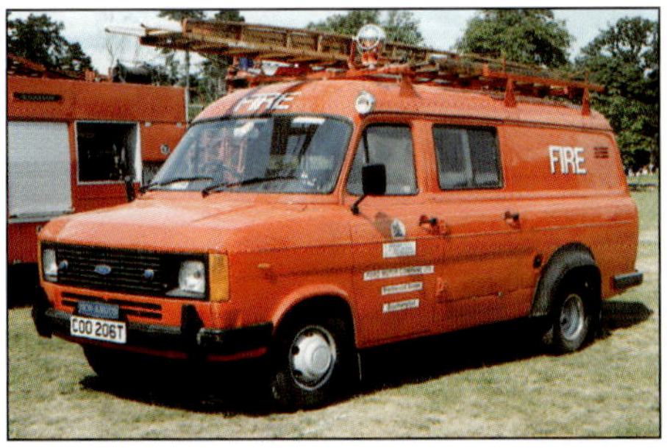

Liter entstanden auf diesen Chassis hauptsächlich in Deutschland und in den Niederlanden.

In den 1970er Jahren lieferte Ford für Feuerwehraufbauten den Super Duty N1000 und den F6000, beide mit Allradantrieb und 4500-Wassertanks; ihre Pumpen waren für eine Leistung von 3400 l/min ausgelegt. Größere Fahrzeuge waren die der L- und der C-Serien mit 3,4-m-Radstand. Der Ford C-Series war ein Frontlenker mit 276 PS, Getriebeautomatik, Druckluftbremsen und Kippkabine. Der Wassertank fasste 2270 Liter, die Pumpenkapazität betrug 4500 l/min.

In Großbritannien trat Ford erfolgreich mit den Modellen Thames und

■ Oben links: ***Dieser 1979er Ford Transit gehörte einst zur Werksfeuerwehr der Ford-Werke in England.***

■ Darunter: ***In England gebauter Fordson 7V Thames von 1940 mit Sulzer-Pumpe, die 3600 l/min schaffte.***

■ Oben rechts: ***1980er Ford A 0609 mit 2,4-Liter-Dieselmotor als mobile Einsatzzentrale einer englischen Wehr.***

■ Oben: ***Dieser 1972er US-Ford L9000/Western States weist eine 4500-l/min-Vorbaupumpe auf.***

■ Rechts: ***Dreiachsiger (6x4) Ford C/Howe LTI 20-m-Leiterfahrzeug mit einer 4500-l/min-Pumpe hinter dem Fahrerhaus.***

■ Rechts: ***1994er Ford L8000/New Lexington Tanklöschfahrzeug mit einer Tankkapazität von 8200 l Wasser.***

■ Unten rechts: ***Löschfahrzeug mit 5700-l/min-Pumpe auf Basis Ford C8000/Van Pelt/FMC von 1985.***

Trader an, sie hatten einen 3,6- bzw. 5,4-Liter-Dieselmotor. 1965 folgte die D-Baureihe mit 6-Liter-Motor und in Versionen von 6 bis 10 Tonnen. Der Ford D1014 mit 3,4 m Radstand wurde vielfach als Feuerwehrfahrzeug aufgebaut, als Lösch- und Tanklöschfahrzeug, als Drehleiter, Schlauchleger, Rüst- und Rettungswagen. Schwerere Ausführungen basierten auf dem Chassis D1317 und D1617 und hatten einen Perkins-V8-Motor.

Auch die berühmten Ford 3500 und 4500, in vielen Ländern Europas ebenfalls als Feuerwehrfahrzeuge aufgebaut, sowie die in jüngeren Jahren populär gewordenen Transit-Baureihen 130 und 160 als Rettungsfahrzeuge haben sich in aller Welt bewährt. In Deutschland haben der Ford Transit und seine in Köln gebauten Vorgänger, der FK 1000 und FK 1200, sich in den 1960er und 1970er Jahren besonders bei den Freiwilligen Feuerwehren große Verdienste erworben. Seit 1986 gehört die britische Ford-Nutzfahrzeug-Produktion zur IVECO-Gruppe.

■ Links: ***Ford L8000/Howe Tanklöschfahrzeug von 1980 mit 11.300 Liter Wasser an Bord.***

■ Unten: ***1976er Ford C617/InterContinental als Schulungsfahrzeug einer Feuerwehr in Kalifornien.***

FORT GARRY INDUSTRIES (FGI)

Die in Winnipeg, Kanada, ansässige Fort Garry Industries begann 1919 als Autoreparatur- und Vertriebsgesellschaft, nahm später aber auch den Bau von Spezialfahrzeugen auf und ab 1950 die Herstellung von solchen für die Brandbekämpfung. Das erste Fahrzeug war ein Löschfahrzeug für eine kleine ländliche Gemeinde in Manitoba; aus diesen Anfängen entwickelte sich eine Serienfertigung, die 1979 die Gründung einer eigenen Firma nach sich zog. Inzwischen ist FGI überall in Kanada bekannt.

Zwei große Fahrzeuge baute FGI 1986 für die Wehr ihrer Heimatstadt Winnipeg auf Kovatch-Fahrgestellen (vermutlich die ersten in Kanada). Weitere Aufträge folgten, ausgeführt auf Fahrgestellen von Spartan. 1989 baute FGI eine erstes Drehleiterfahrzeug, bald gefolgt von zahlreichen weiteren mit Leitern aller großen amerikanischen Hersteller.

FGI Rettungsfahrzeug	
Baujahr	1996
Motor	6-Zyl. Diesel
Leistung	350 PS
Getriebe	Automatik
Besonderheit	Vorbau-Seilwinde

■ Oben: ***1996er Freightliner FL70/Fort Garry Industries Rettungsfahrzeug im Dienst der MOA Nicke Company auf Kuba.***

■ Unten: ***Freightliner F61/KW T300 Tanklöschfahrzeug, gebaut 2003 im Auftrag der Gemeinde Kapuskasing, Ontario/Kanada.***

■ Links: ***1996 gebautes Fort Garry/Pierce Lance Tanklöschfahrzeug für Kuba. Die Pumpe ist auf eine Leistung von 4770 l/min ausgelegt.***

1992 wurde FGI offizieller kanadischer Alleinvertreter des seit 1913 bestehenden amerikanischen Feuerwehr-Fahrzeug- und Geräteherstellers Pierce. Diese Liaison endete 1997, worauf FGI die Zusammenarbeit mit American LaFrance aufnahm und deren Eagle-Chassis verwendete. Im Verlauf der letzten dreißig Jahre entstanden bei FGI 1500 Feuerlöschfahrzeuge, die in alle Regionen Kanadas geliefert wurden und auch in den Export gingen. Abnehmer waren Wehren u.a. in Kuba, China, Pakistan und in den Golfstaaten. Im Jahr 2000 bezog FGI in Winnipeg neue, größere Betriebsanlagen; das jetzige Programm umfasst nicht weniger als 27 verschiedene Grundmodelle und rund 2500 Ausrüstungsoptionen. Mit einer solchen Auswahl hat FGI eine Alleinstellung.

FRASER

Die 1953 in Lower Hutt, Neuseeland, gegründete Fraser Engineering Group, im Industrie- und Anlagenbau tätig, nahm auch die Herstellung von Fahrzeugen zur Brandbekämpfung auf. Das Programm umfasst inzwischen große Wasser- und Schaumlöschfahrzeuge, Drehleitern und Sonderfahrzeuge speziell für Flughäfen. Insgesamt hat Fraser bisher 200 unterschiedlich ausgerüstete Fahrzeuge auf die Räder gestellt, davon allein 100 in den vergangenen zehn Jahren. Der jüngste Auftrag umfasst eine Serie schwerer Löschfahrzeuge auf Fahrgestellen vom Typ Scania 94D-260 für den Metropolitan Fire Service of South Australia.

Fraser Heavy Pumper	
Baujahr	2002
Motor	V8 Diesel
Leistung	260 PS
Getriebe	Handschaltung
Besonderheit	Wasserwerfer

■ Oben: ***Nach dem Verschwinden der Firma Lowes Industries wandten sich die Wehren in Süd-Australien der Neuseeländischen Fraser Fire & Rescue Limited zu, um ihre Flotten mit neuen Fahrzeugen zu versehen. Hier ein Scania 94D-260 von 2002 mit Waterous-Pumpe.***

FREIGHTLINER

■ Unten: ***Freightliner/SVI Haubenfahrzeug Baujahr 2001 im Dienst des New Westminster Fire Department, British Columbia/Kanada.***

Die Nutzfahrzeugfirma Freightliner in Portland, Oregon, existiert seit 1939 und entwickelte sich zu einem der bedeutendsten Nutzfahrzeughersteller der USA. Die Fahrgestelle dieser großen, nach wie vor überwiegend als Haubenfahrzeuge gebauten Trucks und Sattelschlepper genießen bei allen Feuerwehr-Aufbautenherstellern einen ausgezeichneten Ruf. Nach der Fusion mit dem Lkw-Hersteller White gab es 1963 bis 1977 die Doppelmarke White-Freightliner; danach übernahm Daimler-Benz das Unternehmen, das über fünf Produktionsstätten verfügt.

FL 80 Löschfahrzeug

Baujahr	1996
Motor	6-Zyl. Diesel
Leistung	350 PS
Getriebe	Automatik
Besonderheit	4540-l/min-Pumpe

■ Links: ***1999er Freightliner/Hackney Rettungsfahrzeug.***

■ Unten: ***Freightliner/4-Guys Tanklöschfahrzeug von 1996 mit 13.600 Liter Löschwasservorrat und einer Vorbaupumpe mit vier Anschlüssen.***

■ Unten: ***1990 gebauter Freightliner/Anderson Löschfahrzeug in der seltenen Frontlenker-version. Das Fahrzeug gehört dem White Rock Fire Department in British Columbia/Kanada.***

■ Links: ***1996er Freightliner FL80/Smeal der North Garden Fire Company in Albemarle County, Virginia/USA.***

■ Unten links: ***Erstversorgungs-Rettungsfahrzeug auf Freightliner-Chassis der Flughafen-Feuerwehr von Philadelphia.***

WEITERE FABRIKATE:

■ FAP

Die in Belgrad, Sarajewo und Famos etablierte Fahrzeugfabrik FAP stellte 1951 Jugoslawiens erste Nutzfahrzeugfirma dar. Auf Fahrgestellen verschiedener Größen entstanden auch Feuerwehrfahrzeuge, die in alle Länder des damaligen Ostblocks geliefert wurden. Ursprünglich lag den Konstruktionen eine französische Sauer-Lizenz zugrunde, die Motoren kamen von Renault. Erste Eigenkonstruktionen entstanden bei FAP in den 1970er Jahren mit Leyland-, später Mercedes-Benz-Motoren. Ein typisches Wasser- oder Schaumlöschfahrzeug war der Saurer-FAP 4x4 mit 8-Liter-Sechszylinder-Dieselmotor von 130 PS und 3500-Liter-Tank .

GENERAL MOTORS

■ Unten: ***1927er GMC Löschfahrzeug in der seinerzeit in ganz Amerika üblichen Bauart.***

■ Darunter: ***GMC von 1956 der Freiwilligen Feuerwehr von Frankford, Delaware/USA.***

Die aus bekannten Pkw-Fabrikaten (u.a. Chevrolet, Pontiac, Opel) zusammengesetzte General Motors Corporation, Detroit, ist seit 1912 auch im Nutzfahrzeuggeschäft aktiv. Unter der Marke GMC lancierte Firmengründer William C. Durant seine ersten Ein- und Zweitonner. Frontlenker gibt es seit 1937, doch erst 1950 wurden Dieselmotoren eingeführt.

Speziell für Feuerwehraufbauten vorgesehene Chassis entstanden ebenfalls in den 1950er Jahren, und viele wurden

Serie 7500 Leichtes Löschfahrzeug	
Baujahr	1972
Motor	V6 Benziner
Hubraum	6.0 Liter
Getriebe	5-Gang Handschaltung
Besonderheit	Vorbaupumpe

■ Unten: ***General Motors Löschfahrzeug GMC T8500/Hub von 1997 des Sasamat Fire Department, Belcarra, British Columbia/Kanada.***

■ Unten links: ***Leichtes GMC/LN Curtis Tanklöschfahrzeug von 1964 mit 4540-Liter-Wassertank.***

■ Unten rechts: ***In Großbritannien umgebauter GMC K30 als Gerätefahrzeug mit verlängertem Radstand.***

■ Unten Mitte: ***Das Wells Fire Department, Nevada/USA, besitzt diesen GMC 7000/Welch Löschwagen von 1987.***

■ Ganz unten: ***1978er 6x4 GMC/FTI mit montiertem Vorbau-Spritzenträger einer Wehr in Kalifornien.***

nach Europa geliefert, wo sie karossiert wurden, beispielsweise in den Niederlanden, und Magirus-Drehleitern erhielten.

Ein amerikanischer GMC-Klassiker ist der Typ 7500 mit V6-Dieselmotor, teils mit 4500-Liter-Wassertank und einer Vorbaupumpe bei einer Leistung von 5700 l/min. Ab 1985 wurde der GMC K3500 mit Chevrolet-Motor eine beliebte Grundlage für Feuerwehr- und Rettungsfahrzeugaufbauten etwa von Saxon Sanbec, American Vehicles oder Angloco.

GENERAL SAFETY

■ Unten: ***Spartan/General Safety-Löschfahrzeug von 1987 im Dienst des Grand Forks Fire Department, North Dakota/USA.***

■ Unten links: ***1975er Ford C8000/General Safety Frontlenker-Tanklöschfahrzeug mit 3400-l-Wassertank und 3400-l/min-Pumpe***

Die Firma General Safety Equipment wurde 1929 in Wyoming, Minnesota, vom Großvater ihres heutigen Präsidenten Kevin Kirvida gegründet. Der Familienbetrieb gedieh im Laufe der Jahrzehnte zu einem erfolgreichen, für Innovation und Qualität bekannten Unternehmen im Brandschutz. Sehr stolz durfte man auf die 1950 erlangte hohe Auszeichnung seitens Army und Navy sein, die General Safety Equipment wegen ihrer Belieferung von Militärstützpunkten zuerkannt bekam.

Das heutige Programm umfasst Löschfahrzeuge, Drehleitern, Bergungs- und Rettungswagen und Industrie-Feuerlöschfahrzeuge aller Größenordnungen. Zusammen mit den Firmen Rosenbauer International, Central States und RK Aerials ist General Safety an Rosenbauer America beteiligt, ein Joint Venture, das in den 1990er Jahren gegründet wurde, um Technologie-, Design- und Fertigungskapazitäten gemeinsam optimal nutzen und noch besser auf den internationalen Märkten antreten zu können.

■ Links: ***1993er schweres Kenworth/General Safety-Löschfahrzeug mit großer Mannschhaftskabine.***

■ Unten: ***Freightliner/General Safety Tanklöschfahrzeug von 1992 mit Teleskop-Gelenkmastleiter von Snorkel.***

General Safety Löschfahrzeug	
Baujahr	1992
Motor	6-Zyl. Diesel
Leistung	350 PS
Getriebe	Automatik
Besonderheit	16-m-Snorkel-Teleskopmast

GLOSTER SARO

Die Gloster Saro Ltd. gehört zur Hawker-Siddeley Group, dem bekannten britischen Flugzeughersteller. Sie hat bisher zahlreiche schwere Löschfahrzeuge gebaut, die vor allem auf britischen Militärflughäfen eingesetzt werden. Zu den früheren Fahrzeugen gehört der Thornycroft 6x6 Nubian mit Rolls-Royce-B81-Motor und 4500-Liter-Wassertank sowie 225 Liter Schaumkonzentrat an Bord.

1979 präsentierte Gloster Saro den großen Javelin 6x6, durch dessen Dachkanone sich 45.500 Löschschaum pro Minute schießen ließen. Eine leichtere Version war der Meteor 4x4. Andere Flughafen-Feuerlöschfahrzeuge, insbesondere für die Royal Air Force, basieren u.a. auf Scammell-Niederflur-Fahrgestellen.

Javelin Schaumlöscher	
Baujahr	1979
Motor	V16-Zyl. Diesel
Leistung	600 PS
Getriebe	Automatik
Besonderheit	Pumpe 16.000 l/min

■ Unten: ***Beim Gatwick Airport Fire Service, London, steht dieses Gloster Saro Meteor 4x4 Schaumlöschfahrzeug von ca. 1980 im Dienst. Am Bug eine zusätzliche Löschkanone.***

■ Rechts: ***Schweres 6x4 Simon/Gloster Saro Protector Schaumlöschfahrzeug mit Mittellenkung.***

GRUMMAN /HOWE/ OREN

Dieser amerikanische Hersteller in Roanoke, Virginia, hat auch einmal Marine-Kampfflugzeuge gebaut. Den Einstieg ins Feuerwehrgeschäft vollzog die Grumman Allied Industries Inc. 1968 durch die Übernahme von Howe-Oren, die auf diesem Gebiet in den USA bereits sehr lange aktiv war: Bei der Firma Howe waren schon 1880 Pferde-Feuerlöschfahrzeuge gebaut worden; erste Howe-Motorspritzen erschienen 1908. 1965 schloss sich Howe mit der Oren Company zusammen, einem kleineren Betrieb dieser Branche. Das Triumvirat vereinigte sein technologisches und industrielles Know-how und setzte mit seinen Brandschutzfahrzeugen neue Akzente; besonders erfolgreich waren

■ Oben: ***1984er Chevrolet/Kodiak/Grumman Tanklöschfahrzeug mit 4500-Liter-Wassertank und 4500-l/min-Pumpe des Whatcom County Fire District, Evershon, Washington/USA.***

■ Rechts: ***Grumman 6x4 26-m-Drehleiter von 1983 mit 6800-l/min-Löschwasserpumpe. Das Fahrzeug gehört dem Jamestown Fire Department in North Dakota/USA.***

die Fahrzeugreihen Firecat, Minicat und Wildcat. Sie unterschieden sich u. a. durch ihre Löschwasser-Tankkapazitäten. Die Grumman Firecat wurde auf unterschiedlichen Fahrgestellen aufgebaut, die man von Ford, GMC oder International Harvester bezog. Der Minicat war ein vielseitig einsetzbares Geländefahrzeug mit Aluminiumaufbauten auf Basis Ford oder Chevrolet, meist ausgerüstet mit einer 1350-l/min-Pumpe. Oren in Roanoke und Vinton, Virginia, hatte schon von 1949 Feuerwehrwagen auf eigenen Fahrgestellen gebaut; nach dem Zusammengehen mit Grumman wurde die Produktion unter eigenem Namen noch fortgeführt. Man verwendete Fahrgestelle von Duplex (Spezialist für Allrad-Chassis seit 1908) nach Vorgaben der Auftraggeber.

■ Rechts: ***Spartan/Gladiator/ Grumman Löschfahrzeug von 1989 der Feuerwehr von Tacoma, Washington.***

■ Unten: ***1988er 6x4 Grumman Tanklöschfahrzeug der Freiwilligen Feuerwehr von Rehoboth Beach, Delaware/USA.***

WEITERE FABRIKATE

GFT International

Die Firma GFT International GmbH hat ihren Sitz in München und im Verlauf der letzten zehn Jahre an die 2000 Feuerwehrfahrzeuge aufgebaut. Die Fahrzeuge haben meist Fahrgestelle von Mercedes-Benz oder MAN und umfassen Lösch- und Tanklöschwagen, Rüst- und Rettungsfahrzeuge, Drehleitern und Teleskopmastträger, Flughafen-Einsatzfahrzeuge und viele Sonderanfertigungen.

Gräf & Stift

Die seit 1909 existierende österreichische Firma Gräf & Stift baute schon vor dem 2. Weltkrieg Omnibusse, Lastwagen und Feuerwehrfahrzeuge. Große Drehleitern wie die auf dem Chassis 120KN mit 120-PS-Dieselmotor waren in den 1950er Jahren häufig zu sehen. 1970 kam es zu einer Fusion mit der ÖAF, heute eine Tochtergesellschaft der MAN. Leichte ÖAF-Feuerwehrfahrzeuge wie der 1,5-Tonner A90 mit Allradantrieb und Tragkraftspritze waren bei vielen Feuerwehren in Österreich im Einsatz.

HACKNEY

Als im Jahre 1947 die Fahrzeugfabrik Hackney gegründet wurde, stellte sie zunächst Lkw-Sonderaufbauten für die Getränkeindustrie her: Cola- und Limonadewagen. Die typischen »Side Loader« mit Aluminium-Rolladen erwiesen sich aber auch für die Verwendung in anderen Branchen als nützlich, nicht zuletzt als Gerätefahrzeuge im Feuerwehrdienst. Diesen zweiten Geschäftszweig verselbständigte man 1972 durch die Etablierung eines Werkes in Independance, Kansas – inzwischen ist Hackney dort weltgrößter Hersteller von Side Loaders in Form von Sonderfahrzeugen und auch Anhängern in Leichtmetallausführung.

■ Unten: ***1991er Isuzu/Hackney Katastrophenschutz-Gerätewagen des Kent Fire Department, Washington.***

Schw. Rettungsfahrzeug DF982	
Motor	Cummins-ISC Diesel
Leistung	300 PS
Besonderheit	6-to-Ramsey Motorwinde im Bug, weiteres Schleppgerät im Heck des Fahrzeugs

Das erste komplett ausgerüstete Feuerwehrfahrzeug lieferte Hackney 1984 an das Fire Department von Salem, Oregon. Es handelte sich um einen Gerätewagen, dem viele weitere folgten. Sie wurden immer größer und raffinierter für die Aufnahme der unterschiedlichsten Ausrüstungen. Heute gehört Hackney ESV (Emergency Special Vehicles) zu den führenden Herstellern der Branche und baut nicht nur Rettungs- und Gerätewagen, sondern auch Drehleitern, Löschfahrzeuge und Sonderfahrzeuge z. B. für die Wartung von Atemschutzgeräten. Die großen Löschfahrzeuge auf Basis des Freightliner FL70 mit viertürigem Fahrerhaus haben eine enorme Ladekapazität und

■ Ganz unten: ***Von Hackney 1999 gebautes Rettungsfahrzeug mit großer Mannschaftskabine und besonders reichhaltiger Ausrüstung.***

■ Unten: ***Freightliner/Hackney Rettungsfahrzeug, das die Umweltschutzbehörde von Delaware im Jahr 2000 in Dienst stellte.***

■ Darunter: ***Freightliner/Hackney 1999 als Gerätefahrzeug (u.a. Atemgeräte-Kompressor) mit auffälligem Dekor.***

Pumpen mit 1135-l/min-Förderleistung. Die Firma Hackney ist stolz darauf, die wohl größten und geräumigsten Fahrzeuge dieser Art zu bauen, mit mehr als doppelter Ladekapazität anderer Fabrikate mit gleichem oder sogar größerem Radstand. Eine geschickte, ausgeklügelte Raumaufteilung bei konsequentem Leichtbau macht's möglich.

■ Unten: ***HME/Hackney in schwerer Ausführung als Rettungsfahrzeug, Baujahr 2002, des Luling Fire Department, Louisiana/USA***

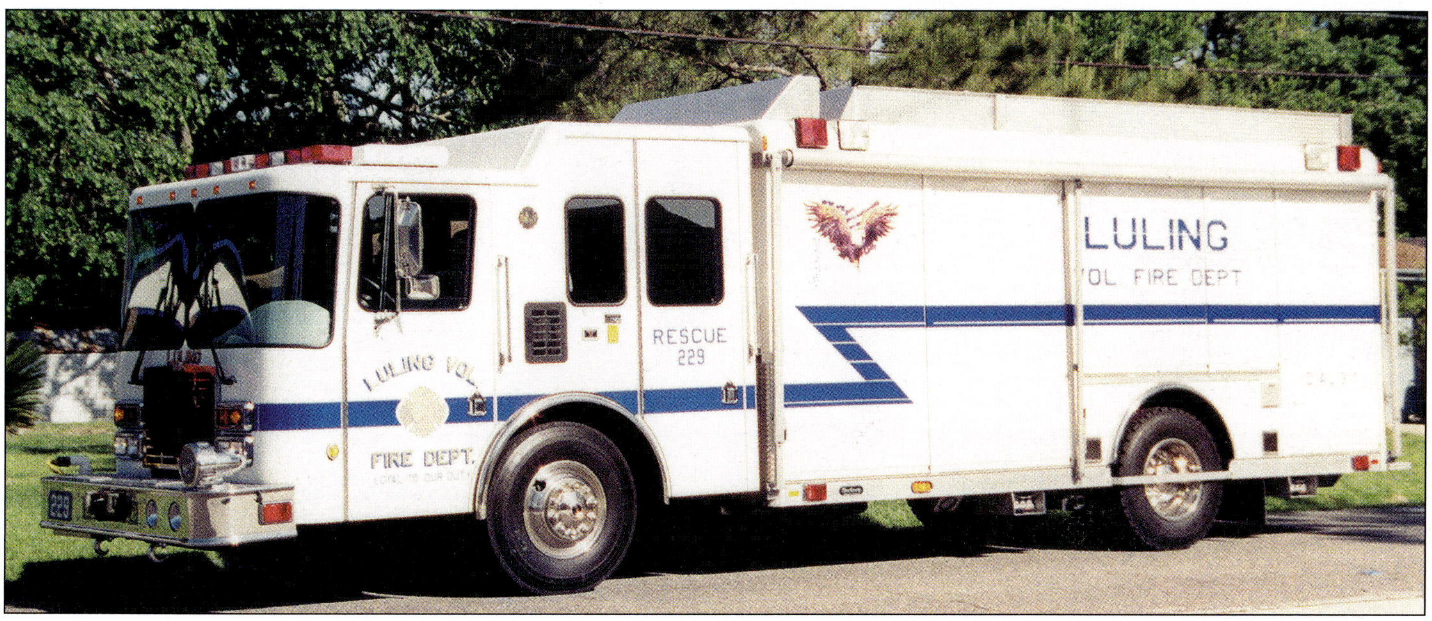

HAHN

■ Unten: *Hahn HCP 12 von ca. 1983 des North Providence Fire Department, nach einer Generalüberholung im Jahre 1992*

Die Hahn Motors Inc. hat ihren Sitz in einer ebenso deutsch klingenden Stadt in Pennsylvania, USA: Hamburg. Seit 1923 baute man dort Feuerlöschgeräte und komplette Fahrzeuge bis hin zum Sattelschlepper mit extrem langen Drehleitern, die in ganz Amerika Verbreitung gefunden haben. Dass eine für amerikanische Verhältnisse mittelgroße Firma wie Hahn auch eigene Fahrgestelle anfertigte, galt als ungewöhnlich; viele von ihnen wurden auch an andere Hersteller von Feuerwehr-Fahrzeugaufbauten verkauft. Verwendung fanden jedoch auch Fahrgestelle anderer Firmen, etwa von International, wenn entsprechende Vorgaben von Seiten des Auftraggebers vorlagen.

Die abgerundete Form der Fahrerhäuser mit Panoramascheibe wurde nach dem 2. Weltkrieg das Erkennungszeichen der Hahn-Frontlenker. Die großen Fahrzeuge, etwa in Sattelschlepperausführung, erhielten einen GM-V8-Dieselmotor mit 350 PS in Verbindung mit einer Allison-Getriebeautomatik. Lange Drehleiter-Einheiten wie die von Grove weisen eine Kabine im Heck für den Mann auf, der die Hinterräder lenkt.

Hahn Custom

Baujahr	1973
Motor	V8-Zyl. Diesel
Leistung	350 PS
Getriebe	Automatik
Besonderheit	Drehleiter-Sattelschlepper

■ Unten: *1988er Hahn HCP 12 Löschfahrzeug des Lime Rock Fire District, Rhode Island/USA.*

■ Rechts: ***1970er International/Hahn der Blades Fire Company, Delaware/USA.***

■ Darunter: ***Hahn Rettungsfahrzeug von 1984 der Milford Fire Company, Delaware/USA.***

■ Ganz unten: ***1930 gebautes Hahn Feuerlöschfahrzeug der Brandywine Hundred Fire Company in restauriertem Zustand.***

In den 1980er Jahren stellte besonders an der amerikanischen Ostküste das Hahn-Löschfahrzeug HCP 12 die erste Wahl vieler Wehren dar; die Fahrzeuge waren mit Löschpumpen von 6800 l/min Leistung versehen. Etliche dieser Fahrzeuge sind noch heute im Einsatz, wenngleich die Hahn Motors Inc. in den späten 1990er Jahren die Fertigung einstellte.

HME

■ Oben: ***Hendrickson/Van Pelt Löschfahrzeug von 1984 mit 4500-l/min-Pumpe.***

■ Links: ***1979er Hendrickson/Van Pelt Löschfahrzeug der Feuerwehr von Anderson, Kalifornien.***

Die Hendrickson Mobile Equipment Inc., kurz HME, ist in Nordamerika der größte selbständige Hersteller von kompletten Fahrgestellen für Feuerwehrfahrzeuge. Die 1913 in Chicago gegründete Lkw-Firma machte sich für Innovationen schon früh einen Namen. Hendrickson Trucks wiesen bereits 1922 Luftreifen auf, als Vollgummi die Regel war; 1926 erschien der erste Dreiachser mit einer Ausgleichsvorrichtung für die Belastung der vier hinteren Räder. Große Kipper und Spezialfahrzeuge aller Art von Hendrickson setzten sich erfolgreich gegen starke Konkurrenz durch.

Die heute in Wyoming, Michigan ansässige Firma baut auch große Feuerlöschfahrzeuge nach Maß. In enger Zusammenarbeit mit International Harvester, Chicago (heute: Navistar International) entstehen dreiachsige Tanklöschfahrzeuge, Drehleiter- und Gelenkmast-Fahrzeuge. Sie rangieren unter der Baureihen-Bezeichnung 1871, eine Zahl, die sich auf den großen Brand von Chicago in jenem Jahr bezieht. So gibt es zum Beispiel ein Modell 1871-SLe als HME/Ahrens-Fox oder ein 1871-SFO Silver-Fox. Die äußerst geräumigen Fahrzeuge, deren Aufbauten aus Edelstahl angefertigt werden, erlauben viel Zuladung und sind in der Regel mit 2270-Liter-Wassertanks bestückt.

HME-Drehleitern mit Arbeitsbühne werden in Längen von 18 bis 32 m geliefert und Pumpen von 4540-l/min-Förderleistung. Die Spritzrohre am oberen Ende der Hydraulikmasten lassen sich über Funk fernsteuern.

Hendrickson ist die bevorzugte Marke diverser Transportfirmen, deren Flotten bis zu 170 Fahrzeuge umfassen, und auch viele Firmen haben Hendrickson-Feuerwehren in ihrem Dienst.

■ Links: ***1996er HME/Smeal-Drehleiter (32 m) des Kent Fire Department, Washington.***

■ Rechts: ***International/HME/Boise Rettungsfahrzeug in Hauben-Bauart, im Jahr 2000 geliefert an das Barrington Fire Department, Arlington Heights.***

■ Unten: ***In strahlendem Weiß lackiertes Tanklöschfahrzeug Hendrickson/Clark Baujahr 1974. Das Fahrzeug gehört der Feuerwehr in Sparks, Nevada/USA. Der Löschwassertank fasst 3400 Liter, das Reservoir für Schaumkonzentrat 250 Liter, die Pumpenleistung beträgt 6800 l/min.***

■ Oben: ***1996er HME 1871/Central States Löschfahrzeug in Washoe County, Nevada.***

HINO

Dieser japanische Nutzfahrzeughersteller, im Kriegsjahr 1942 in Tokio gegründet, liefert zahlreiche Fahrgestelle an Feuerwehr-Aufbaufirmen. Zu den ersten Kunden zählte die Stadtfeuerwehr von Tokio. In den 1970er Jahren entstanden bei Hino schwere 6x2-Drehleiterfahrzeuge als Frontlenker, angetrieben von einem 200 PS starken Hino-Dieselmotor, mit Doppellenkung, Luftdruckbremsen, Löschpumpe und einem Sprühsystem, um die Feuerwehrleute gegen starke Hitzeeinstrahlung zu schützen. Tanklöschfahrzeuge mit 2500-Liter-Tank und 2250-l/min-Pumpe gehören ebenfalls zum Standardprogramm. Fahrzeuge anderer Spezifikation wie der Hino FH22 stehen bei Wehren in Stadt und Land ebenfalls im Einsatz. Jüngste Entwicklung ist die Morita-Drehleiter mit 30 m Arbeitshöhe und elektrisch betätigtem Aufzug sowie einer leistungsstarken Löschpumpe im Mittelteil des Fahrzeugs. Hino-Montagewerke gibt es in Australien und Neuseeland, in Asien und Afrika; insgesamt sind es mehr als 20. Damit ist der japanische Nutzfahrzeughersteller Hino weltweit präsent. In Irland befindet sich ebenfalls ein großes Werk. Fahrgestelle für Feuerwehren haben Motoren bis zu 11 Liter Hubraum.

■ Oben: ***Hino FH22 OKD 4x4 Löschfahrzeug einer Feuerwehr auf der Insel Cypern.***

■ Rechts: ***Hino 6x4 Morita Super Gyro (30 m) der Feuerwehr von Miyazaki, Japan.***

HONDA

Es besteht an verschiedenen Plätzen der Welt durchaus Bedarf an leichten, wendigen Miniatur-Feuerwehrfahrzeugen, wie sie z. B. die japanische Firma Honda herstellt. Die kommunale Brandschutzbehörde von Hongkong besitzt neun solcher einsitzigen Honda Sunwand 4x4 »Mini Pumper«, stationiert auf kleinen Inseln, auf denen die Dorfstraßen eng und gewunden sind. Es gibt zwei Versionen, von denen die erste eine mobile Löschpumpe darstellt, während die andere eine Anzahl von Atemschutzgeräten und einen Kompressor an Bord hat.

■ Links: ***Einer der neun Honda Sunwand 4x4, die als Miniatur-Feuerwehrfahrzeuge auf den Inseln in der Bucht von Hongkong stationiert sind. In engen Dorfstraßen hätten größere Fahrzeug keine Chance.***

Honda Mini Pumper	
Baujahr	1988
Motor	2-Zyl. Benzin
Hubraum	250 ccm
Getriebe	Handschaltung
Besonderheit	4x4

HOWE

Seit nunmehr 80 Jahren genießt die Howe Fire Apparatus Co. in Anderson, Indiana, einen guten Ruf für ihre Feuerwehrfahrzeuge. Die Firma selbst ist viel älter; sie wurde 1882 von J. C. Howe gegründet und stellte Handpumpen her. Der Durchbruch erfolgte durch den Auftrag der US Army zum Bau von 100 Löschfahrzeugen auf Basis des Ford-T-Modells. Später verwendete Howe für seine Fahrzeuge unter anderem auch Chassis von Chevrolet, International, Diamond-T, Dodge, Duplex und Oshkosh.

1930 wurde die Firma Howe selbst Opfer einer Brandkatastrophe. Doch nach dem Wiederaufbau ging es um so zügiger bergan. 1965 erfolgte die Übernahme des bisherigen Konkurrenzunternehmens Coast Fire Apparatus, elf Jahre später wurde Howe jedoch von Grummins aufgekauft. Bis 1983 setzte man die Fahrzeugherstellung unter der traditionsreichen Firmierung Howe fort, dann wurde die Fertigung eingestellt und der Name verschwand von der Szene.

■ Oben: ***1971er Ford L900/Howe des Lake Samish Fire Department, Washington.***

■ Unten: ***Howe/LTI 6x4-Dreiachser mit 26-m-Drehleiter, Baujahr 1976.***

HUB

In Matsqui, British Columbia, wurde 1959 die Firma HUB gegründet. Noch im selben Jahr entstand das erste Feuerwehrfahrzeug auf der Basis des amerikanischen Ford F. Das Unternehmen entwickelte sich rasch zu einem erfolgreichen Anbieter dieser Branche; die Aufbauten setzte man auch auf Chassis der Hersteller International, GMC und ab 1979 Mack. Wehren in ganz Kanada zählten zu HUB-Kunden. Das Programm erfuhr eine Erweiterung, nachdem HUB 1986 die kanadische Baulizenz des britischen Simon »Snorkel« erworben hatte. Hydraulikleitern mit Simon-Plattform waren in Kanada um jene Zeit noch selten zu sehen. In den nachfolgenden Jahren entstanden verschiedene Versionen, so auch eine 32-m-Leiter auf Mack-R-Fahrgestell, in Auftrag gegeben vom North Vancouver Fire Department. von 1988 bis 1991 hatte HUB die kanadische Repräsentanz für Emergency One, und ab 1998 kam es zu einer engen Zusammenarbeit mit der Firma LaFrance, in deren Folge HUB einige Fahrzeuge auf deren Eagle-Chassis für Abnehmer in Kanada aufbaute.

■ Oben: ***1986er 6x4 Peterbilt/HUB/Simon Gelenkmastwagen (23,5 m) mit Hydraulik-Arbeitsbühne des Colwood Fire Department, British Columbia/Kanada.***

■ Links: ***Ebenfalls in British Columbia stationiert ist dieser Ford FC8000/HUB-Rettungswagen von***

HUB Löschfahrzeug	
Baujahr	1996
Motor	6-Zyl. Diesel
Leistung	275 PS
Getriebe	Automatik
Besonderheit	Hochdruckpumpe

■ Oben links: ***Freightliner FL80/HUB von 1996.***

■ Links: ***1972er Inc-Co/HUB 6x4 mit einem 23-m-Gelenkmast der North American Snorkel.***

WEITERE FABRIKATE

Hanomag-Henschel

Feuerwehraufbauten auf Hanomag-Lkw-Fahrgestellen der Baujahre 1952 bis 1969 waren in Deutschland sehr weit verbreitet, vor allem im Einsatz bei Freiwilligen Feuerwehren. Nach der Fusion mit dem Nutzfahrzeughersteller Henschel, seit 1925 bestehend und im Feuerwehrbau ebenfalls von Anfang an aktiv, im Jahre 1969 (ab 1971 zu Daimler-Benz gehörend) trugen die Fahrzeuge den Namen Hanomag-Henschel. Besonders die Fahrzeuge der Baureihen F85 und F86 mit 4,3- und 4,8-l-Dieselmotor dienten als Basis für Aufbauten.

Hayes

Seine erste Holz-Drehleiter auf einer von Pferden gezogenen Lafette baute der Amerikaner Daniel Hayes 1868 für die Feuerwehr von San Francisco; sie wurde von 6 Mann bedient und besaß einen Auszieh-Mechanismus, der in ganz USA Furore machte. Mit 26 m Steighöhe übertraf sie alle bisherigen Leitern. 1882 verkaufte Hayes die Baurechte an die LaFrance Steam Engine Company, aus der 1903 die American LaFrance Inc. hervorging.

INTERNATIONAL

Aus einer Gruppe von Herstellern landwirtschaftlicher Fahrzeuge entstand in Chicago 1907 die International Harvester Company (IHC), die unter dem Markennamen International auch Lastwagen zu bauen begann, deren Fahrgestelle die Basis für die unterschiedlichsten Feuerwehraufbauten abgab.

In den 1970er Jahren erhielt ein International-Chassis vom Typ Loadstar (4,3 m Radstand) mit V8-Motor von Ward-LaFrance einen Aufbau als Tanklöschfahrzeug mit 4550-Liter-Wassertank und einer 1135-l/min-Pumpe. Weitere große Tanklöschfahrzeuge folgten, unter anderem für die staatliche Feuerwehr in Neuseeland. Zahlreiche Hersteller von Feuerwehraufbauten in aller Welt von Kanada bis Australien verwenden den Fahrgestelle der Firma International (ab 1986: Navistar International), deren Programm von geländegängigen 4x4 bis zum 80-t-Sattelschlepper mit 560 PS starkem V16-Turbodieselmotor reicht.

■ Unten: ***Schweres Löschfahrzeug von Navistar International, Baujahr 2000, der Leipsic Delaware Fire Company.***

■ Unten: ***1980er International 6x4 Löschwasser-Sattelzug der Houston Voluntary Fire Company, Delaware.***

■ Rechts: ***Tanklöschfahrzeug International 6x6 in Militärdiensten.***

■ Unten: ***1969er International Fleetstar/Superior des Shoshone Fire District in Pinehurst, Idaho/USA.***

■ Unten: ***Modernes Löschfahrzeug auf Basis International 1800 mit ACCO-Aufbau der australischen Feuerwehr. Der Wagen steht vor der Kent Street Fire Station in Sydney, New South Wales.***

ISUZU

Die japanische Fahrzeugmarke Isuzu gibt es seit 1934, doch im Ausland erlangte sie erst in den 1960er Jahren Bedeutung. Als Feuerwehrfahrzeug diente u.a. das Frontlenker-Chassis vom Typ TXG20; Löschfahrzeuge, teils mit offenem Fahrerhaus, hatten einen 3000-Liter-Wassertank und eine in der Fahrzeugmitte installierte 2250-l/min-Pumpe.

Isuzu-Fahrgestelle wie das YZ20 dienten auch mehrfach für den Aufbau großer Morita-Drehleitern bis zu 40 m Arbeitshöhe sowie für Wassertanker; motorisiert sind diese Fahrzeuge mit einem 6-Zylinder-Diesel von 10,1 Liter Hubraum und 195 PS. Die Isuzu/Morita-Drehleiter mit Löschpumpe kommt auf ein Gewicht von 20 Tonnen.

■ Oben: ***Australische Aufbauhersteller bevorzugen zunehmend Isuzu-Fahrgestelle für diverse Sonderaufbauten wie diesen Gerätewagen.***

■ Rechts: ***Isuzu mit Allradantrieb und hoher Bodenfreiheit im Dienst des Northern Territory Fire Service, Australien.***

IVECO

Die IVECO (International Vehicles Corporation) entstand 1975 aus der Ausgliederung der Fiat-Nutzfahrzeugsparte einschließlich Lancia und O.M. und dem gleichzeitigen Zusammenschluss von Klöckner-Humbold-Deutz mit Magirus. Später kamen Pegaso (Spanien), Ford (Großbritannien) und Unic (Frankreich) hinzu. Die IVECO-Magirus AG mit Sitz in München stellt u.a. Feuerlöschfahrzeuge aller Größenordnungen her, wobei die Fahrgestelle der Baugruppen 120, 140, 192 und 256 vornehmlich zum Aufbau von Drehleitern dienen, teils bis zu 40 Meter Länge. Sie werden an Auftraggeber in aller Welt geliefert. Kleinere IVECO-Modelle wie der von Fiat entwickelte Daily sind die Basis für verschiedene Rettungs- und Sonderfahrzeuge.

■ Links: ***Iveco/Magirus 4x4-Tanklöschfahrzeug mit Gelenkmast, Baujahr 2000.***

■ Unten links: ***Iveco Euro-Mover/Magirus 30-m-Drehleiter vor der Auslieferung im Jahr 2000.***

■ Unten rechts: ***Iveco/DAF Typ 19.463 Rettungsfahrzeug mit Allradantrieb.***

JOHN DENNIS COACHBUILDING

Als im Jahre 1984 die britische Hestair Group die Entscheidung traf, unter der Marke Dennis künftig keine kompletten Feuerwehrfahrzeuge mehr anzubieten, sondern sich auf den Bau von Fahrgesteellen zu konzentrieren, verselbständigte sich ein Zweig des Unternehmens zur Fertigung von Feuerwehraufbauten. Die Leitung oblag John Dennis, Enkel eines der Gründer der Firma Dennis Brothers (1895).

1986 entstand das erste von John Dennis karossierte neue Feuerwehrfahrzeug auf Dennis-Chassis, doch in den nachfolgenden zwei Jahren wurden auch Fahrgestelle einiger anderer Hersteller verwendet.

In zwei Jahrzehnten hat sich die Firma John Dennis für ihre Qualitätsarbeit einen ausgezeichneten Namen gemacht; 1995 war sie zum Branchenführer in Großbritannien avanciert und hatte fast die Hälfte aller Wehren des Landes als Kunden sowie viele im europäischen Ausland. Zum Bauprogramm zählen Lösch- und Tanklöschfahrzeuge, Bergungswagen, spezielle Fahrzeuge zur Rettung von Tieren, Löschfahrzeuge für Raffinerien, Schlauchleger, mobile Einsatzzentralen und Sonderfahrzeuge aller Art. Herkömmliche Löschfahrzeuge werden auf Fahrgestellen von Dennis, MAN, Mercedes-Benz, Scania und Volvo aufgebaut, Spezialfahrzeuge auf solchen von Steyr (Pinzgauer), Unimog oder Land Rover.

Dennis Sabre	
Baujahr	1994
Motor	6-Zyl. Diesel
Leistung	295 PS
Getriebe	Automatik
Besonderheit	Cummins-Euro-3-Motor

■ Ganz oben, oben und links: ***1994 von John Dennis Coachbuilders angefertigtes Gerätefahrzeug mit Tragkraftspritze, Leitern und Telemast-Scheinwerfern auf Dennis-Chassis Sabre TSD233 der Feuerwehr in Wiltshire, England.***

WEITERE FABRIKATE

Jay-Fong
Die Jay-Fong Fahrzeugfabrik in der Mandschurei/China ist der führende Hersteller von Feuerwehrfahrzeugen in China seit Mitte der 1950er Jahre und belieferte Wehren im ganzen Land. Der Jay-Fong CA-10 ist ein herkömmliches Haubenfahrzeug, gebaut als Lösch- oder Tanklöschfahrzeug mit Vorbau- oder Mittelpumpe und einer 6-Mann-Kabine. Es gibt auch ein kleineres Geländefahrzeug ähnlicher Bauart, das vor allem in abgelegenen Gegenden Chinas eingesetzt wird.

J. C. Moore Industries
Die in Fredonia, Pennsylvania angesiedelte Firma J. C. Moore Industries ist eine der ältesten Firmen an der amerikanischen Ostküste, die Kommunalfahrzeuge baut, aber auch im Brandschutzwesen tätig ist und Feuerwehrfahrzeuge aller Art ausrüstet. Erst kürzlich wurde ein größeres Tanklöschfahrzeug auf dem Chassis eines International aufgebaut, mit einer Karosserie aus rostfreiem Stahl und einem 11.350-Liter-Tank sowie 4500-l/min-Pumpe. Zwei ähnliche Fahrzeuge entstanden auf Basis eines Mack Granite, hier jedoch mit vorn installierter Pumpe, sowie auf Basis eines GMC mit 4550-Liter-Tankaufbau.

Jeep
Aus dem US-Army-Jeep der vierziger Jahre entwickelte sich ein leichtes Nutzfahrzeug, das in der Landwirtschaft und im Freizeitbereich weltweite Verbreitung fand. Seit 1987 zu Chrysler gehörend, haben Jeep-Fahrzeuge mit Sechs- und Achtzylindermotoren sich auch im Feuerwehrdienst viele Verdienste erworben. Die kleineren 4x4 wie auch die größeren Dreiachser werden in vielen ländlichen Wehren verwendet, vor allem dort, wo es auf Geländegängigkeit ankommt.

■ Unten: ***Großer Dreiachs-Jeep (Kaiser Jeep Corp.) von 1968 als Rettungsfahrzeug.***

■ Unten: ***Jeep Renegade 4x4 als kleines Einsatzfahrzeug mit Handfeuerlöschern in Linfield, Pennsylvania.***

KENWORTH

■ Unten: ***1977er Kenworth/King Tanklöschfahrzeug des Squamish Fire Department, British Columbia.***

Frontlenker und Haubenfahrzeuge aller Größen werden von Kenworth (Kent & Worthington) seit Jahrzehnten als Feuerwehrfahrzeuge aufgebaut. Die für ihre Highway-Trucks bekannte, 1927 gegründete Firma hat ihren Sitz in Seattle, Washington/USA; zu den Aufbau-Spezialisten, die mit Kenworth zusammenarbeiten, gehören u.a. Crown und Maxim. Der Kenworth Maxim S-Typ Tanklöschwagen zum Beispiel ist ein schwerer 6x4 und hat eine in der Fahrzeugmitte installierte 7500-l/min-Pumpe.

T300 6x4 Tankfahrzeug	
Baujahr	2002
Motor	6-Zyl. Diesel
Leistung	350 PS
Getriebe	Automatik
Besonderheit	13.500-Liter-Tank

■ Rechts: ***6x4 Kenworth/Darley von 2002 als Tanklöschfahrzeug mit 16.200-Wassertank im Dienst des Big Lake Fire Department, Skagit County, Washington/USA.***

■ Unten: ***Ein 1963 gebauter Kenworth Tankfahrzeug als 6x4 mit 18.000 Liter Löschwassertank.***

KME / KOVATCH

Der nach seinem Dienst beim Militär 1946 in die Heimat zurück gekehrte John »Sunny« Kovatch eröffnete in Nesquehoning, Pennsylvania, zunächst eine Lkw-Zubehör- und Reparaturfirma, die Kovatch Mobile Equipment (KME). Daraus entwickelte sich ein prosperierendes Unternehmen für Fahrzeugbau, dem inzwischen auch eine Spezialabteilung für Feuerwehrfahrzeuge angehört, die KME Fire Apparatus. Mittlerweile ist diese die größte ihrer Branche in den USA, die sich in Privathand befindet.

In aller Welt laufen heute KME-Fahrzeuge als Lösch- und Tanklöschfahrzeuge, Drehleitern und mobile Gelenkmasten mit Bühnen diverser Ausführungen, Schaumlöscher für Flughafen- und Industrieeinsatz, Rettungs- und Tankwagen.

Ganz nach den Erfordernissen und Vorgaben des Auftraggebers entstehen bei Kovatch Fahrgestelle in Aluminium oder verzinktem bzw. rostfreiem Stahl; das Werk verfügt über eine moderne Pressenstraße und rechnergesteuerte Plasmaschweißautomaten. Fahrerhäuser sind in mehr als 300 Varianten zu bekommen. Der Betrieb beschäftigt etwa 700 Personen und dehnt sich an 12 Standorten – u.a. in Kalifornien, Massachusetts, Virginia und New York – über eine Fläche von insgesamt 28 Hektar aus.

■ Links: ***1998er KME Tanklöschfahrzeug der Feuerwehr von Little Creek, Delaware/USA.***

■ Unten: ***1997 gebautes KME Rettungsfahrzeug im Dienst der Citizens' Hose Fire Company No. 1, Smyrna, Delaware/USA.***

■ Unten: ***Drehleiter- und Gerätesattelzug, 1998 von KME für die Feuerwehr Wilmington gebaut.***

WEITERE FABRIKATE

■ Karrier

Die seit 1920 unter Karrier firmierende britische Nutzfahrzeugfirma diente vor allem in den 1950er und 1960er Jahren etlichen Herstellern von Feuerwehraufbauten als Chassislieferant. Populär war der Karrier Gamecock (2,9 m Radstand) als 3- oder 4-Tonner. 1968 erfolgte die Zusammenlegung mit Commer. Die letzten Karrier hatten Mercedes-Benz- oder Perkins-Dieselmotoren unter der Haube.

■ Kawasaki

Der japanische Motorradproduzent Kawasaki stellt der Welt kleinste Feuerwehrfahrzeuge her, gedacht für den Erstschlag an Stellen, wo normale Fahrzeuge keinen Zugang finden, in engen Dorfstraßen oder Fußgängerzonen. Der zweisitzige Kawasaki »Mule« (Maultier) Typ 2510 ist 2,9 m lang, 1,3 m breit und hat Vierradantrieb; zur Ausrüstung gehören eine Tragkraftspritze und eine Schlauchhaspel.

■ Oben: ***Kawasaki Mule, zweisitzig, klein und wendig, gedacht für den Einsatz an schwer zugänglichen Plätzen.***

■ Links: ***Von Kronenburg aufgebauter 6x6 Schaumlöschwagen auf dem Flughafen von London-Heathrow.***

■ Unten: ***1950er Krupp Löschfahrzeug LF 16.***

■ Ganz unten: ***Krupp Löschfahrzeug aus dem Jahr 1940, aufgenommen in Belgien.***

■ Kronenburg

Schon im 19. Jahrhundert hat die Kronenburg BV in Hedel, Niederlande, Feuerspritzen hergestellt. Aus diesen Anfängen entwickelte sich ein Unternehmen beachtlicher Größenordnung. In den 1950er und 1960er Jahren wurden Feuerwehrfahrzeuge bevorzugt auf britischen und amerikanischen Fahrgestellen aufgebaut (Austin, Chevrolet); später favorisierte man DAF wie den V1600 BB 358 4x4 mit 155 PS starkem Sechszylindermotor. Fahrzeuge dieser Größenordnung hatten einen 2000-Liter-Wassertank, einen 400-Liter-Tank für Schaumkonzentrat und eine Schaumlöschkanone auf dem Fahrerhaus. Als die Flugzeuge immer größer wurden, baute auch Kronenburg größere Feuerwehrfahrzeuge für den Flughafeneinsatz wie den 6x6 Tanklöschwagen FWD 0-153-L6 mit 330 PS starkem Waukesha-V8-Motor, 6000-Liter-Wasser- sowie 1200-Schaumtank und 2800-l/min-Pumpe. 1996 erhielt Kronenburg den Auftrag zur Lieferung von 17 schweren 6x6 Schaumlöschfahrzeugen für Flughafenfeuerwehren.

■ KRUPP

So lange es Krupp-Lastwagen gibt, nämlich seit 1905, hat man auf ihren Fahrgestellen auch Feuerwehraufbauten gesetzt. Neben Löschfahrzeugen aller Größen entstanden auch viele Drehleitern (Metz, Magirus) und Kranwagen. Ab 1963 baute Krupp auch Cummins-Dieselmotoren in Lizenz; schwere Autokräne hatten meist Deutzmotoren bis zu 500 PS.

LAND ROVER

■ Oben: ***1975er Range Rover Rettungsfahrzeug mit einem Aufbau der Firma Carmichael, die das Chassis verlängerte und eine dritte Achse einbaute.***

Mit der Einführung des Land Rover durch die Rover Company in Solihull, Warwickshire/England, im Jahre 1948 erwuchs dem amerikanischen Jeep Konkurrenz. Das leichte Allradfahrzeug war für den Einsatz in der Landwirtschaft und beim Militär konzipiert, eignete sich aber durch seine guten Allround-Eigenschaften ebenso gut für zahlreiche andere Zwecke. Auch im Brandschutzwesen ließ sich mit dem Land Rover eine Lücke schließen. Es entstanden Tausende von leichten Löschfahrzeugen, Geräte- und Rettungswagen, insbesondere für Industriebetriebe.

Die ersten Land Rover hatten einen 1,6-Liter-Benzinmotor und 2 m Radstand. Ab 1954 waren zwei Chassislängen lieferbar, 2,18 (86") und 2,77 (107") m sowie ein 2-Liter-Motor, und 1956 erfolgte abermals eine Chassisverlängerung, jetzt auf 2,24 m (88") und bald darauf die Vorstellung des ersten Dieselmodells. Ab 1962 gab es auch Frontlenker-Versionen.

Als die meisten britischen Pkw-Marken sich im Leyland-Konzern wiederfanden, gehörte auch Land Rover dazu. 1994 bis 2000 war Land Rover Bestandteil der BMW Group, anschließend kam die Marke zum Ford-Konzern und wird inzwischen gemeinsam mit Jaguar vermarktet.

Es ist das Modell Defender mit 110- oder 130"-Chassis, das als Nachfolger des klassischen Ur-Modells vorwiegend mit Feuerwehraufbauten versehen wird, bestückt mit starker Löschpumpe, Seilwinde, Kompressor oder Hebekran. Eine Reihe von Herstellern bieten für den Land Rover verschiedene Feuerwehrfahrzeug-Module an,

1976 führte man einen leichten Lkw unter der Bezeichnung Freight Rover ein, eine Variante des Austin Sherpa; größere Bedeutung erreichte jedoch der ab 1970 angebotene Range Rover, eine größere und aufwändiger gebaute Version des Land Rover. Ab 1972 ist er in den Flotten zahlreicher Wehren in England zu finden, besonders mit Aufbauten der Carmichael Ltd. Sie hat sich u.a. darauf spezialisiert, den Range Rover auf drei Achsen umzurüsten. Als 6x4 verträgt das Fahrzeug ein beachtliches Plus an Zuladung, etwa mit Schneide- und Spreizwerkzeug und vielem anderen. Es wurden auch Fahrzeuge mit Stromaggregaten und Teleskopmasten für Beleuchtungszwecke gebaut. Anfangs hatte der Range Rover einen 3,5-Liter-V8-Motor aus dem Rover-Pkw-Motorenprogramm, später kamen leistungsstärkere Versionen zum Einbau. Besonders in Großbritannien haben sich Land Rover und Range Rover als Feuerwehrfahrzeuge gut etablieren können: im Verbund mit ihrer Geländegängigkeit und Wendigkeit sind sie Universalfahrzeuge, die sich in vielen Einsatzgebieten hervorragend bewähren, nicht zuletzt auch als Unfall-Rettungsfahrzeuge gerade dort, wo es auf Offroad-Qualitäten ankommt.

■ Oben: ***Land Rover 109/HCB Angus Firefly Baujahr 1968, in England häufig anzutreffen.***

■ Rechts: ***1978er Land Rover 109 mit einem Rettungsboot im Schlepp.***

LEYLAND

■ Oben: ***Dieses 1939er FKT 1 Löschfahrzeug mit Abprotzleiter leistete 21 Jahre in London treue Dienste.***

■ Links: ***1935er Leyland/Metz 30-m-Drehleiter mit 30 Dienstjahren.***

Aus einer Fabrik für Dampffahrzeuge entstand 1907 die Leyland Motors Limited in der gleichnamigen Stadt in Lancashire, England, eine rasch expandierende Nutzfahrzeugfirma, die Lastwagen, Omnibusse, Kommunal- und auch Feuerwehrfahrzeuge herstellte. Der erste Abnehmer einer Leyland-Feuerwehr war die Dublin Fire Brigade im Jahr 1910. Weitere Fahrzeuge folgten bald, und speziell für Feuerwehrfahrgestelle entstand ein 85 PS leistender Sechszylindermotor.

Den Markt für Feuerwehrfahrzeuge in Großbritannien teilte sich in den 1920er und 1930er Jahren Leyland mit Dennis. Beide lieferten an Wehren in ganz England und auch in den Ländern des damaligen Commonwealth bis hinunter nach Tasmanien.

Leylands Spezialität waren in den 1920er Jahren Lösch- und Tanklöschfahrzeuge wie das FE-Modell und das ihm 1935 folgende Modell FK6 mit 2270-l/min-Pumpe im Heck; der FK7 mit längerem Radstand (3,50 m) hatte die Pumpe in der Fahrzeugmitte. Es gab meist offene, seltener geschlossene Fahrerhäuser. Die in den frühen 1930er Jahren gebauten Leyland LM waren Drehleiterfahrzeuge, wobei es ab 1935 ein Übereinkommen mit der deutschen Firma Metz gab, nach welchem jetzt vorzugsweise deren Produkte auf speziell angefertigte Fahrgestelle gesetzt wurden. Diese trugen die Bezeichnung Leyland TLM und hatten 4,40 m Radstand. Motorisiert war der TLM mit einem 8,6-Liter-Sechszylinder-Diesel oder Benziner. Eine 1936 an die Feuerwehr der Stadt Hull gelieferte Metz-Drehleiter mit einer Arbeitshöhe von 45 m war die größte in ganz England. Mehr als 50 Leyland/Metz-Drehleiterfahrzeuge wurde bis zum Ausbruch des Krieges gefertigt, viele mit integrierter Aufbock-Hydraulik.

Noch 1939 bestellte die Londoner Feuerwehr elf Leyland FKT Tanklöschwagen mit Drehleitern. Diese »dual purpose pumps« hatten einen 7,7-Liter-Benzinmotor von 96 PS; bei der Leiter handelte es sich entweder um eine 15-m-Abprotzleiter mit hohen Rädern oder eine 10-m-Teleskopleiter auf dem Dach des Fahrzeugs, jetzt übrigens durchweg in geschlossener Bauweise ausgeführt. 50 weitere Drehlei-

■ Links: ***Eines der Leyland Feuerwehrfahrzeuge, die in den 1960er Jahren nach Neu-Delhi in Indien geliefert wurden.***

■ Links: ***1953er Leyland Comet Löschfahrzeug der Surry Fire Brigade in gut erhaltenem Zustand.***

tern stellte Leyland nach Ausbruch des Krieges im Regierungsauftrag her.

Nach 1945 entstand bei Leyland das moderne Comet-Chassis für Nutzfahrzeuge der mittleren Kategorie mit 5,5-Liter-Dieselmotor; einige Aufbauten in offener Bauweise und mit Drehleitern wurden für Kunden in Indien gebaut. Eine Innovation indes stellte das 1958 eingeführte Modell Firemaster dar. Es basierte auf einem Lkw- bzw. Omnibuschassis und wies in der Fahrzeugmitte einen Unterflurmotor auf, einen 150 PS starken 9,8-Liter-Diesel, der auch die 4550-l/min-Pumpe antrieb. Die Bedienung der Pumpe erfolgte von der Fahrzeugfront aus. Ungewöhnlich war auch das halbautomatische Viergang-Planetengetriebe, das man über zwei Pedale bediente.

Zwei Firemaster entstanden mit Magirus-Drehleitern. Doch so überzeugend die Vorteile dieses Leyland-Modells auch sein mochten, blieb es doch ein Außenseiter; nur wenige wurden gebaut.

1962 kam die Firma AEC zu Leyland, 1974 folgte Albion. Feuerwehren entstanden in jenen Jahren meist auf den Fahrgestellen der Baureihen Boxer, Laird, Terrier und Mastiff. Die 1968 zur British Leyland Motor Corporation mutierte Gruppe, 1978 in Leyland Vehicles Limited umbenannt, wurde 1987 einschließlich ihrer Tochtergesellschaften von DAF übernommen.

■ Links: ***Leyland-DAF Typ 1617 4x4 als Tankfahrzeug, Baujahr 1987, der Hampshire Fire Brigade, England.***

■ Links: ***Leyland Swift/Reeves Burgess 1990 als mobile Einsatzzentrale und Versorgungswagen der Lancashire Fire Brigade, England.***

■ Rechts: ***1990er Leyland Freighter T45-80 als Löschfahrzeug des Manchester County Fire Service, England.***

LIQUIP

■ Links: ***Scania 94 D-260 Tanklöschfahrzeug für den Queensland Fire & Rescue Service.***

Die Firma Liquip wurde vor gut 30 Jahren in Smithfield bei Sydney in New South Wales, Australien, gegründet und baut Feuerwehrfahrzeuge für Trockenlöschmittel sowie Wasser und jede Art von Sonderfahrzeugen, zum Beispiel für den Grubeneinsatz, mit Stahl- oder Aluminiumaufbauten. Wahlweise sind Zwei- oder Vierradantrieb erhältlich sowie Fahrerhäuser und Löschtanks in unterschiedlichen Größen, letztere bis zu 2000 Liter. Abnehmer sind bisher Wehren im eigenen Land wie der Queensland Fire Service oder der South Australian Metropolitan Fire Service, aber auch Wehren auf benachbarten Pazifikinseln, die Allradfahrzeuge wie die von Liquip für ihre sandigen Böden benötigen.

Lowes Löschfahrzeug	
Baujahr	1996
Motor	6-Zyl. Diesel
Leistung	275 PS
Getriebe	Automatik
Besonderheit	Hochdruckpumpe

LOWES

■ Links: ***Mitsubishi/Lowes Löschfahrzeug mit 1800-l/min-Pumpe und Leiter.***

Die seit kurzem nicht mehr tätige Lowes Industries, Neuseeland, war ein Spezialhersteller von Feuerwehrfahrzeugen, die im eigenen Land und in Australien verkauft wurden. Man verwendete Fahrgestelle fremder Hersteller wie zum Beispiel Scania und Mitsubishi für den Bau von mittleren und schweren Feuerlöschfahrzeugen.

Ein typischer Mitsubishi/Lowes war der 1990er KF 160F mit 2000-Liter-Löschwassertank und 1800-l/min-Pumpe. 1997 entstand bei Lowes ein Rettungsfahrzeug auf Basis Scania 93 M-250 für den South Australien Fire Service mit vorn installierter Seilmotorwinde und ausziehbaren Gerätefächern. Zwei Jahre später orderte der gleiche Auftraggeber eine Serie von Löschfahrzeugen auf Scania-Fahrgestellen der Baureihe 94 DB-260 mit 3800-l/min-Pumpen von Darley.

■ Rechts: ***In dieser Ausführung entstanden auf Scania-Fahrgestellen Typ 3 und 4 für den South Australian Metropolitan Fire Service einige Löschfahrzeuge mit 3800-l/min-Pumpe von Darley.***

LTI

Die Abkürzung LTI steht für Ladder Towers Incorporated, eine amerikanische Firma, die heute zu American LaFrance gehört und große Drehleitern und Hydraulik-Gelenkmasten mit Arbeitsbühnen herstellt, teils als Auflieger für Zugmaschinen. Es gibt auch Ausführungen mit integrierten Schlauchleitungen. Zum Programm gehören u.a. die Versionen MV und AH mit Teleskopleitern von 23 und 30 m Arbeitshöhe; die Aufliegervariante misst 33,5 m. Der Superlativ ist aber eine 52 m hohe Leiter, die aus fünf oder auch sechs Teilstücken besteht (LTI 53EL), während die normalerweise mittschiffs aufgebauten Leitern auf 28 m und Heckleitern mit Arbeitsbühnen auf 30,4 m Höhe kommen.

Die American LaFrance/LTI-Drehleiter wird auf LaFrance-, LaFrance-Eagle- oder auf Freightliner-Fahrgestellen gebaut, in 4x4- oder 6x4-Ausführung.

Die Ladder Towers Inc. produziert sowohl in Ephrate als auch in Lebanon, zwei Werke in Pennsylvania/USA, und beschäftigt insgesamt etwa 340 Mitarbeiter.

■ Oben: ***Spartan/LTE Sattelzug-Drehleiter mit großer Mannschaftskabine, 2001.***

■ Unten: ***1977er 6x4 Pemfab/LTI/Hamerli Drehleiter/Löschpumpen-Fahrzeug.***

LUVERNE

Die Luverne Wagon Works in Luverne, Minnesota/USA waren eine alteingesessene Fahrzeugfabrik, seit 1896 im Besitz der Leicher Brothers. Erste Autos mit Benzinmotor entstanden dort 1903, dann folgten Lastwagen und ab 1912 Feuerwehrfahrzeuge, drei Jahre später auch mit integrierter Motorpumpe. Daraus entwickelte sich ein kontinuierlich wachsender Geschäftszweig, wobei 75 Fahrzeuge auch unter der Markenbezeichnung Nott gebaut wurden, hauptsächlich für den Einsatz in Kleinstädten.

1985 ging die Firma Luverne Fire Apparatus an die Luverne Truck Equipment über, die vorher Stoßstangen, Rückspiegel und Kühlerverkleidungen für Lastwagen und Vans fabrizierte. In Brandon, South Dakota, entstand für den Aufbau der Feuerwehren eine neue Produktionsstätte, doch 1997 musste sie aus wirtschaftlichen Erwägungen verkauft werden. Neuer Besitzer wurde die Spartan Motors Inc., die einige Jahre zuvor bereits die Firma Quality Fire Apparatus übernommen hatte. Luverne und Quality fusionierten im Januar 2003.

■ Oben: ***Autocar/Luverne Löschfahrzeug von 1989 (6800 l/min) mit Bedienung aus der Kabine.***

■ Links: ***Luverne Tanklöschfahrzeug auf Spartan-6x4-Fahrgestell von 1994 mit 9000 Liter fassendem Löschwasserreservoir.***

MACK

■ Links: ***1954er Mack Pumper des Georgetown Ffre Department, Delaware/USA.***

■ Darunter: ***1981 gebauter Mack RS/Smiley 6x4 13.600-Liter-Tankwagen der Comano I sland Fire and Rescue, Washington.***

■ Ganz unten: ***Die Feuerwehr in Dover, Delaware, besitzt diesen 1981er Mack CF Sattelzug-Drehleiter (30 m) mit Kabine für einen Mann zur Lenkung der Hinterachse.***

Die 1902 in Brooklyn, N.Y., gegründete Mack Brothers Company gehört zu den prominentesten Nutzfahrzeugherstellern der Vereinigten Staaten. 1905 zog sie nach Allentown, Pennsylvania, um und avancierte dort zum Branchenführer Amerikas. Auch komplett ausgestattete Feuerwehrfahrzeuge gehörten schon früh zum Programm. 1911 fusionierte Mack mit den Lkw-Firmen Hewitt sowie Saurer USA, wodurch sich die Position des Unternehmens noch weiter festigte.

Die erste große Feuerlöscheinheit stellte Mack 1909 vor; es war eine Zugmaschine mit aufgesetztem Gäteträger. Zwei Jahre später baute Mack eine Feuerlösch-Motorpumpe in Lastwagenausführung im Auftrag der Union Fire Association of Pennsylvania, gefolgt von einem Leiterfahrzeug.

Die meisten Feuerwehrfahrzeuge jener Ära entstanden auf dem 3,5-t-AC-Chassis, das auch als Basis für Militärfahrzeuge diente. Mack Trucks genossen bei der US Army und auch in der Zivilwirtschaft einen guten Ruf für ihre Zuverlässigkeit und Langlebigkeit. Der Name »Bulldog«, der sich nicht zuletzt auf die eigentümliche Motorhaube des Wagens bezog, wurde bald zu einem Synonym für Mack – und zu einem Markenzeichen. Der Mack AC erlebte eine mehr als 20-jährige Bauperiode.

C95 FD Löschfahrzeug

Baujahr	1965
Motor	6-Zyl. Diesel
Leistung	237 PS
Getriebe	2-Gang-Automatik
Besonderheit	5-Mann-Fahrerhaus

Die von Mack hergestellten Teleskopleitern zeichneten sich durch eine extreme Baulänge der Teilstücke aus. Beim Transport musste ein zweiter Mann auf dem Fahrzeugheck die Hinterachse mitlenken.

Mack gehörte zu den ersten, die Feuerwehrfahrzeuge in geschlossener Bauweise anfertigten; erster Abnehmer war das Charlotte Fire Department of North Carolina. Diese 1935 gebaute »Limousine« war mit einer 3400-l/min-Hochdruckpumpe bestückt. Inzwischen hatte die Kohlenschaufel-Motorhaube eine etwas konventionellere Form angenommen, dafür thronte jetzt eine kleine verchromte Bulldogge als Kühlerfigur auf dem Bug. Es kamen jetzt auch Kurzhauber in die Fertigung.

■ Rechts: ***Mack MC/Custom Feuerlöschfahrzeug mit 3400 Liter Wasser an Bord und einer 5700-l/min-Pumpe. Das 1991 gebaute Fahrzeug gehört dem Savage Fire Department, Minnesota//USA.***

■ Unten links: ***1981er Mack CF/Baker 6x4 Arialscope des New York Fire Department.***

■ Unten rechts: ***Ein 1980er Mack CF Löschfahrzeug des New York Fire Department.***

Nach dem Zweiten Weltkrieg setzte Mack den Bau von Feuerwehrfahrzeugen fort. Ein typisches Fahrzeug der frühen 1950er Jahre war der Typ B95 mit einer Kabine für sechs Mann und einem 267 PS starken Thermodyne-Benzinmotor. Die Löschpumpe war auf 4500 l/min ausgelegt. Dieses Modell blieb 16 Jahre lange im Programm, ehe es vom Typ R611 mit 4,30 m Radstand, 238 PS starkem Mack-Dieselmotor und 3400-l/min-Pumpe abgelöst wurde. Anschließend war es der Mack CF, den sich die Wehren in ganz USA zulegten. Eines der größten Feuerlöschfahrzeuge der Welt stellte Mack 1965 auf die Räder, den »Super Pumper« für das New York Fire Department. Ein 2400 PS starke Napier-Deltier-Dieselmotor war für den Anntrieb der Laval-Pumpe zuständig, die 33.600 Liter Wasser pro Minute zu schleudern vermochte.

Die von Mack hergestellten Drehleitern mit Arbeitsbühne ließen sich in der Regel auf 30 m ausfahren, auch sie fanden Einsatz bei Wehren in ganz Nordamerika. Auch hier gab es einen Superlativ, den 1970 entstandenen Aerialscope: Dieses mit einem 325 PS starken V8-Diesel motorisierte Fahrzeug war ein Dreiachser und wies zwei Teleskopmasten mit Arbeitsbühnen und 3-Personen-Körben zur Personenrettung aus großen Höhen auf.

Mack ging 1983 an die RVI-Gruppe (Renault) über, die dem amerikanischen Unternehmen aber seine operative Eigenständigkeit beließ.

■ Rechts: ***Mack MC/HUB Tanklöschfahrzeug von 1985 mit 2270-Liter-Tank und 4770-l/min-Pumpe im Dienst des Abbotsford Fire Department in British Columbia/Kanada.***

MAGIRUS

■ Unten links: ***Magirus Turmdrehleiter DL18 von 1938, einst im Besitz der Stadtfeuerwehr Stuttgart.***

■ Unten rechts: ***Magirus-Deutz Schaumlöschfahrzeug der Werksfeuerwehr einer Erdölraffinerie in Duisburg, ca. 1950.***

Die seit 1975 zur IVECO-Gruppe gehörende Firma Magirus in Ulm zählt seit ihrer Gründung im Jahr 1903 in aller Welt zu den bekanntesten Herstellern von Feuerwehrfahrzeugen. 1933 begann der Bau von Dieselmotoren eigener Konstruktion, 1938 erfolgte die Vereinigung mit dem Nutzfahrzeughersteller Klöckner-Humboldt zur Klöckner-Humboldt-Deutz AG. 1974 wurde daraus die Magirus-Deutz AG.

1872 hatte Conrad Dietrich Magirus seine erste hölzerne Auszug-Drehleiter gebaut, die von Pferden gezogen wurde. Die Bedienung erfolgte per Hand. Drehleitern für Feuerwehren wurden seither konsequent weiterentwickelt und bildeten später, im Zeitalter der Motorisierung, bei Magirus neben der Lastwagenproduktion einen besonders wichtigen Geschäftszweig. Viele Drehleitern wurden schon früh exportiert; die Londoner Stadtfeuerwehr erhielt ihre erste 30-m-Stahl-Drehleiter von Magirus 1932. Nach dem Kriege erfuhr der Feuerwehrbereich bei Magirus ein noch stärkeres Gewicht, Magirus-Drehleitern wurden auch auf zahlreiche andere Fahrgesteelle aufgebaut, etwa von Mercedes-Benz oder Leyland. In den 1950er Jahren war das Magirus-Deutz-Chassis mit der 18-m-Drehleiter C125 ein weit verbreiteter Typ, der Motor war ein 125 PS starker Diesel. Der schwerere Dreiachser S7500 mit luftgekühltem 175-PS-V8-Motor stellte das Chassis für eine 50-m-Drehleiter dar, damals wohl die höchste der Welt. Viele dieser Drehleitern wiesen einen integrierten Schlauch mit Löschpumpe auf.

Auch im Verbund mit IVECO hat man den traditionsreichen Namen Magirus beibehalten, denn er stand im Feuerwehr-Fahrzeugbereich und vor allem im Drehleiterbau als Qualitätsbegriff ganz oben. Innovative Lösungen zeichnen Magirus auch heute noch aus, zum Beispiel durch demontable Käfige am Leiterkopf, wodurch sich Drehleitern auch als Teleskopkräne verwenden lassen.

Magirus 250D25	
Baujahr	1965
Motor	V12-Zyl. Diesel
Leistung	250 PS
Getriebe	6-Gang-Handschaltung
Besonderheit	KW16 Kranwagen

■ Oben links: ***Magirus-Deutz GFW Wasserrettungsfahrzeug von 1990 mit Schlauchboot.***

■ Links: ***Iveco/Magirus/DLK 120-25 mit 30-m)-Leiter und Käfig von 1997.***

MAN

■ Links: ***MAN LE 280B mit 30-m-Drehleiter von Metz mit Rettungskorb, Baujahr 2002.***

Die ersten MAN-Lastwagen entstanden 1915 in Saurer-Lizenz. Die Maschinenfabrik Augsburg-Nürnberg schuf aber schon bald eigene Konstruktionen, ab 1924 auch mit Dieselmotor. Feuerwehrfahrzeuge wurden ebenfalls schon früh gebaut, doch erst nach dem Kriege erfuhrt dieser Zweig eine stärkere Belebung. In den 1960er Jahren entstanden zahlreiche MAN TLF16 mit Ziegler-Aufbau auf HAL- und HALF-Fahrgestell als 4x4 und 4x2, sie waren mit 1600-l/min-Pumpen ausgerüstet.

Eine große Zahl MAN-Chassis gingen in den Export und wurden im Ausland aufgebaut, teils mit großen Metz-Leitern. Der 12- bis 16-t-MAN 16D erhielt Metz-Drehleitern bis 30 m Arbeitshöhe; in England ist es die Firma Saxon-Sanbee, die zahlreiche MAN mit Drehleitern versehen hat, wie jene 25 Fahrzeuge vom Typ L2000-10.224F, die an den Devon Fire and Rescue Service ausgeliefert wurden. MAN mit Sitz in München hat mehr als 120 Tochterfirmen.

■ Rechts: ***Dieses MAN-Feuerwehrfahrzeug von 1960 gehörte einst der Stadt Bottrop.***

MARION BODY WORKS

Die in Familienbesitz befindliche Marion Body Works Inc. in Marion, Wisconsin, wurde 1905 gegründet und stellt vorwiegend Lkw- und Feuerwehraufbauten her. Die jetzige Unternehmensführung besteht seit dem Jahr 1980.

Zum Fertigungsprogramm gehören Aufbauten für Lösch- und Tanklöschfahrzeuge diverser Größen, ferner reine Tankwagen und Rettungsfahrzeuge. In Zusammenarbeit mit der Aerial Innovations Inc. baut man bei den Marion Body Works auch Drehleitern.

Verwendung finden sowohl serienmäßige Nutzfahrzeugfahrgestelle als auch solche in auftragsgemäßer Abänderung. Seit 1964 entstehen die Aufbauten vorzugsweise in Aluminium. Ein klassisches Beispiel für die Einbindung von Elementen verschiedener Hersteller ist jenes 2002 von Marion aufgebaute Mehrzweckfahrzeug für die Freiwillige Feuerwehr der Stadt Charlotte in North Carolina/USA, bei welchem das Chassis von Spartan-Gladiator kam und der 430 PS starke Motor ein Detroit-Diesel Typ 60 war mit einem Allison-Getriebe. Die Aluminiumkabine war für sechs Mann konzipiert, die 6810-l/min-Pumpe kam von Waterous, der Löschwassertank (3400 Liter) bestand aus Polypropylen. Auf dem Fahrerhaus befindet sich ein 1500-Wattt-Scheinwerfer, und zur weiteren Ausstattung gehören eine 567-l/min-Schaumlöschkanone sowie ein 15-kW-Stromaggregat.

■ Oben: ***1984er Mack MC/Marion Löschfahrzeug, versehen mit einer 6810-l/min-Pumpe.***

MAXIM

Die Firma Maxim wurde 1914 in New England, USA, gegründet und baute eine größere Zahl von kompletten Feuerwehrfahrzeugen, ehe sie sich auf die Entwicklung und Herstellung von Teleskopleitern spezialisierte. 1955 wurde Maxim von der Firma Seagrave übernommen, dennoch blieb die Markenbezeichnung Maxim erhalten und wurde für die Ausrüstung von Feuerwehrfahrzeugen weitergeführt.

■ Oben: ***Ein 1975er Maxim SLT 100 mit 30-m-Drehleiter als Sattelzug-Auflieger.***

■ Rechts: ***Dieses restaurierte Maxim B50 Löschfahrzeug von 1930 hat eine 2270-l/min-Pumpe hinter dem Fahrersitz.***

MERCEDES-BENZ

Unter der 1926 aus der Fusion von Daimler und Benz hervorgegangenen Doppelmarke Mercedes-Benz ist im Verlauf der letzten acht Jahrzehnte auch eine unendlich große Zahl von Feuerwehrfahrzeugen gebaut worden. Die heute mit Nutzfahrzeug-Werken in Mannheim, Gaggenau, Ludwigsfelde und Wörth vertretene DaimlerChrysler AG, wie sie inzwischen firmiert, war und ist für viele Wehren ein Synonym für Zuverlässigkeit und Langlebigkeit. Nach dem Kriege war es vor allem das Chassis LAF311 4x4, auf dem Lösch- und Tanklöschfahrzeuge gebaut wurden, während man auf das schwerere L3115

MB Atego 1328	
Baujahr	2003
Motor	6-Zyl. Diesel
Leistung	280 PS
Getriebe	Automatik oder Handschaltg.
Besonderheit	Scheibenbremsen v/h.

■ Links: ***Mercedes-Benz 1622/Saxon Tankfahrzeug einer Wehr in Somerset, England.***

■ Links: ***Der robuste Unimog eignet sich für die Brandbekämpfung ganz besonders. Hier ein Exemplar mit kurzem Radstand und HIAB-Hydraulik-Kran auf der Plattform, Feuerwehr Bottrop.***

■ Ganz links: ***Solche Mercedes-Benz-Gerätefahrzeuge wie diesen Typ L408 (1966-68) gab es sehr häufig.***

■ Links: ***1992er Unimog 2150L als geländegängiges Mehrzweckfahrzeug einer Feuerwehr in Yorkshire, England.***

Metz-Drehleitern setzte. In den 1970er Jahren nahm diese Stelle das LAF1113 ein. Bevorzugt bediente sich der österreichische Ausstatter und Pumpenhersteller Rosenbauer schwerer MB-Fahrgestelle vom Typ 2232 6x4 mit 20-PS-Dieselmotor für den Aufbau seiner Fahrzeuge, die einen 5000-Liter-Wasser- und einen 500-Liter-Schaumkonztentrat-Tank erhielten. Jüngstes Mercedes-Benz-Tanklöschfahrzeug ist der Atego 1328 mit einem 280 PS starken Sechszylinder-Turbodiesel.

Mit Einführung und der kontinuierlichen Erweiterung des MB-Unimog-Programms hielt auch dieses durch seinen Allradantrieb über Portalachsen so überaus vielseitige Fahrzeug in vielen Wehren Einzug. Der 2150L zur Waldbrandbekämpfung, die 917 und 920AF als Rettungsfahrzeuge, der 1124AF als universelles Gerätefahrzeug haben sich tausendfach bewährt.

MERRYWEATHER

Die seit mehr als 1330 Jahren bestehende Wortmarke Merryweather ist in der englischsprachigen Welt zu einem Begriff für Brandbekämpfung geworden. Ihre Geschichte reicht zurück ins Jahr 1750, als Adam Nuttall in London seine ersten Handspritzen baute. Durch eine Reihe von Partnerschaften wurde aus seiner Manufaktur 1792 die Firma Hadley, Simpkin und Lott, die erstmals von Pferden gezogene Handspritzen anfertigte, bis 1807 Moses Merryweather als Lehrling eintrat und seine Karriere 1839 als Alleininhaber der Firma krönte. Unter seiner Regie entstand 1861 die erste Spritze mit Dampfmaschinenantrieb, in Auftrag gegeben von der privaten Feuerwehr Hodges im Londoner Stadtteil Lambeth – dies war das berühme Modell Deluge. Sie bewährte sich ausgezeichnet, so dass ein Jahr später eine zweite Dampfspritze gebaut wurde, jetzt mit Zweilinder-Pumpe, genannt Torrent. Beim Nationalen Dampfmaschinen-Wettbewerb in London 1863 gewann die Firma Merryweather mit ihren Spritzen den ersten Preis. Diese Auszeichnung belebte das Geschäft ganz beträchtlich: Bis 1865 wurden bei Merryweather elf weitere Dampfspritzen in Auftrag gegeben.

Ein weiterer Markstein in der Firmengeschichte war die Vorstellung der ersten selbstfahrenden Dampf-Lösch-

■ Links: ***1880 gebaute Merryweather-Handspritze auf einem Pferde-wagen.***

■ Unten: ***Merryweather Steam Fire King, wie ihn 1902 die Londoner Feuerwehr besaß.***

Fire King	
Baujahr	1902
Motor	2-Zyl. Dampf
Leistung	30 PS
Getriebe	Kettenantrieb, direkt
Besonderheit	selbstfahrend

■ Rechts: ***Londoner Feuerwehrleute setzen eine selbstfahrende Merryweather-Dampfspritze mit Kettenantrieb in Aktion.***

pumpe im Jahr 1899, genannt »the Fire King«. Sie vermochte einen Wasserstrahl mit 1600 Liter Druck pro Minute 45 m hoch zu schicken, und in der Ebene war das Fahrzeug 32 km/h schnell. Das erste Exemplar ging nach Indien, weitere fanden in England ihre Abnehmer. Der Fire King löste die von Pferden gezogenen Spritzen schon sehr bald ab.

Um die Jahrhundertwende gehöre auch schon ein großes Programm von Geräten zur Brandbekämpfung zum Merryweather-Angebot, vom kleinen Handfeuerlöscher bis zur Ausziehleiter. Unter anderem wurde ein Tandemfahrrad hergestellt, das aus zwei Fahrrädern mit einer Plattform dazwischen bestand, auf welcher eine Schlauchhaspel montiert war, die beim Fahren den Schlauch abspulte.

Merryweather war auch einer der ersten Feuerwehr-Fahrzeughersteller, der einen Benzinmotor als Antriebsaggregat verwendete. Eines der ersten Fahrzeuge dieser Art, versehen mit einer Trockenlöscheinrichtung, erhielt die Tottenham Fire Brigade in Nord-London. Eine weitere Innovation stellte jenes Fahrzeug dar, das Merryweather ein Jahr später für die Feuerwehr in Finchley baute: Hier lieferte der Fahrzeugmotor zugleich die Antriebskraft für die Löschpumpe – damals noch längst keine Selbstverständlichkeit, doch das Konzept setzte sich weltweit innerhalb kurzer Zeit durch. Die gleichzeitig unternommenen Versuche mit Elektromobilen gab Merryweather indes schon bald wieder auf; hohes Batteriegewicht und geringe Reichweite waren zu große Handicaps.

Um 1908 war Merryweather bereits auch ein erfolgreicher Produzent von Drehleitern. Bei einer 20-m-Leiter wurde zur Betätigung des Teleskop- und des Drehmechanismus ebenfalls Motorkraft eingesetzt. Die Leitertechniken wurden immer weiter verbessert; 1930 baute man die ersten Ganzstahlleitern. Sie befanden sich entweder auf einem Merryweather-Chassis mit Meadows- oder Dorman-Benzinmotor oder auf einem Fahrgestell nach Kundenvorgabe. In der Pumpentechnik – Wasser und Schaum – gab es ebenfalls große Fortschritte zu verzeichnen.

Während des Zweiten Weltkriegs rüstete Merryweather sehr viele Wehren in Großbritannien aus, und anschließend fokussierte sich das Geschäft immer mehr auf die Herstellung von Drehleitern. In den späten 1950er Jahren hatte hier die Hydraulik alle rein mechanischen Betätigungssysteme abgelöst. Viele Feuerwehrfahrzeuge unterschiedlichster Kategorien wurden noch bis in die 1970er Jahre gebaut.

■ Oben: ***AEC Mercury/Merryweather, 1961 für die Feuerwehr in Hongkong gebaut.***

■ Links: ***AEC/Merryweather mit 30-m-Drehleiter. Dieses Fahrzeug entstand 1965 für die London Fire Brigade.***

METZ

■ Links: ***Mercedes-Benz LF311 von 1957 (bei der Feuerwehr LF 16 TS genannt) mit Ausrüstung von Metz.***

■ Links: ***1990er Unimog/Metz-Löschfahrzeug für Trockenlöschmittel (TroLF 750).***

Der Ingenieur Carl Metz, der 1842 in Heidelberg eine Firma zum Bau hydraulischer Gerätschaften gründete, darf auch als Vater der Freiwilligen Feuerwehr in Deutschland gelten, deren Organisation er aufbaute. Seine Löschpumpen und anderes von ihm entworfenes Gerät fanden rasch Verbreitung. 1907 siedelte die Firma nach Karlsruhe über, hier entstanden später auch die ersten Drehleitern, für die der Name Metz schließlich Weltgeltung erlangte.

1912 fertigte man die ersten Drehleitern mit Handbetrieb an, die nun aber bereits auf Automobil-Fahrgestellen saßen. Die Steighöhen reichten bis 25 Meter. 1913 entstand eine erste Leiter mit Antrieb vom Fahrzeugmotor aus.

Im In- und Ausland brachten es Metz-Leitern im Wortsinne zu hohem Ansehen: Eine 1936 auf ein Leyland-Chassis aufgebaute 45-m-Drehleiter, gebaut für die Feuerwehr der nordenglischen Stadt Kingston-upon-Hull, war damals die höchste im ganzen Land, vielleicht sogar in der Welt. Metz-Drehleitern haben während des Krieges im Rettungswesen eine wichtige Rolle gespielt. Soweit die Wehren in der Lage waren, in den vom Bombenhagel betroffenen Städten Deutschlands Menschenleben zu retten, waren die hohen Metz-Leitern von unschätzbarem Wert. Das Metz-Werk in Karlsruhe blieb von Bomben ebenfalls nicht verschont, dennoch wurde die Fertigung nicht gänzlich unterbrochen.

Nach dem Zweiten Weltkrieg setzte man bei Metz in Karlsruhe die Produktion von Drehleitern fort, teils mit Arbeitsbühnen und Käfigen, die mit 270 kg zu belasten waren und die sich von oben auch steuern ließen. Alle Leiterbewegungen in der Höhe, seitwärts und im Drehwinkel sind bei den jüngsten Modellen simultan und rechnergesteuert zugleich durchführbar. Mehr als 2000 Drehleitern, inzwischen bis zu 53 m Arbeitshöhe, sind in Karlsruhe angefertigt worden und fanden in aller Welt auf Fahrgestellen unterschiedlicher Fabrikate Platz, von Mercedes-Benz und Leyland bis Volvo, von MAN und Seagrave bis Scania.

Drehleiter 30 m

Baujahr	1937
Motor	6-Zyl. Benzin Leyland
Leistung	115 PS
Getriebe	4-Gang Handschaltg.
Besonderheit	Pumpe in der Fahrzeugmitte

■ Unten: ***1954 gebauter Dennis F17 mit einer Drehleiter von Metz (30 m).***

MILLS-TUI

Die in Rotorua auf Neuseeland ansässige Firma Mills-Tui hat zahlreiche Fahrzeuge für die staatliche neuseeländische Feuerwehr gebaut und auch nach Australien geliefert. Das Bauprogramm umfasst kleinere, kompakte 4x4 auf Basis Mitsubishi wie große Löschfahrzeuge, auch Schaumlöscher für die Stationierung auf Flugplätzen, mit Scania- oder Dennis-Chassis. Mills-Tui stellt auch kombinierte Lösch- und Leiterfahrzeuge sowie Sonderfahrzeuge für den Katastropheneinsatz her.

■ Links: ***Scania G94D-260/Mills-Tui als schweres Löschfahrzeug bei der neuseeländischen Staatsfeuerwehr.***

■ Unten: ***Mitsubishi/Mills-Tui Löschfahrzeug mit Teleskopleiter in Australien.***

Mills-Tui Löschfahrzeug	
Baujahr	1986
Motor	6-Zyl. Diesel
Leistung	185 PS
Getriebe	5-Gang Handschaltg.
Besonderheit	Sicherheits-Kabine

MITSUBISHI

■ Unten: ***Kompaktes, schmalspuriges Lösch- und Rettungsfahrzeug von Mitsubishi.***

Die japanische Firma Mitsubishi, mit größeren Nutzfahrzeugen seit 1930 im Geschäft, lieferte bisher zahlreiche Fahrgestelle aller Größenordnungen für Feuerwehraufbauten vor allem im asiatischen und pazifischen Raum. In Japan weit verbreitet ist der Mitsubishi MGW 40 T Tanklöschwagen mit sechsplätzigem Fahrerhaus, 4000-Liter-Wassertank und 2270-l/min-Pumpe. Gebaut werden auch besonders schmale Fahrzeuge für vier Mann und mit 2000-l/min-Pumpe, wie in Japan häufig üblich, während schwerere Einheiten als Drehleiterfahrzeuge (20 m Morita) mit Arbeitsbühne entstehen, wie sie z. B. neben anderen Mitsubishi-Spezialfahrzeugen von der Feuerwehr in Hongkong eingesetzt werden.

■ Links: ***Mitsubishi-Diesel-Nutzfahrzeuge laufen im Export unter der Bezeichnung Fuso.***

■ Unten: ***Mitsubishi-Omnibus als mobile Einatzzentrale der Feuerwehr in Hongkong.***

WEITERE FABRIKATE

■ Marte

Die Firma Marte etablierte sich 1964 in Weiler, Österreich, und präsentierte vier Jahre später ihren ersten Feuerwehraufbau. Es war ein leichtes Löschfahrzeug auf dem Chassis eines Land Rover 110. Im Jahr danach übernahm Marte die Repräsentanz für Ziegler-Brandschutzgeräte, und bereits 1977 wurden das einhundertste Feuerwehrfahrzeug ausgeliefert. Im Zuge kontinuierlicher Expansion übernahm Marte 1982 auch die Vertretung der deutschen Firma Metz zu Lieferung von Drehleitern an österreichische Wehren.

1990 konnte man das 500. Fahrzeug feiern, 1994 das 700., und es ging weiter bergauf. Als Spezialität entwickelte Marte zusammensetzbare Modulsysteme aus Aluminium und einem speziellen Glasfibermaterial.

■ Milnes-Daimler

Der von der Firma Burton in Großbritannien von 1901 bis 1914 angebotene Milnes-Daimler war ein deutscher Daimler-Lkw mit in England angefertigtem Aufbau. Viele dieser Fahrzeuge wurden als Feuerlöschfahrzeuge aufgebaut.

■ Morita

Die 1907 gegründete Firma Morita ist die älteste in Japan, die Feuerwehrfahrzeuge baut. Das gegenwärtige Programm umfasst alle Varianten, vom Wasser- und Schaumlöschfahrzeug bis zu Teleskopleitern mit Wasserwerfern auf der Arbeitsbühne.

Die in jüngster Zeit von Morita aufgebauten Feuerwehrfahrzeuge basieren auf Chassis verschiedener japanischer Fabrikate wie Hino, Isuzu, Mitsubishi und Toyota. Das Modell MWG 40T hat einen 4000-Liter-Wassertank, eine 2270-l/min-Löschpumpe und ein Fahrerhaus für sechs Personen. Das gleiche Fahrzeug gibt es als Schaumlöscher für Flughäfen.

Die von Morita gebauten Drehleitern erreichen eine Höhe von 18 bis 40 m, sind nach europäischem Vorbild auf dem Fahrzeugheck montiert und mit einer Arbeitsbühne oder einem Käfig versehen. Morita stellt auch Tragkraftspritzen für den ambulanten Einsatz her. Seit den 1970er Jahren werden vermehrt Wasserwerfer mit 3000-l/min-Leistung für die Verwendung auf Gelenkmasten gebaut, um Brände in hohen Gebäuden bekämpfen zu können.

■ Moore Engineering

Die Moore Engineering wurde vor 20 Jahren in Adelaide, Süd-Australien gegründet und stellt alle Arten von Feuerlösch- und Rettungsfahrzeugen für den einheimischen Markt her.

■ Morris Commercial

Die Morris Commercial Cars Ltd. etablierte sich 1924 in Birmingham als Nutzfahrzeugsparte der britischen Automobilfirma Morris; sie bestand bis 1956. Vor 1939 wurden Feuerwehrfahrzeuge nur vereinzelt gebaut, doch während des Zweiten Weltkriegs erlangte der Morris CS 11/40 F mit Sechszylinder-Benzinmotor größere Bedeutung als Löschfahrzeug; zu seiner Standardausrüstung gehörte eine 2270-l/min-Pumpe und eine auf 10 m ausziehbare Leiter. Vor dem Kriege gab auch einige 5-t-Morris mit 30-m-Drehleitern von Magirus.

■ Mowag

Die Motorwagen-Fabrik AG (Mowag) in Kreuzlingen, Schweiz, begann 1948 mit dem Bau von Militär- und Zivillastwagen bis zu 9 t als Zwei-, Drei- und Vierachser, teils mit Allradantrieb. In den 1950er Jahren entstanden auch die ersten Feuerlöschfahrzeuge, motorisiert mit 6- oder V8-Zylindern von Chrysler. Die 4,5-Tonner waren unterschiedlich karossiert, je nach Einsatzweck. Später wurden bei Mowag auch komplette Dodge-Allradchassis mit 210 PS starkem V8-Benzinmotor verwendet; diese Fahrzeuge hatten einen 1200-Liter-Wassertank und eine 2800-l/min-Löschpumpe.

■ Unten: ***Hino/Moore Engineering 4x4 Feuerlösch- und Rettungsfahrzeug.***

■ Unten: ***Moderne sechsteilige Morita-Teleskopleiter auf Hino-Niederflurchassis.***

NATIONAL FOAM

Die National Foam ist eine amerikanische Ausrüsterfirma, die in Exton, Pennsylvania, ihren Sitz hat und zur internationalen Kidde FireFighting Group gehört. Sie stellt Feuerlöschgerät aller Art her und baut auch komplette Fahrzeuge, speziell Schaumlöscher, Tankfahrzeuge und Drehleitern. National Foam arbeitet eng mit den Firmen Feecon – hier speziell im Bau von Flughafen-Rettungsfahrzeugen – und Wirt Knox zusammen; sie gilt als eines der führenden Unternehmen in der Schaumlösch-Technologie.

■ Oben: ***Dreiachsiger International/National Foam von 1992 mit 16,5-m-Ausleger für den Schaumlöscheinsatz in Raffinerien.***

■ Unten: ***Im Fuhrpark der Texaco-Raffinerie in Anacortes, Washington, befindet sich dieser 1975er GMC/National Foam 4x4.***

Schaumlöschfahrzeug	
Baujahr	1975
Motor	V6-Zyl. Benzin
Leistung	230 PS
Getriebe	Handschaltung

NISSAN

Die Lkw-Fahrgestelle der seit 1934 bestehenden Firma Nissan mit Geschäftssitz in Tokio und Werken an verschiedenen Plätzen auch außerhalb Japans wurden vielfach zum Aufbau als Feuerwehrfahrzeug genutzt, zum Beispiel im Auftrag der Feuerwehr von Tokio, eine der größten Wehren der Welt. Der konventionelle F380-Benziner der frühen 1950er Jahre war noch mit einem offenen Aufbau versehen (6 Zylinder, 3,6 Liter, 83 PS, Vierganggetriebe), während die größeren Fahrzeuge in den 1960er Jahren wie der SD22 oder SD33 moderne Dieselfahrzeuge waren. 10-t-Nissan-Diesel-Dreiachser mit Morita-Drehleiter sind auch in vielen anderen Ländern Asiens im Einsatz.

■ Links: ***Nissan Diesel/Morita-Drehleiter (32 m) der Feuerwehr von Abu Dhabi am Persischen Golf. Die Pumpe in der Fahrzeugmitte versorgt den Wasserwerfer am Kopf der Drehleiter.***

■ Rechts: ***Kommandofahrzeug der Feuerwehr von Abu Dhabi, ein Nissan 4x4 für den Einsatzleiter, zwei Feuerwehrmänner mit ihren Atemschutzgeräten und einen Mitarbeiter des regionalen Elektrizitätswerks, der gegebenenfalls die Stromzufuhr eines in Brand stehenden Objekts zu unterbrechen hat.***

OPEL

■ Rechts: ***Opel Blitz LF8 von 1955 mit der damals üblichen Vorbaupumpe.***

■ Unten rechts: ***Opel Blitz 1,5 t von 1940 in der während der Kriegszeit obligaten dunklen Lackierung.***

In der Geschichte der deutschen Feuerwehr spielt Opel eine bedeutende Rolle. Insbesondere der Opel Blitz, für den vor dem Kriege eigens ein Werk in Brandenburg entstanden war, hat sich tausendfach als Lösch- und Rettungsfahrzeug bewährt, und nach 1945 haben unzählige Freiwillige Feuerwehren in ganz Deutschland die unverwüstlichen 1,75- und 3-Tonner aus Militärbeständen weiter benutzt. Auch der ab 1960 in Rüsselsheim gebaute 1,9 t Blitz als Kurzhauber-Löschfahrzeug (LF8), Leiter- und Sonderfahrzeug und seine 2,1-t- und 2,4-t-Nachfolger von 1966 (ab 1968 erstmals auch mit Dieselmotor) schrieben Feuerwehrgeschichte. Doch in den 1970er Jahren blendete sich Opel aus dem Nutzfahrzeuggeschäft aus, es entstanden keine eigenen Konstruktionen mehr; ab 1975 musste die verbliebene Opel-Kundschaft mit importieren GM-Bedford vorlieb nehmen, der als Feuerwehrfahrzeug nur noch selten aufgebaut wurde und mehr in England eine Rolle spielte.

Opel Blitz 2,4 t LF8	
Baujahr	1970
Motor	6-Zyl. Benzin
Leistung	80 PS
Getriebe	4-Gang Handschaltg.
Besonderheit	5-Mann-Fahrerhaus

OSHKOSH

■ Oben: ***1999er Oshkosh TI-3000 6x6 Schaumlöschfahrzeug mit 1900 Liter Schaumkonzentrat an Bord.***

Der Nutzfahrzeughersteller Oshkosh in der gleichnamigen Stadt in Wisconsin, USA, existiert seit 1917 und ist für seine schweren Lastwagen mit Allradantrieb bekannt. Schwertransporter und Tieflader, auch Spezialfahrzeuge für die US Army, gehören seit langem ebenso zum Bauprogramm wie Feuerlöschfahrzeuge, vor allem für Flughäfen.

So ist auch das größte von der Oshkosh Truck Corporation, wie die Firma seit 1967 heißt, gebaute Feuerlöschfahrzeug M-23 8x8 ein Schaumlöscher für den Flughafeneinsatz, angetrieben von zwei Detroit-Dieselmotoren von zusammen 984 PS. Der Vierachser hat 22.700 Liter Wasser an Bord sowie 1950 Liter Schaumkonzentrat. Über den Wasserwerfer auf dem Fahrzeugdach lassen sich etwa 11.300 Liter Wasser pro Minute schleudern. Das Gesamtgewicht des M-23 beträgt stattliche 65 t, dennoch beschleunigt der Gigant in nur 55 Sekunden von Null auf 80 km/h.

Der etwas kleinere Oshkosh M-15 ist ähnlich aufgebaut; sein Wassertank fasst 18.000 Liter, seine »Kanone« schießt 4100 l/min aus den Rohren. Die mitgeführte Schaumkonzentratmenge beträgt 2300 Liter. 50 solcher Fahrzeuge lieferte Oshkosh an die amerikanische Armee; einige weisen als Modell P-15 eine zusätzliche Schaumlöschkanone am Fahrzeugheck auf, während der M-15 sie nur vorn auf dem Fahrerhaus hat. Weitere Löschfahrzeuge sind der T-6 4x4 mit 492-PS-Dieselmotor (Null auf 80 km/h in 45 Sekunden) und der T-12 6x6 mit 13.600 Liter Wasservorrat und Löschkanonen an beweglichen Auslegern, um Wasser oder

■ Links: ***Vierachsiger Oshkosh von 1978 vom Typ M-15 mit 18.000 Liter Wasser und 2300 Liter Schaumkonzentrat in den Tanks.***

Schaum gezielt direkt in den Brandherd hinein zu befördern.

Von Oshkosh gebaute Erstschlag-Einsatzfahrzeuge, genannt Rapid Intervention Vehicles (RIV), weisen Hochdruckspritzen sowie an der Fahrzeugfront montierte Wasserwerfer auf und sind 110 km/h schnell. Es gibt sie auch mit Trockenlöschanlagen. Fahrzeuge mit Drehleitern und Hydraulikmasten samt Arbeitsbühne stellt Oshkosh ebenfalls her; sie haben das A- oder L-Chassis. Das L steht für »low« und bedeutet, dass diese Fahrzeuge besonders flach gebaut sind, um sehr niedrige Brücken oder Einfahrten passieren zu können. Die Fahrzeughöhe beträgt nur 1,80 m. Motorisiert sind diese Fahrzeuge mit 335 PS starken V6-Detroit-Dieselmotoren plus Getriebeautomatik.

Ein besonders schwerer Oshkosh ist der T-15 mit einem 18.000 Liter fassenden Wassertank und 2500-Liter-Reservoir für Schaumkonzentrat. Fünfzig solcher Exemplare wurden an die US Air Force geliefert. Die Schaumkanonen befanden sich auf der vorderen Stoßstange und auf dem Dach. Ein noch größeres Kaliber war der M-23 mit einem Gesamtgewicht von 65 Tonnen mit 22.700 Liter Wasser und 2000 Liter Schaumkonzentrat. Den M-23 gab es in zehn Exemplaren für den Flughafeneinsatz.

■ Rechts: ***Oshkosh P-15 8x8 Schaumlöschfahrzeug im Dienst der US Air Force mit zwei Löschkanonen; es ist eines der weltgrößten Feuerwehrfahrzeuge.***

PEMFAB

Die Imperial Fire Apparatus begann 1971 in Zusammenarbeit mit den Truck Cab Manufacturers in Cincinnati, Ohio/USA den Bau von Feuerwehrfahrzeugen. Die Firma wurde vier Jahre später von der Pemberton Fabricators Inc. übernommen, woraus sich die Bezeichnung PemFab ableitet, unter der die Herstellung von Feuerlöschfahrzeugen fortgesetzt wurde. Die Fahrzeuge entstanden mehrheitlich auf Pacemaker-Fahrgestellen. Mit neuen, 1983 eingeführten keilförmigen Fahrerhäusern hießen die Modelle Premier, Royal, Sovereign und Imperial. Pemberton Fabricators stellte 1996 die Fertigung ein.

■ Oben: ***1981er Emergency One/PemFab Tanklöschfahrzeug mit 8000-Liter-Wassertank und 2270-l/min-Pumpe. Es gehört dem Skagit County Fire Department, Big Lake, Washington/USA.***

■ Oben: ***Peterbilt/Custom Tanklöschfahrzeug von 1993 einer kanadischen Feuerwehr.***

PETERBILT

Der weltweit bekannte amerikanische Nutzfahrzeughersteller Peterbilt, gegründet 1938 von T. A. Peterman, begann mit dem Umbau von Militärfahrzeugen für die Bau- und Holzindustrie. Nach der Übernahme der Waukesha Motor Company baute man bei Peterbilt auch eigene Motoren. 1958 ging das Unternehmen an Kenworth über; zwei Jahre später übersiedelte der Betrieb von Oakland nach Newark, Kalifornien. In Tennessee entstand eine zweite Fabrik, weitere richtete man in Kanada und Texas ein. Schwere Tankfahrzeuge auf Peterbilt-Chassis mit Kenworth-Fahrerhäusern sieht man in den USA häufig.

PIERCE

Die Pierce Company wurde 1913 in Wisconsin, USA gegründet, doch nicht vor Ende der 1940er Jahre entstand bei Pierce das erste Feuerwehrfahrzeug. Zu seinem Bau wurde überwiegend Aluminium verwendet. Weitere Fahrzeuge folgten: Tank- und Tanklöschfahrzeuge, Rettungswagen, Drehleitern, Mobilkräne und Sonderfahrzeuge aller Art. Für kleinere Fahrzeuge verwendete Pierce Fahrgestelle von Ford, Dodge und GMC, während für größere die Chassis vom Ford C oder Duplex bevorzugt wurden.

Der einst auch für seine Luxusfahrzeuge und Caravans unter der Bezeichnung Pierce-Arrow bekannte Hersteller (damals in Buffalo, New York) benutzte diesen Namen später für eine Reihe von Tanklöschfahrzeugen von 2300 bis 3400 Liter Löschwasserkapazität.

Drehleiterfahrzeuge mit integriertem Wasserturm, bis 23 m Höhe ausfahrbar und mit 4500-l/min-Kanone bestückt, hat Pierce ebenso gebaut wie solche mit 32 m Operationshöhe. Einige dieser Wasserwerfer installierte man auf das extrem niedrige Oshkosh-Chassis der L-Serie. Was mit einer Produktion von 600 Fahrzeugen pro Jahr begonnen hatte, mündete in einer Großserienfertigung von inzwischen 9000 Fahrzeugen.

■ Unten: ***Einsatzbereites Kenworth/Pierce Tanklöschfahrzeug Baujahr 2001.***

Rettungsfahrzeug	
Baujahr	1979
Motor	6-Zyl. Diesel
Leistung	275 PS
Getriebe	4-Gang Automatik
Besonderheit	Hydraulikwerkzeuge

■ Unten: ***1988er Superior/Pierce Dash Schaumlöschfahrzeug mit Kanone auf 23 m langem Teleskopmast aus dem Fuhrpark eines Chemiewerks.***

PIERREVILLE

Der Feuerwehrhersteller Pierreville Fire Trucks etablierte sich 1968 in St.-François-du-Lac, Quebec/Kanada. Die Ursprünge der Firma gehen auf fünf Söhne der Firma Thibault zurück – in der Feuerwehrbranche Kanadas ein prominenter Name –, die sich auf eigene Füße zu stellen gedachten und ein Konkurrenzunternehmen gründeten. Ihr Know-how wussten sie bestens zu verwerten, und schon innerhalb von zehn Jahren durfte sich die Firma Pierreville mit mehr als 150 Mitarbeitern als die erfolgreichste dieses Genre in Kanada bezeichnen. Ihre Löschfahrzeuge und Drehleitern fanden nicht nur in Kanada, sondern auch in vielen Staaten der USA guten Absatz.

Der Boom währte jedoch nicht lange; 1985 wurde die Fertigung zunächst eingestellt. Der durch seine Unterkapitalisierung in Schwierigkeiten geratene Betrieb stand zur Disposition und wurde von anderen Mitgliedern der Thibault-Familie übernommen. Die neue Firmenbezeichnung lautete jetzt Camions Incendie Phoenix, und unter diesem Namen wurde die Produktion noch einige Jahre weitergeführt. Die Geschäfte konzentrierten sich auf das östliche Kanada, Doch dann war auch die Camions Incendie Phoenix am Ende; jetzt verschwand die Firma endgültig.

■ Oben: ***Imperial/Pierreville Löschfahrzeug, Baujahr 1974, der Feuerwehr in Vancouver, British Columbia/Kanada.***

■ Rechts: ***Campus-Feuerwehr der Universität von British Columbia in Vancouver: Scott/Pierreville. Die Teleskopleiter ist auf 30 m Arbeitshöhe ausziehbar.***

PIRSCH

Peter Pirsch war Mitglied der Freiwilligen Feuerwehr in einer kleinen Stadt in Wisconsin, USA, und begann um 1880 für seine lokale Wehr einige hölzerne Teleskopleitern anzufertigen, bevor er

Löschfahrzeug	
Baujahr	1952
Motor	6-Zyl. Benzin
Leistung	127 PS
Getriebe	4-Gang Handschaltg.
Besonderheit	geschlossene Kabine

■ Unten: ***1977er Pirsch Löschfahrzeug in Blaine, Minnesota/USA.***

■ Rechts: ***1970er Pirsch Tanklöschfahrzeug mit 2270-l-Wassertank und einer Motorpumpe, die 5700 l/min schafft.***

auch an die Konstruktion von Motorspritzen ging. Bereits um 1900 hatte die Firma Pirsch einen in ganz USA bekannten Namen für ihre mobilen Drehleitern, und diesen Geschäftszweig baute Pirsch kontinuierlich aus. 1930 waren die Teleskopleitern durchweg aus Aluminium, und ihre gesamte Mechanik funktionierte mit Motorantrieb. Die von Pirsch hergestellten Leitern entwickelten sich auch zu den größten im Lande; einige waren bis zu einer Arbeitshöhe von 100 Fuß, also 30 Meter ausziehbar. Löschfahrzeuge wurden jedoch ebenfalls weitergebaut, einige mit großen Schlauchhaspeln oder mit Teleskoparm und Löschkanone am Kopf. Kleinere Löschfahrzeuge, in den USA »mini pumpers« genannt, basieren auf Chevrolet-Allrad-Fahrgestellen.

WEITERE FABRIKATE

Praga

Die 1909 in Prag gegründete Firma stellte neben Personenwagen auch schon früh Nutzfahrzeuge her. Nach dem Zweiten Weltkrieg war es vor allem das Chassis des 1,5-Tonners A150 mit seinem 55 PS starken Vierzylindermotor und vorderer Einzelradaufhängung, das häufig als Feuerlöschfahrzeug aufgebaut wurde. Für den Einsatz auf Flughäfen diente der 1972 eingeführte große Praga V3S 6x6 mit luftgekühltem Tatra-V6-Dieselmotor. Etliche dieser Praga-Dreiachser erhielten Feuerwehr-Aufbauten von der tschechischen Firm Korosa.

PLASTISOL

Die Plastisol BV ist eine niederländische Firma in Wanroij, spezialisiert auf Glasfaser/Kunststoff-Aufbauten. Im Feuerwehrbereich entstanden zahlreiche Karosserien, Mannschaftskabinen und Fahrerhäuser aus diesem Material auf Fahrgestellen von GMC, Chevrolet und Dodge.

2002 lieferte Plastisol schwenkbare Kunststoff-Fahrerhäuser sowie Löschwasser- und Schaumtanks für 107 Fahrzeuge, die von der London Fire Brigade geordert worden waren. Die Fahrgestelle kamen von Mercedes-Benz (Atego 1325F).

Zum Bauprogramm der Plastisol BV gehören ganze Tankgruppen für Wasser und Schaumkonzentrat von 3000 bis zu 16.000 Liter, ferner Aufbauten für Ambulanz- und Gerätefahrzeuge aller Größen. Für die jüngsten Konstruktionen verwendet man bei Plastisol vorzugsweise Fahrgestelle der schwedischen Hersteller Scania und Volvo.

Löschfahrzeug	
Baujahr	2003
Motor	6-Zyl. Diesel
Leistung	326 PS
Getriebe	Automatik
Besonderheit	modulare Stauräume

■ Oben: ***9000-l-Wassertank von Plastisol auf einem Volvo-Dreiachser-Chassis.***

■ Unten: ***Scania 124c 420/Carmichael Viper Flughafen-Feuerwehrfahrzeug mit Plastisol-Aufbau für Schaumkonzentrat.***

QUALITY

Die amerikanische Quality Inc. baute ihr erstes Feuerwehrfahrzeug 1962 und entwickelte sich binnen kurzem zu einem Spezialhersteller von Lösch- und Rettungsfahrzeugen aller Ausführungen sowie Drehleitern. Der »Americana Pumper« ist in diversen Chassislängen lieferbar sowie in 50 verschiedenen Ausrüstungs-Konfigurationen. Das Fahrzeug mit dem geringsten Radstand heißt »Avenger« und hat einen 4500- bis 7500-Löschwassertank. Die Gerätefahrzeuge mit Aluminiumaufbauten tragen die Namen »Colonial« und »Liberty«, während der »Volunteer« ein offenes Fahrerhaus hat und einen Stahlrohrrahmen mit Inox-Beplankung. Leiterfahrzeuge wie der »Independance« können in Arbeitshöhen bis zu 33 m geliefert werden.

1990 wurde die Firma Quality von dem amerikanischen Fahrzeughersteller Spartan Motors Inc. übernommen, 2003 gingen Marken- und Konstruktionsrechte an die Crimson Fire Company über.

■ Oben: ***1992er Spartan/Quality Löschfahrzeug mit 9000-Liter-Wassertank der Feuerwehr in Hayward, Kalifornien/USA.***

■ Rechts: ***6x4 Emergency One/Quality von 1999 mit einer 30-m-Teleskopleiter des Marrero Harvey Fire Department, Louisiana/USA.***

RENAULT

Der traditionsreiche französische Automobilhersteller Renault baute schon 1903 Drei- und Fünftonner, und bis zum Ausbruch des Zweiten Weltkriegs wurde eine Vielzahl von Fahrgestellen mit Feuerwehraufbauten versehen, nicht zuletzt für die Armee. Außerhalb Frankreichs waren solche Fahrzeuge aber erst von den 1980er Jahren an zu sehen, als nämlich Renault und Chrysler (UK) ins Geschäft kamen und bisher in Dunstable, England, gebaute Dodge-Fahrzeuge jetzt das Renault-Emblem bekamen. Eine exakte Zuordnung der Modelle war kaum mehr möglich.

■ Unten: ***1980er Renault Turbo Tanklöschfahrzeug einer Wehr in Knocke/Belgien.***

G 300 Tunnel-Rettungsfahrzeug	
Baujahr	1995
Motor	6-Zyl. Diesel
Leistung	300 PS
Getriebe	Handschaltung
Besonderheit	mit Schienen-Radpaaren

Mit einem ganz neuen Programm warteten die britisch-französischen Renault in den frühen 1990er Jahren auf, als die Lkw-Modelle G13TC, G16C, G17C, M230 Midliner und S66C herauskamen. Ganze Flotten von Feuerwehren, speziell für England, entstanden auf der Basis dieser Fahrzeuge.

Der neue Renault 95-130 mit Allradantrieb ist ein Tanklöschfahrzeug, das vorwiegend in der Waldbrandbekämpfung eingesetzt wird; einige hat man auch mit Drehleitern bis zu 30 m Arbeitshöhe versehen. Die Van-Modelle Trafic und Master bzw. der Typ T 35 sind vielfach als Rettungs- und Gerätewagen ausgebaut worden.

■ Oben: ***Renault-Rettungsfahrzeug G800 6x4, das speziell für den Severn-Tunnel in Wales gebaut wurde und auf Schienenbetrieb umzurüsten ist.***

■ Rechts: ***1988er Renault S56 als Schlauchleger auf dem Londoner Flughafen Heathrow.***

REYNOLDS BOUGHTON

Die in Devon, England, beheimatete Firma Reynolds Boughton ist eine weitere britische Firma, die sich auf den Bau von Feuerwehrfahrzeugen spezialisiert hat und 1971 vor allem durch ihren Pathfinder für den Einsatz auf Flughäfen bekannt wurde. Dieser schwere Reynolds Boughton hatte einen V16-Zweitaktdiesel mit Aufladung von GMC, über 600 PS stark. Die Schaumlöschanlage dieses Fahrzeugs war gemeinsam mit der britischen Löschgerätefirma Pyrene entwickelt worden. Über Fernsteuerung ließ sich die Schaumkanone auf dem Dach bedienen – sie verfügte über eine Leistung von 61.000 Liter pro Minute bei 75 m Reichweite. Neben reinen Flughafen-Feuerlöschfahrzeugen baut Reynolds Boughton auch andere, kleinere Einheiten wie Tanker oder Sonderfahrzeuge mit V8-Motoren nach Kundenvorgabe.

■ Links: ***Reynolds Boughton RB44 im Dienst der britischen Armee, ein Allrounder mit 450-Liter-Tank, Löschkanone und Vorbau-Seilwinde.***

Pathfinder	
Baujahr	1971
Motor	V16-Zyl. Diesel GM
Leistung	600 PS
Getriebe	Automatik
Besonderheit	Schaumlöscher

ROSENBAUER

Die Firma Rosenbauer, heute weltberühmt, stellte bereits 1866 ihr erstes Feuerlöschgerät vor. Inzwischen ist die Rosenbauer International in Leonding, Österreich, mit ihren Tochtergesellschaften in vielen Ländern der bedeutendste Hersteller, Lizenzgeber und Exporteur von Brandschutzgeräten aller Art. In acht Werken in Europa und weiteren sechs in Asien und Amerika rüsten rund 1300 Rosenbauer-Fachleute jährlich mehr als 14.000 Fahrzeuge aus.

Zu den Fahrzeugen mit Rosenbauer-Equipment zählen die meisten namhaften Fabrikate von einst und jetzt wie Mercedes-Benz, Steyr, Renault, Fiat-O.M., Scania, GMC, Ford, Faun, Henschel und viele andere. In den 1950er Jahren war ein in Österreich ausgerüstetes Rosenbauer-Feuerwehrauto zum Beispiel ein Ford 4x4 deutscher Herkunft mit V8-Motor und 1500-Liter-Wassertank sowie 1500-l/min-Vorbauspritze. Der Wiener Flughafen Schwechat hatte damals einen Saurer Diesel vom Typ 6GAF-LL 4x4 mit 4000-Liter-Tank.

■ Links: ***Magirus-Deutz/Rosenbauer Löschfahrzeug der späten 1970er Jahre der Feuerwehr auf der griechischen Insel Kreta.***

■ Links: ***In Brügge, Belgien, ist dieser Renault Turbo/Rosenbauer 6x6 mit Wasser/Schaumlöschanlage stationiert. In der Fahrzeugmitte sind Löschwasser-Saugrohre untergebracht.***

Berühmt war die Rosenbauer-Löschanlage auf dem Opel Blitz der 1960er Jahre. Die Pumpe besaß eine Kapazität von 800 l/min. 1972 entstanden einige Gelenkmast-Fahrzeuge mit Löschkopf auf dem dreigeteilten, auf 26 m ausfahrbaren Hydraulikmast auf Steyr-1.290-Chassis. Fahrzeuge mit Aufbauten in Modulbauweise folgten 1974.

Zu den jüngeren Konstruktionen zählt der Mercedes-Benz 414 TSF mit Allradantrieb als relativ kleines Fahrzeug mit Tragkraftspritze (1300 l/min) und Platz für acht Personen.

Speziell für die Waldbrandbekämp-

■ Unten: ***1988er Oshkosh/Rosenbauer 8x8 eines Flughafens in Wisconsin, USA.***

■ Unten: ***Von der Firma Rosenbauer aufgebautes Gerätefahrzeug der Typenklasse HF 16 im Einsatz der städtischen Feuerwehr Frankfurt am Main auf einem 1980er Magirus-Deutz.***

■ Rechts: ***Dreiachsiger MAN F2000/Rosenbauer Buffalo 9000 mit Wasserwerfer der Flughafen-Feuerwehr Paderborn-Lippstadt. Das Antriebsaggregat ist ein 600 PS starker V10-Turbodiesel.***

fung baute Rosenbauer einige Toyota Hi-Lux 4x4 mit 2000-Liter-Wassertank und 200 Liter-Reservoir für Schaumkonzentrat. Ein größeres Pulver-Löschfahrzeug, das PLF 6000 für die petrochemische Industrie, basiert auf einem MAN-Dreiachser mit 264-PS-Dieselmotor. In zwei separaten Tanks werden je 3000 kg Trockenlöschmittel mitgeführt, welches durch Nitrogas (25-50 kg/sec) versprüht wird.

Einige besonders große Rosenbauer-Fahrzeuge sind die für Flughäfen wie der FLF Panther-Schaumlöscher auf Basis MAN oder Freightliner in 4x4-, 6x6- oder 8x8-Konfiguration. Der vierachsige MAN-Panther Typ 38,100 DFAEG hat einen 1000 PS starken Dieselmotor mit Getriebeautomatik, gut für eine Spitze von 140 km/h und eine Beschleunigung von Null auf 80 km/h in nur 24 Sekunden. Die Sicherheitskabine ist aus Stahl und weist drei Sitzplätze auf, die Hochdruckpumpe fördert 7000 l/min über den Wasserwerfer auf dem Fahrzeugdach mit einer Reichweite von 75 m. Eine zweite Kanone am Bug schafft 800 l/min. Mit 12.500 Liter Wasser und 800 Liter Schaumkonzentrat an Bord kommt der Panther 8x8 auf 38,5 t Gesamtgewicht.

■ Unten: ***1985 von Rosenbauer für den Flughafen Köln-Bonn gebautes schweres Schaumlöschfahrzeug.***

WEITERE FABRIKATE

RK Aerials

Die Firma RK Aerials wurde 1988 in Fremont, Nebraska/USA von Rob und Pam Kreikemeier gegründet. Das kleine Unternehmen mit nur drei Mitarbeitern entwickelte sich rasch zu einem der führenden Hersteller von Teleskopleitern. Heute arbeiten für die Firma 35 Leute und stellen etwa 50 Leitern pro Jahr her. RK Aerials wurde im Januar 2000 von der Rosenbauer America Group übernommen.

Das Programm umfasst Teleskopleitern in Längen von 18, 23 und 32,5 m, mit Arbeitsbühnen 26 und 32 m, wobei die Montage der Leitern entweder heckseitig oder in der Fahrzeugmitte erfolgen kann.

S&S FIRE APPARATUS

Die in den frühen 1980er Jahren gegründete Firma S&S Fire Apparatus ist ein Zusammenschluss von Betrieben in Fairmount, Indiana und Keller, Texas. Die Firma realisiert innovative Konzepte und verwendet für ihre Feuerwehrfahrzeuge vorwiegend rostfreien Stahl. Innerhalb von zehn Jahren konnte man die Lieferkapazität verdoppeln; das Programm umfasst heute Fahrzeuge wie die Tanklöscher Indure, SS-T, Highland und Infinity. Bei der kürzlich von S&S akquirierten Firma Attack 1 werden Leichtbau-Karosserien hergestellt, wie sie der S&S Quick Attack aufweist, der insbesondere bei Waldbränden eingesetzt wird. Von diesem leichten Allradfahrzeug, das sich ausgezeichnet bewährt hat, stehen einige Hundert bei den Wehren des US Forest Service and Bureau of Land Management (Forst- und Landschaftsschutzbehörden) in ganz USA bereit.

■ Oben: ***1997er Peterbilt/S&S Tankwagen des Hempfield Fire Department, Pennsylvania.***

■ Unten: ***Ford/S&S Löschfahrzeug der Freiwilligen Feuerwehr von Frankford, Delaware.***

SAULSBURY

Die amerikanische Saulsbury Fire Rescue Company hat sich für seine Feuerwehrfahrzeuge einen guten Namen gemacht. Sie stellt kleine, kompakte Löschfahrzeuge und größere unter Verwendung fremder Fahrgestelle her, die Hebekräne und alle Arten hydraulischer Geräte tragen und vor allem bei der Unfallrettung eingesetzt werden.

Die Fahrzeuge werden individuell nach Vorgabe durch den Auftraggeber gebaut. Das Philadelphia Fire Department zum Beispiel erhielt einen schweren dreiachsigen Gerätewagen mit Sechs-Mann-Kabine; ein zweites Fahrzeug gleicher Größe mit hinterer Tandemachse wurde als Kranwagen mit Hydraulik-Auslegern aufgebaut (13 t Hebelast). Die Saulsbury Fire Rescue Company gehört seit 1998 zu Emergency One.

6x4 Gerätefahrzeug	
Baujahr	1992
Motor	6-Zyl. Diesel
Leistung	350 PS
Getriebe	4-Gang-Automatik
Besonderheit	schweres Rettungsgerät

■ Oben: ***Von Saulsbury 1999 gebautes schweres Gerätefahrzeug.***

■ Links: ***1999er Saulsbury Tanklöschfahrzeug der Hockessin Fire Company, Delaware.***

SAVIEM

■ Oben: ***Renault-Saviem 6x4 mit Hydraulik-Gelenkmast und Arbeitsbühne.***

Die französische Nutzfahrzeugmarke Saviem entstand 1956 durch den Zusammenschluss der Lkw-Produktion von Renault mit Latil und Somua. Ab 1975 gab es gemeinsame Fahrerhäuser mit DAF, Magirus und Volvo. Feuerlöschfahrzeuge aller Typenklassen sind auf Saviem-Chassis entstanden, in den 1960er Jahren zum Beispiel das schwere Tanklöschfahrzeug JL23 mit 2300-l/min-Pumpe oder der TZ21-N 66 als 6x6-Dreiachs-Schaumlöscher für Flughäfen. Der Motor war ein 180 PS starker Benzin-Sechszylinder. Die Pumpe wurde durch einen separaten Chevrolet-Motor angetrieben. Nach 1979 wurde die Marke Saviem nicht weitergeführt; das Feuerwehr-Fahrzeugprogramm fand seine Fortsetzung unter Renault (RVI).

SM10 Schaumlöschfahrzeug	
Baujahr	1971
Motor	6-Zyl. Diesel
Leistung	170 PS
Getriebe	4-Gang Handschaltg.
Besonderheit	ferngesteuerte Kanone

SAXON SANBEC

In Sandbach, Cheshire, hat sich die britische Nutzfahrzeug-Karosseriefabrik Saxon Sanbec seit ihrer Gründung 1982 zu einem bedeutenden Unternehmen auch für Feuerwehraufbauten entwickelt. Sie folgte der Cheshire Fire Engineering Ltd. nach, einst als Lkw-Karosseriefirma gegründet von einem der E. R. Foden-Söhne (ERF).

Die Firma Saxon Sanbec ist mit ihren Spezialaufbauten äußerst erfolgreich und beliefert zahlreiche Wehren in Großbritannien. Das Programm umfasst Lösch- und Rettungsfahrzeuge, Einsatzleitfahrzeuge, Drehleitern sowie Sonderkonstruktionen aller Art. Die Fahrgestelle bezieht die Firma Saxon Sanbec unter anderem von Mercedes-Benz, Dodge, Dennis, Scania und Volvo.

Löschfahrzeug	
Baujahr	1990
Motor	V8-Zyl. Diesel
Hubraum	6,0 Liter
Getriebe	5-Gang Handschaltg.
Besonderheit	mit Rettungsgerät

■ Unten: ***1990er Volvo FL6.14/Saxon Löschfahrzeug der London Fire Brigade.***

■ Unten: ***Zwei Mercedes-Benz Löschfahrzeuge, ein 814L (l.) und ein 1124F (r.).***

■ Unten: ***Dreirädrige Scammell-Feuerwehr mit angehängter 2200-l/min-Löschpumpe. Eine Aufnahme von 1939.***

■ Ganz unten: ***Scammell/Carmichael 4x4 Schaumlöschfahrzeug der Royal Air Force bei einer Vorführung in England.***

SCAMMELL

Die 1919 gegründete Scammell & Nephew Ltd. in London, später Watford, bestand bis 1982, ehe sie zum Leyland-Konzern kam. Große Sattelzugmaschinen waren von Anfang an eine Spezialität des Hauses, aber es entstanden auch konventionelle Lastwagen und diverse Baureihen von Militärfahrzeugen. 1933 baute Scammell sein erstes Feuerlöschfahrzeug, basierend auf dem Chassis F7B mit einem 85-PS-Vierzylindermotor und 1800-l/min-Pumpe. Als Besonderheit besaß der Scammell-Motor eine elektrische Vorwärmvorrichtung für das Kühlwasser, um rasch die optimale Betriebstemperatur zu erzielen. 1935 erschien das Modell F6 mit Sechsganggetriebe und einem besonders niedrigen Fahrgestell.

Eine weitere Spezialität der Firma Scammell war das 1939 eingeführte »mechanical horse« – ein offener Dreiradschlepper in diversen Größen. Der MH6 war für 6 t ausgelegt, hatte zwei Sitzplätze und wurde zu Feuerlöschzwecken mit einem 1660-l-Wassertank bestückt, ferner mit einer Pumpe (110 l/min), Schlauch und kurzer Leiter. Auf einem Anhänger wurde weiteres Gerät oder zusätzlicher Wasservorrat mitgeführt. 1987 wurde die Fertigung bei Scammell eingestellt.

Mountaineer 4x4	
Baujahr	1950
Motor	8-Zyl. Benzin
Leistung	150 PS
Getriebe	4-Gang Handschaltg.
Besonderheit	Schaumlöschfahrzeug

SCANIA

Die Firma Scania wurde 1891 in Södertälje, Schweden, gegründet und bildete von 1911 bis 1969 eine Gemeinschaft mit dem Nutzfahrzeughersteller Vabis in Malmö (Scania-Vabis). Anschließend vereinigte sich Scania mit dem Pkw-Hersteller Saab. Heute produziert Scania Lastwagen und Omnibusse in elf Werken, verteilt auf fünf Länder, und gehört zu den innovativsten und erfolgreichsten Firmen der Branche. Im Jahr 2000 verließ der millionste Scania-Lastwagen das Band.

Feuerwehraufbauten entstanden auf Scania- und Scania-Vabis-Fahrgestellen schon sehr früh, doch außerhalb Skandinaviens traten sie erst von den 1970er Jahren an in Erscheinung. Die Scania-Vabis 3000-Liter-Tanklöschfahrzeuge gehörten lange zum schwedischen Standardprogramm, ehe der neue Saab-Scania L80 (Haubenfahrzeug) mit 190 PS starkem DS8-Sechszylinder-Turbodiesel eingeführt wurde. Dieses Fahrzeug war mit einem hydraulischen Hebearm ausgestattet, damals eine Novität, heute zumindest bei Rettungsfahrzeugen die Regel.

Im Verlauf der letzten 25 Jahre sind Scania-Fahrgestelle in zunehmendem Maße von führenden Ausrüstern als Feuerwehrfahrzeuge aufgebaut worden. In England erschien eine erste Scania-Drehleiter 1980, gefolgt von Löschfahrzeugen des Typs G92M 4x2. Das aktuelle Programm besteht aus dem P94 GB 4x2 als Tanklöschfahrzeug mit 4000 Liter Löschwasser an Bord und dem DSC9-Motor, ein 260 PS starker Diesel, kombiniert mit einem automatischen Getriebe, während die Löschpumpe 3000 l/min befördert. Das Fahrzeug wiegt fahrfertig 18 Tonnen. Auch der P124 CB ist ein Zweiachser, jedoch mit Allradantrieb und einem V12-Dieselmotor (DSC12) von 400 PS.

Auf die Fahrgestelle dieser Scania-Modelle werden Tank- und Tanklöschfahrzeuge aufgebaut, auch Schaumlöschfahrzeuge, ferner Drehleitern, Kran- und Rettungswagen. Der 26-Tonner P124 6x4 360 mit 360 PS starkem Dieselmotor wird vorzugsweise mit Drehleiter oder Teleskop-Gelenkmast und Arbeitsbühne ausgestattet.

Scania L80	
Baujahr	1971
Motor	8-Zyl. Diesel
Leistung	190 PS
Getriebe	5-Gang Handschaltg.
Besonderheit	Haubenfahrzeug

■ Oben: ***1926er Scania-Vabis Löschfahrzeug mit 15-m-Abprotzleiter und Sitzplätzen über den Schlauchrollen.***

■ Rechts: ***Scania 94D 260/John Dennis Coachbuilders Tanklöschfahrzeug des Cambridgeshire Fire & Rescue Service, England.***

SEAGRAVE

■ Unten: ***Bei diesem 1933er Seagrave ist der Wasserentnahmeschlauch um die Motorhaube gelegt. Der Wagen gehörte dem Gustine Fire Department in Kalifornien.***

Die alteingesessene Firma Seagrave gehört zu den prominentesten der Branche in den Vereinigten Staaten. Sie wurde 1881 in Michigan von Frederick Seagrave gegründet, zunächst als Leiternfabrik, die Besitzer von Obstplantagen belieferte. Doch schon bald erhielt Seagrave von der örtlichen Feuerwehr den Auftrag um Bau einer Rettungsleiter auf Rädern – daraus entwickelte sich ein Geschäftszweig, der große Dimensionen annahm. Von Pferden gezogene mobile Feuerwehrleitern wurden Seagraves Spezialität, und er siedelte nach Columbus, Ohio über, wo er hierfür ein neues Werk einrichtete.

Noch vor der Jahrhundert eine Leiter von 26 m Steighöhe zu bauen, war sehr ungewöhnlich. Aber um die Teleskopteile in die Höhe zu drehen, benötigte man auch vier kräftige Männer. Zunehmende Konkurrenz im Leiterbau, besonders von Seiten der Firma LaFrance, zwang die Seagrave-Konstrukteure, sich etwas einfallen zu lassen. Sie entwickelten einen Mechanismus, der mit Federspannung arbeitete. 1935 entstand bei Seagrave die erste Leiter der Welt aus geschweißtem Aluminium, und kurze Zeit danach eine Teleskopleiter mit Hydraulik: Aufrichten und Ausfahren geschah per Öldruck.

Komplette Motorfahrzeuge, auch Löschfahrzeuge für Wehren in vielen Staaten der USA waren bereits vor dem Ersten Weltkrieg entstanden. Auch sie wiesen viele Innovationen auf, etwa Zentrifugalpumpen, die effizienter arbeiteten als Kreisel- oder Kolbenpumpen, verbunden mit raffinierten Kühlsystemen für Dauerbetrieb. Auch bei den Teleskopleitern gab es immer wieder Verbesserungen. Die Fahrzeuge erhielten ein charakteristisches Gesicht durch den typischen Schnauzenkühler,

■ Unten: ***Seagrave Baujahr 1992 mit 32 m-Leiter auf dem Auflieger.***

der nach dem Kriege eingeführt wurde.

1964 wurde Seagrave von der FWD Corporation übernommen, einem Lkw-Hersteller in Clintonville, Wisconsin, dessen Spezialität schon 1912 Fahrzeuge mit Allradantrieb gewesen waren. Die Firma Seagrave zog mit ihrer Fertigung ebenfalls in Clintonville ein. Hier entstanden jetzt auch superlange Leiterfahrzeuge als Auflieger mit lenkbarer Hinterachse und einem »tiller man« im Heck. Solche typischen 30-m-Leitern, wie sie z.B. das New York Fire Department besitzt, sind mit einem 350 PS starken V6-Detroit-Diesel plus Getriebeautomatik motorisiert und wiegen 14,5 Tonnen. Die Tanklöschfahrzeuge haben ein Niederflur-Fahrgestell und führen Pumpen für 8000 Liter pro Minute mit.

■ Unten: ***1989er Seagrave JR mit 30-m-Teleskopleiter des Stanwood Fire Department, Washington/USA.***

■ Mitte: ***6x4 Seagrave JE Löschfahrzeug von 1988 des Truckee Meadows Fire Department, Nevada/USA.***

■ Unten: ***Beim Newark Fire Department, Delaware, ist diese gigantische 30-m-Leiter Baujahr 1987 stationiert, die im Heck einen zweiten Fahrersitz aufweist.***

SHAND MASON

■ Links: ***Von Pferden gezogene Shand Mason Feuerlöschpumpe von 1890 und stilecht ausgerüsteter Crew.***

Die Ursprünge der Firma Shand Mason lassen sich bis zum Jahr 1774 zurückverfolgen, als der Londoner Ingenieur James Phillips mit dem Bau von Feuerlöschpumpen begann. Seine Manufaktur wurde von einer größeren Firma namens J. W. Tilley übernommen, aus der 1851 die Firma Shand Mason hervorging. Die von ihr gefertigten Handpumpen, die von Pferden gezogen wurden, machten sich einen guten Namen. 1856 entstanden bei Shand Mason die ersten von Dampfmaschinen betriebenen Löschpumpen.

Als 1862 in London eine große Maschinenausstellung stattfand, gewann Shand Mason sämtliche Preise in der Kategorie der kleinen mobilen Löschgeräte; Konkurrent Merryweather gewann sie für seine großen Maschinen. Die von Shand Mason gebauten Dampfpumpen waren Ein- oder Zweizylinder und hatten einen kürzeren Hub als die Maschinen von Merryweather und waren technisch auch fortschrittlicher. Shand Mason konnte nach der Ausstellung einen großen Auftragseingang verzeichnen, auch aus dem Ausland, und musste seine Betriebsfläche erheblich ausweiten.

1863 entstanden 17 Dampfspritzen; zwei gingen an die Londoner Feuerwehr, die anderen wurden von Wehren in Indien, Neuseeland, Polen und Russland erworben. Und als in Amerika die ersten Dampfwagen mit Feuerlöschpumpen aufkamen, bauten Shand Mason und Merryweather ebenfalls solche Fahrzeuge. Doch während Merryweather auf diesem Gebiet recht erfolgreich war und sich in Großbritannien ein Monopol sichern konnte, gelang Shand Mason nicht mehr als ein erster Achtungserfolg, und auch nach der Einführung und Durchsetzung des Benzinmotors experimentierte man bei Shand Mason weiterhin und erfolglos mit Dampf. Diese konservative Beharrlichkeit führte zum Niedergang der einst so prosperierenden Firma.

Dampf-Löschpumpe	
Baujahr	1890
Motor	2-Zyl. Dampf
Leistung	15 PS
Antrieb	Pferdewagen
Besonderheit	1590 Liter pro Minute

■ Links: ***1876 von Shand Mason gebaute Dampf-Löschpumpe, die noch Anfang des 20. Jahrhunderts bei der Feuerwehr im Londoner West End ihre Pflicht tat.***

■ Rechts: ***Ein Londoner Feuerwehrmann bei der Arbeit am Feuerkasten einer Shand Mason Dampfspritze anlässlich einer Show in den späten 1930er Jahren.***

SHELVOKE AND DREWRY

Die Firma Shelvoke and Drewry in Letchworth, England, stellte ursprünglich Kommunalfahrzeuge her, ehe die lokalen Behörden eine Ausschreibung für ein Feuerwehrfahrzeug veröffentlichten, an der sich das Unternehmen beteiligte und sie gewann. Daraus entwickelte sich ein eigenständiges Geschäft mit Spezialfahrzeugen wie der CX 4x4 mit Rolls-Royce-Motor (235 PS, Getriebeautomatik) für Flughafen-Feuerwehren. Es entstanden auch eine Anzahl von Tanklöschfahrzeugen, Drehleitern und Gerätewagen; die Fahrgestelle dieser Autos trugen die Bezeichnungen WX und WY. Doch trotz moderner Konzeptionen konnte die Firma sich nicht am Markt halten.

■ Oben: ***Das Fahrerhaus dieses 1978er Tanklöschfahrzeugs von Shelvoke and Drewry/Cheshire Fire Engineering ist eine viertürige Sonderanfertigung.***

SIDES

■ Links: ***Sides 6x6 Flughafen-Feuerwehrfahrzeug, einsatzbereit auf einem französischen Militärflugplatz.***

Die französische Firma Sides entstand 1951 und ist seitdem kontinuierlich gewachsen. Ihre Feuerlöschfahrzeuge werden von zahlreichen Kommunen, Industriebetrieben und Flughäfen angeschafft; das Werk befindet sich in St.-Nazaire und liefert fast drei Viertel seiner Fahrzeuge ins Ausland.

Das Bauprogramm umfasst kleinere Fahrzeuge für den Erstschlag, Tanklösch- und Löschfahrzeuge, spezielle Fahrzeuge zur Waldbrandbekämpfung, Rettungs- und Gerätewagen, Trockenpulver- und Schaumlöschfahrzeuge für die Industrie sowie große und kleine Sonderfahrzeuge für den Einsatz auf Flughäfen. Ein typisches Sides-Löschfahrzeug ist der VIP auf Basis des Renault S150.08/A4 4x2 mit 1000-Liter-Wassertank und 1000-l/min-Pumpe.

Flughafen-Feuerwehrfahrzeuge von Sides sind auf mehr als 200 Flugplätzen in aller Welt stationiert. Eines der größten ist der S3000, für den Sides das Chassis selbst herstellt. Der Löschwassertank fasst 13.600 Liter, dazu werden 1600 Liter Schaumkonzentrat und 250 kg Trockenlöschmittel mitgeführt. Die Löschpumpe leistet 6000 l/min und hat eine Reichweite von 85 m. Neben einem Wasserwerfer auf dem Dach gibt es einen zweiten auf der Stoßstange.

6x6 Flughafen-Schaumlöschfahrzeug

Baujahr	1963
Motor	V8-Zyl. Benzin
Leistung	330 PS
Getriebe	6-Gang Handschaltg.
Besonderheit	Hochdruck-Schaumkanone

■ Links: ***Sides 4x4 Löschfahrzeug im Militäreinsatz mit Schaumkanone und Seilwinde an der Fahrzeugfront.***

■ Gegenüberliegende Seite: ***Gloster-Saro/Simon Javelin 6x6 Schaumlöschfahrzeug auf dem Flughafen Norwich, England.***

SIMON

Im Jahr 1963 entstand bei der Firma Simon Engineering in Dudley Englands erstes Feuerwehr-Rettungsfahrzeug mit einer hydraulisch operierten Arbeitsbühne. Das Konzept unterschied sich von dem der amerikanischen Bauweise jener Zeit durch drei statt nur zwei Gelenkteile, was ein besseres Manövrieren erlaubte. Diese Gelenkmasten mit Arbeitsplattform wurden an zahlreiche Wehren im In- und Ausland geliefert.

Die erste Version dieses Fahrzeugs, genannt SS65 (die Zahl bezog sich auf 65 Fuß Arbeitshöhe = 20 m) basierte auf einem Commer-Chassis. Die Manmouthshire Fire Brigade erwarb das erste Exemplar. Weitere Modelle folgten, bezeichnet als SS50 (15 m), SS70 (21 m), SS85 (26 m) und SS263 (27,7 m). Gebaut wurden auch Fahrzeuge mit Teleskopleitern, an deren Kopf sich statt der Arbeitsbühne ein Wasserwerfer befand, genannt »Simonitor«, 3600 l/min leistend. Der Wasserwerfer wurde vom Boden oder einer schmalen Leiter fern-

■ Unten: ***1990er Simon/Duplex/Grumman Tanklöschfahrzeug der Odessa Fire Company, Delaware/USA.***

■ Links: ***1980er Schaumlöschfahrzeug Gloster-Saro/ Simon 4x4 Mk.10 der British Defence Fire Services.***

■ Links: ***Beim Derbyshire Fire & Rescue Service steht dieser 1990er Dennis F127/Saxon/Simon ST240-S mit 24-m-Hydraulikmast in Diensten.***

gesteuert, die parallel zu den Hydraulik-Auslegern verlief. Später baute Simon Leitern mit Arbeitsbühnen und zusätzlichen Teleskopauslegern, die noch mehr Einsatz-Variabilität erlaubten. Die ALP 340 genannte Kombination saß auf einem Dreiachs-Chassis.

Im Jahr 2000 übernahm der deutsche Iveco-Partner Magirus die britische Firma; alle Simon-Baurechte gingen an Magirus über.

Leiter/Arbeitsbühne Typ 340	
Baujahr	1996
Motor	6-Zyl. Diesel
Leistung	310 PS
Getriebe	Automatik
Besonderheit	34 m Arbeitshöhe

■ Oben: ***Drehleiter mit Hydraulikarm und Arbeitsbühne Typ 340, 1990 bei Simon auf einem 6x4 Mercedes-Benz-Chassis 2435 gebaut.***

■ Unten: ***1988er Simon/Duplex/LTI Leiter (30 m) als Wasserturm im Dienst des Fletcher Fire Department, North Carolina/USA.***

SKILLED EQUIPMENT MANUFACTURING

Die angesehene australische Firma Skilled Equipment vereinigte sich 1996 mit der Victoria Country Fire Authority, die in den vergangenen 40 Jahren ihre Feuerwehrfahrzeuge in eigener Regie gebaut hatte. Der Zusammenschluss führte zu einer Geschäftsausweitung und ein Jahr später zur Gründung der Skilled Equipment Manufacturing (kurz: Skilled EM) in Ballarat.

Die nunmehr auf breiterer Basis hergestellten Fahrzeuge fanden nicht nur in ganz Australien Abnehmer, sondern auch in anderen Ländern. Im Jahr 2000 kam es zudem zur Übernahme der Australian Fire Company. Deren Produktion lief noch eine Zeitlang separat weiter, doch 2002 wurden alle Aktivitäten bei der Skilled Equipment in Ballarat konzentriert.

■ Oben: ***Eines von mehreren Löschfahrzeugen American LaFrance/Skilled Equipment Manufacturing, gebaut 2001 für die Feuerwehr in Queensland.***

■ Unten: ***Zweimal gebaute Scania P124G 360/Bronto F32/Skilled EM 8x4 Hydraulik-Arbeitsbühne (32 m) für die Western Australian Fire and Rescue.***

■ Rechts: ***Freightliner FL80/Skilled EM 6x4 als schweres Löschfahrzeug der Metropolitan Fire Brigade, Australien.***

■ Unten rechts: ***Leichtes Löschfahrzeug auf Basis Mitsubishi Canter, in 20 Exemplaren von Skilled Equipment Manufacturing für die Feuerwehr in New South Wales angefertigt.***

Verwendet werden sowohl Fahrgestelle bekannter Hersteller als auch im eigenen Hause hergestellte kleinere und größere Konstruktionen, je nach Einsatzzweck in Städten oder in unwegsamen, abgelegenen australischen Outbacks.

2001 lieferte Skilled EM Tanklöschfahrzeuge nach Queensland, die auf amerikanischen LaFrance-Chassis aufbauten – ungewöhnlich genug. Im gleichen Jahr entstanden zwanzig leichte Löschfahrzeuge auf dem Fahrgestell des Mitsubishi Canter mit Allradantrieb für den New South Wales Rural Fire Service sowie ein sehr viel größeres Fahrzeug, ein Scania P124 360/Bronto mit 32-m-Ausleger, für die Western Australian Fire and Rescue Company.

■ Unten: ***Mitsubishi/ Skilled Equipment Manufacturing 4x4 Löschfahrzeug mit Doppelkabine für die Mannschaft.***

124 8x4 ALP	
Baujahr	2001
Motor	6-Zyl. Diesel
Leistung	360 PS
Getriebe	Automatik
Besonderheit	32-m-Leiter

SMEAL

■ Links: ***Spartan G/Smeal Löschfahrzeug Baujahr 2000 mit 16,8-m-Leiter in Ontario, Kanada.***

■ Unten links: ***1988er Ford C8000/Smeal mit 4500-l/min-Pumpe des Skagit County Fire District, Allen, Washington.***

■ Unten: ***Spartan Gladiator 6x4/Smeal mit 30-m-Leiter Baujahr 2001 des Vancouver Fire Department.***

1964 wurde in der Stadt Snyder, Nebraska/USA die Smeal Fire Apparatus Company gegründet. Don Smeal war Mitglied der Freiwilligen Feuerwehr und besaß eine Reparaturwerkstatt, in der ein Schaden am Löschfahrzeug der Gemeinde zu beheben war. Da sich eine Instandsetzung nicht lohnte, kaufte Smeal im Einverständnis mit der örtlichen Wehr ein neues Chassis und versah es mit einem Aufbau eigener Vorstellungen. Das Resultat war überzeugend: Das Fahrzeug wies eine Sechs-Mann-Kabine auf, einen Wassertank sowie eine zweiteilige 13,8-Meter-Hydraulikleiter.

Don Smeals Arbeit fand auch außerhalb der Region Interesse, und so beschloss er, von seiner Konstruktion eine Serie aufzulegen. Daraus entwickelte sich ein Programm der unterschiedlichsten Feuerwehrfahrzeuge, die heute einen hervorragenden Ruf genießen. Die unter den Namen Volunteer, Urban und Freedom angebotenen Modelle sind bis ins Detail gründlich durchdacht; es ist auch ein Schaumlöscher darunter.

Im Jahr 2003 lieferte Smeal 20 Multifunktions-Löschfahrzeuge an die Feuerwehr des Riverside County, Kalifornien. Sie basieren auf dem Spartan Siera, haben auch dessen Fahrerhaus, und sind mit 370 PS starken Cummins-Dieselmotoren vom Typ ISL und Getriebeautomatik versehen. Der Löschwassertank fasst 2300 Liter, die Pumpe ist auf einen Durchsatz von 9000 l/min ausgelegt. Zusätzlich gibt es ein Reservoir für 113 Liter Schaumkonzentrat.

Die von Smeal ebenfalls gebauten Hydraulikleitern gibt es von 16,7 m bis 38 m Arbeithöhe für den Aufbau im Heck oder in der Fahrzeugmitte auf 4x4- oder 6x4-Fahrgestellen.

Smeal Löschfahrzeug	
Baujahr	2003
Motor	V8-Zyl. Diesel
Leistung	370 PS
Getriebe	Automatik
Besonderheit	Multifunktions-Fahrzg.

SNORKEL

■ Unten: ***1988er Löschfahrzeug Mack CF/Pierce mit 15-m-Snorkel-Hydraulikleiter des Tacoma Fire Department, Washington.***

Von der Snorkel Fire Equipment Company ausgerüstete Feuerwehrfahrzeuge traten in den USA erstmals 1968 in Erscheinung. Vorher hatte die Pittman Manufacturing Inc. kleine Pickup-Trucks mit Gelenkarmen und einem Korb gebaut, die zum Pflücken von Baumobst in Plantagen eingesetzt wurden. Mit dem Auftrag des Chicago Fire Department, eine größere Version von 17 m Arbeitshöhe zu Rettungs- und Feuerlöschzwecke anzufertigen, begab sich Pittman auf ein neues Arbeitsgebiet.

Das erste Fahrzeug dieser Art mit Hydraulikmast entstand auf einem GMC-Fahrgestell, wie es sich bereits für Feuerwehren bewährt hatt. Die Arbeitsbühne waren für mehrere Personen bemessen und mit einem 5-cm-Spritzrohr ausgestattet, durch das sich in der Minute 5500 Liter Löschwasser jagen ließ.

Die Bewährung des Prototyps verlief so zufriedenstellend, dass das Chicago Fire Department weitere Fahrzeuge in Auftrag gab. Pittman gründete eine neue Firma, die Snorkel Fire Equipment Company in Elwood, Kansas, die sich auf solche Konstruktionen spezialisierte und Hydraulikmasten mit Arbeitsbühnen und -käfigen baute, die sich bis zu 55 m hoch liften ließen. Die schweren Trägerfahrzeuge waren zugleich Tanklöschfahrzeuge, um die Wasserwerfer am Kopf des »Schnorchel« versorgen zu können. Die jüngsten Ausführungen haben auf der Arbeitsbühne sogar Stromanschluss.

28 m Snorkel	
Baujahr	1972
Motor	V8-Zyl. Diesel
Leistung	350 PS
Getriebe	Handschaltung
Besonderheit	6x4

■ Rechts: ***Spartan MS20/Van Pelt/FMC 6x4 von 1987 mit 23-m-Snorkel-Hydraulik der Feuerwehr von Arroyo Grande, Kalifornien.***

SPARTAN FIRE & EMERGENCY

Die in Spartanburg, South Carolina/USA ansässige Spartan Fire & Emergency Vehicles Corp. wurde 1973 gegründet und baute seither eine große Zahl von Feuerwehrfahrzeugen. Die meisten entstehen auf Pierce-Fahrgestellen. Das Programm umfasst Tanklöschfahrzeuge mit 6800-Liter-Tank und Pumpen mit einer Kapazität von 2270 bis 9000 l/min, auch werden Drehleitern bis 30 m Arbeitshöhe für Zugmaschinen gebaut sowie Schwing-Wassertürme an Hydraulik-Gelenkmasten, ebenso »Snozzle«-Löschgeräte für den Einsatz in der Industrie. Die damit ausgestatteten Fahrzeuge verfügen über

■ Oben: ***1992er Spartan/HiTech Löschfahrzeug des Storey County Fire Department, Nevada.***

■ Rechts: ***Spartan/4 Guys 6x4 Tankfahrzeug, Baujahr 1990, mit einer in den USA seltenen Vorbaupumpe.***

■ Unten: ***Spartan Gladiator/Darley 6x4 Tanklöschfahrzeug mit 9000-Liter-Tank und 6800-l/min-Löschpumpe der Point Roberts Fire Rescue, Washington.***

■ Unten: ***Die Nevada Division of Forestry besitzt dieses Löschfahrzeug, ein 1989er Spartan GA 20/FMC.***

■ Unten: ***1990er Spartan/Darley Schaumlöschfahrzeug der Arco-Erdölraffinerie in Ferndale, Washington.***

besonders lange, weit reichende Hydraulikarme und können somit an Brandherde heran kommen, die sich in großer Höhe oder an schwer zugänglichen Stellen befinden.

Gladiator	
Baujahr	ca. 1980
Motor	Detroit-Diesel Serie 60
Leistung	350-500 PS
Getriebe	Allison MD-3060P
Besonderheit	offenes Fahrerhaus

■ Oben rechts: ***Für die Fork Union Fire Company in Virginia, USA, baute Spartan 1993 dieses Löschfahrzeug mit 5700-l/min-Pumpe.***

■ Rechts: ***1995er Spartan Silent Knight/Anderson Löschfahrzeug des Whistler Fire Department in British Columbia, Kanada.***

STEYR-DAIMLER-PUCH

Die Anfänge der heutigen Steyr Nutzfahrzeuge AG gehen auf die Österreichische Waffenfabriks-Gesellschaft in Steyr zurück, die 1920 mit der Herstellung von Personen- und Lastwagen begann. 1935 erfolgte die Fusion mit Daimler und Puch, daher der bis 1990 geführte Firmenname Steyr-Daimler-Puch.

Steyr-Feuerwehrfahrzeuge haben sich in Österreich einen guten Namen gemacht; internationale Bedeutung erhielten sie aber erst durch den Pinzgauer 4x4, ein Militär-Geländefahrzeug, das sich als multifunktionales Universalgerät auch hervorragend für Brandschutzzwecke eignete. Der 1971 vorgestellte Pinzgauer entstand als größere Version des Haflinger 700, den es seit 1959 gab, ein Geländefahrzeug mit Einzelradaufhängung und luftgekühltem Zweizylindermotor im Heck. Der größere Pinzgauer hat einen Zentralrohrrahmen mit selbsttragendem Aufbau und Getriebeautomatik; es gibt ihn als 4x4 und 6x6 mit 2,5-Liter-Fünfzylinder-Turbodieselmotor.

Ein anderer Steyr, häufig als Feuerwehrfahrzeug verwendet, war der 4000/200 der 1970er und 1980er Jahre, meist als Tanklöschfahrzeug aufgebaut und auf dem Modell 790 4x4 basierend. Er hatte einen 170-PS-Dieselmotor und Rosenbauer-Technik.

Steyr Löschfahrzeug	
Baujahr	ca. 1973
Motor	Ford-Gasturbine
Leistung	375 PS
Getriebe	ohne Angabe
Besonderheit	Versuchsfahrzeug

■ Oben: ***Steyr/Rosenbauer Gerätefahrzeug, wie man es in Österreich häufig sehen kann.***

■ Links: ***Von Rosenbauer aufgebauter Steyr-Gelenkbühnenwagen im Dienst der Freiwilligen Feuerwehr der Stadt Lienz, Tirol/Österreich. Hinter der Windschutzscheibe sieht man Feuerwehrhelme.***

SUPERIOR

Die Superior Emergency Equipment Company entstand 1973 aus einer kleinen Firma in Red Deer, Alberta/Kanada. Heute ist sie der größte kanadische Hersteller von Feuerwehrfahrzeugen.

Das erste Feuerlöschfahrzeug, das 1973 entstand, war für einen Industriebetrieb und hatte ein Fahrgestell von International mit kippbarem Cargostar-Fahrerhaus mit einer mittschiffs installierten 2840-l/min-Löschpumpe. Dann folgte der Schritt zum Serienhersteller: Die Feuerwehr der Stadt Calgary erteilte den Auftrag zum Bau von drei Fahrzeugen auf Hendrickson-Chassis.

■ Oben rechts: ***1981er Ford C800/Superior Tanklöschfahrzeug des Lovelock Fire Department in Nevada. Der Tank fasst 6800 l Löschwasser, die Pumpenkapazität beträgt 4500 l/min.***

■ Unten: ***1989er GMC/Superior mit geräumiger Mannschaftskabine, 3200-l-Tank und einer Löschpumpe, die 4770 l/min schafft.***

Anfangs wurden die Aufbauten aus Stahl angefertigt, doch 1979 ging man bei Superior auf Aluminiumkonstruktionen über. Auch wurde eine Tochterfirma gegründet, die unter dem Namen CanAm Fire Apparatus Inc. die von Superior gebauten Fahrzeuge in den nordwestlichen Staaten der USA vermarktete. Viele Wehren dort erwarben durch diese Firma ein neues, modernes Feuerwehrfahrzeug.

1980 kam eine weitere Tochter hinzu, die Superior Fire Trucks Limited mit Sitz in Kingston, Ontario, die den kanadischen Osten belieferte und dort stationierte Superior-Kunden betreute. Die Muttergesellschaft schloss zur gleichen Zeit einen Vertrag mit der Firma Simon,

■ Links: ***International S4900/Superior Tanklöschfahrzeug mit langem Radstand, Baujahr 1999. Das Fahrzeug gehört dem Parkland County Fire Department in Alberta, Kanada und hat einen 4100-Liter-Tank.***

■ Oben links: ***1994er Spartan/Superior 6x4 mit 4770-Liter-Tank und 7500-l/min-Pumpe. Das Fahrzeug verfügt über besonders viel Gerätestauraum.***

um deren Snorkel-Arbeitsbühnen auf Superior-Fahrzeuge montieren zu können. Von großer Bedeutung war für Superior der sich Mitte der 1980er Jahre anbahnende Rückzug der kanadischen Konkurrenten Pierreville und King Seagrave; dadurch ergab sich für Superior so etwas wie ein Monopol auf dem Gebiet des Feuerwehr-Fahrzeugbaus, zumal die Firma 1987 zum Generalimporteur der Geräte von Pierce und Smeal für ganz Kanada avancierte.

Doch 1992 war es die Firma Superior, die Objekt einer Übernahme wurde. Sie wurde von Emergency One aufgekauft und bekam als deren Tochtergesellschaft den Namen Superior Emergency Vehicles. Die Produktion wurde mit neuen Impulsen fortgesetzt und erreichte 300 Fahrzeuge pro Jahr. Inzwischen sind es mehr als 3500, die unter den neuen Konstellationen gebaut wurden.

Bei Superior entstehen für Emergency One vor allem leichte Einsatzfahrzeuge wie die Modellreihen Wildland, Grizzly und Lynx, aufgebaut auf GMC-3500-Fahrgestellen. Der Super Lynx basiert auf einem Ford-F550-Chassis; weitere Fahrzeugtypen entstehen auf Basis Ford Super Duty und Ford Medium Duty.

Superior-Feuerwehrfahrzeuge haben sich ihren Platz nicht nur in ganz Kanada gesichert, sondern werden auch in viele andere Länder exportiert, so nach Saudi-Arabien, Qatar, Kolumbien, Venezuela, Argentinien, Belgien und in die Niederlande.

■ Links: ***International 4300/Superior, 2002 gebaut für das Mnjikaning Fire & Rescue Department, Ontario/Kanada.***

SUTPHEN

■ Oben: ***Sutphen Deluge Löschfahrzeug von 1986 des Jefferson Fire Department, Pennsylvania/USA.***

■ Mitte: ***2002 von Sutphen gebaute Drehleiter (23 m) in der Fahrzeugmitte eines Löschfahrzeugs in Oak Bay, British Columbia.***

■ Ganz unten: ***1999er Sutphen Gerätefahrzeug mit langem Radstand des Dagsborough Fire Department, Delaware/USA.***

Die amerikanische Sutphen Corporation ist ein Familienbetrieb mit langer Tradition im Feuerlöschwesen. Ihr Gründer, C. H. Sutphen, baute 1890 in Columbus, Ohio, seine erste Dampfspritze. Daraus entwickelte sich ein einträgliches Geschäft, fortgeführt von Harry Sutphen und nach dem Zweiten Weltkrieg dann von seinen Söhnen Thomas und Robert. Heute ist die fünfte Generation am Zuge und kann auf mehr als 110 Jahre Tradition im Bau von Feuerwehrfahrzeugen zurückblicken.

War Sutphens erste Dampfspritze noch im Schuppen eines Freundes entstanden, so verfügt das stetig gewachsene Unternehmen heute über vier Fabrikationsstätten, in der alle Arten spezieller Fahrzeuge gebaut werden. In einer stellt man Drehleiterfahrzeuge und Aluminiumkarosserien her, in einer anderen Gelenkbühnen und Stahlleitern mit Arbeitskäfigen. Der dritte Betrieb assembliert die Bauelemente zu kompletten Fahrzeugen, der vierte baut Tanklöschfahrzeuge. Zwei Betriebe führen auch Reparatur- und Wartungs-

■ Links: ***1980er Seagrave PS/Sutphen 6x4 mit langem Radstand als Tanklöschfahrzeug mit 10.000 Liter Wasser an Bord.***

■ Darunter: ***1994 entstandenes Sutphen Tanklöschfahrzeug der South Bowers Fire Company, Delaware/USA.***

■ Darunter: ***Tanklöschfahrzeug von Sutphen Baujahr 2001 im Dienst der Ellendale Fire Company, Delaware/USA.***

■ Ganz unten: ***Sutphen 6x4 Hydraulikleiter (26 m) mit Arbeitskorb, 1976 geliefert an das Bismarck Fire Department, North Dakota/USA.***

arbeiten durch; Kunden hat Sutphen überall im Nordosten der USA.

Typisch für Sutphen sind die im vorderen oder mittleren Chassisbereich aufgebauten Leitern oder Gelenkmasten. Sie ruhen auf einem kräftigen Sockel und verfügen über zwei zusätzliche Hydraulikarme von je 4,50 m Länge, die auf den Boden gesetzt werden und für zusätzliche Stabilität sorgen.

Neben allen Typen spezieller, nach Vorgaben der Auftraggeber gebauten Fahrzeuge, stellt Sutphen auch Multifunktionsfahrzeuge her, wie sie sich früher bereits bewährt haben: Tanklöschfahrzeuge mit Drehleiter, die je nach Bedarf das Arbeiten in der Höhe erlauben oder nur als Löschfahrzeug dienen, gegebenenfalls auch beides zugleich möglich machen.

WEITERE FABRIKATE

Saurer

Die 1903 in Arbon, Schweiz, gegründete Saurer AG hat im Nutzfahrzeugbau eine lange Tradition. 1906 wurde eine Tochtergesellschaft in Österreich etabliert, 1910 entstand die Saurer France, und 1909-1918 gab es auch eine Firma Saurer USA. Auf Saurer-Fahrgestelle wurden unzählige spezielle Feuerwehraufbauten gesetzt.

Einige der ersten Feuerwehr-Saurer, gebaut 1914, waren mit einer hölzernen 18-m-Drehleiter von Magirus versehen; ein solches Fahrzeug war sogar bis 1964 in Betrieb. Zu den schweizerischen Standard-Feuerwehrfahrzeugen der Nachkriegszeit zählte der Saurer 2DM 4x4 mit 160-PS-Dieselmotor als Tanklöschfahrzeug mit 2000-Liter-Tank und der Pumpe im Heck. 1958 erhielten einige Saurer-Fahrgestelle Magirus-Leitern bis zu 50 m Steighöhe; ein solches Fahrzeug besaß auch die städtische Feuerwehr in Wien. Es war eine der höchsten Drehleitern der Welt, montiert auf ein Saurer-Chassis mit 180 PS starkem V8-Dieselmotor. 1982 wurde die Firma Saurer in die Daimler-Benz AG integriert und in NAW (Nutzfahrzeuggesellschaft Arbon & Wetzikon) umbenannt.

Silsby

Die Gründung der Silsby Manufacturing Company geht auf das Jahr 1845 zurück, als in Seneca Falls, New York, Mr. Silsby seine erste Dampfspritze baute. Die Manufaktur entwickelte sich zu einem großen Betrieb, der viele Wehren in den USA belieferte. 1891 war Silsby eines der Gründungsmitglieder der American Fire Engine Company, die 1903 in American LaFrance aufging.

Silvani

Seit ihrer Gründung im Jahr 1938 hat sich die italienische Firma Silvani zu einem bedeutenden Hersteller von Feuerlösch- und Brandschutzgeräten aller Art entwickelt. Der Betrieb befindet sich in Bareggio bei Mailand und stellt heute komplette Fahrzeugaufbauten her: Lösch- und Tanklöschfahrzeuge, Schaum- und Trockenlöschmittel-Fahrzeuge, auch schwere Kaliber als 6x6 sowie auf Anhängern montierte Wasser- und Schaumlöschgeräte. Ausgerüstet wurden ferner Feuerlöschboote, Flugzeuge und Hubschrauber mit Wechselmodulen. Silvanis »fliegende Feuerwehren« werden vor allem bei der Waldbrandbekämpfung verwendet.

Skoda

Die 1925 von der Firma Laurin & Klement in Mlada-Boleslav übernommene Fahrzeugproduktion hat die traditionsreiche tschechische Waffenfabrik Skoda auf ein ganz neues Geschäftsgebiet geführt. Personen- und Nutzfahrzeuge der Marke Skoda erlangten bald weltweit Berühmtheit. Die Nutzfahrzeugfertigung befindet sich heute in Mnichovo Bradiste in der Republik Tschechien.

Feuerwehrfahrzeuge auf Lkw-Fahrgestellen der Marke Skoda haben im östlichen Europa große Verbreitung gefunden. Aber auch kleine Fahrzeuge auf Pkw-Basis wie der DVS12L/A mit seinem 50 PS-1,2-Liter-Motor waren sehr populär; an Bord waren vier Mann, eine Tragkraftspritze und eine Schlauchhaspel. Ein typischer Feuerwehr-Skoda war auch der Typ ASC25 mit dem 4x4-Fahrgestell 706 RTHP, ein Fahrzeug mit 160 PS starkem Sechszylinder-Dieselmotor, acht Plätzen und einer fest eingebauten 2500-l/min-Löschpumpe. Einige RTHP wurden auch als Drehleiter (30 m Höhe) mit Arbeitsbühne aufgebaut.

Star

Star war die Markenbezeichnung des ersten in Polen gebauten Lastwagens nach dem Kriege. Seit 1948 wurden viele Star-Fahrgestelle auch für Lösch- und Leiterfahrzeuge verwendet. Berühmt wurde der A-26P 4x4 Tanklöschwagen mit 2000-Liter-Reservoir und 120-Liter-Tank für Schaumkonzentrat. Neben der fest eingebauten Löschpumpe verfügte dieses Fahrzeug über eine Tragkraftspritze.

Auch wurden bei Star Militärlastwagen zu Feuerwehrfahrzeugen umgerüstet, beispielsweise der schwere, geländegängige Dreiachser vom Typ 660. In den 1970er Jahren war Star die erste osteuropäische Fahrzeugfabrik, die in Gerätefahrzeugen Rollläden aus Aluminium installierte.

Stonefield

Stonefield-Gründer James McKelvie baute 1975 seinen ersten 1,5-t-Allrad-Frontlenker fürs Militär, und etliche dieser 4x4- und 6x6-Fahrzeuge wurden auch als Feuerwehrfahrzeuge aufgebaut. Sie hatten entweder V6-Motoren von Ford (3.0 l) oder V8-Motoren (5,4 l) von Chrysler. 1980 endete die Produktion, doch bis dahin waren etliche Stonefield Fire Engines sowohl für englische und schottische Wehren entstanden als auch für Militärflugplätze. Das Stonefield-Werk in Cumnock, Ayshire, wurde von Tozer, Kemsley & Millburn übernommen.

■ Unten: ***Ein Stonefield P5000 als Gerätefahrzeug in Schottland.***

TATRA

Der 1919 aus der 1897 gegründeten Nesselsdorfer Wagenbaufabrik, hervorgegangenen Firma Tatra hat die Kfz-Industrie bedeutende Innovationen zu verdanken, im Lkw-Bereich zum Beispiel die Einzelradaufhängung und den Zentralrohrrahmen. Feuerlöschgeräte und Drehleitern auf Tatra-Fahrgestellen sind bei vielen Wehren in allen osteuropäischen Ländern zu finden. Die schweren Modelle 138 und 148 wurden als Schaumlöschfahrzeuge für Flughäfen gebaut; ihre Fahrerhäuser haben sechs Sitzplätze, der Wasservorrat umfasst 3000 Liter. Auf gleichem Chassis aufgebaute Drehleitern entstanden in Zusammenarbeit mit Metz und Magirus.

■ Oben rechts: ***Tatra 6x4/Bronto mit 40-m-Hydraulik-Plattform der städtischen Feuerwehr in Prag.***

■ Rechts: ***Auch dieses dreiachsige Tatra-Gerätefahrzeug gehört der Prager Feuerwehr.***

THIBAULT

Der Name Thibault ist in Kanada in Verbindung mit dem Feuerlöschwesen gut bekannt. In den ersten Jahren des 20. Jahrhunderts begann Charles Thibault mit dem Bau von Dampfspritzen, die auf Pferdewagen montiert waren; eine erste Automobil-Löschpumpe entstand 1919 auf einem Ford T-Modell mit Vierzylindermotoren.

Charles Thibaults Sohn Pierre übernahm die Firma 1938 und verlegte sie nach Pierreville, Quebec. Dort entstanden während der Kriegsjahre zahlreiche Feuerlöschfahrzeuge im Regierungsauftrag, ehe für kanadische Wehren wieder Zivilaufträge abgewickelt wurden. Neben klassischen Lösch- und Tanklöschfahrzeugen wurden ab 1960 auch Drehleitern gebaut, ein Geschäftszweig, auf welchen Thibault besonders erfolgreich war. Die Leitern entstanden in Zusammenarbeit mit bedeutenden Herstellern in den USA. Thibault-Fahrzeuge waren inzwischen überall in Kanada präsent, wurden aber auch exportiert – bis zu den Karibik-Inseln und nach Südamerika. Als einige Enkelsöhne des Gründers 1968 ein Konkurrenzunternehmen namens Pierreville gründeten, bekam die Firma dies hart zu spüren und meldete 1972 Insolvenz an. Es wurde bis 1985 weitergearbeitet, jetzt unter der Bezeichnung Camions Pierre Thibault Inc., doch 1990 war endgültig Schluss. Das Werk wurde von der Nova Quintech Corporation übernommen, der Bau von Löschfahrzeugen und Drehleitern fortgesetzt. Letztere bildeten ab 1995 das alleinige Produkt der Firma, die kurze Zeit später ebenfalls Objekt einer Übernahme wurde – durch die amerikanische Fahrzeugfabrik Pierce.

■ Links: ***1956er Ford F/Thibault als Schaumlöschfahrzeug der Shellburn-Raffinerie in Burnaby, British Columbia. Es hat 3800 Liter Schaumkonzentrat im Tank.***

Leichtes Löschfahrzeug	
Baujahr	1975
Motor	V6 Benzin
Hubraum	6.0 Liter
Getriebe	5-Gang Handschaltg.
Besonderheit	Allradantrieb

Durch die Aktivitäten verschiedener Thibault-Familienmitglieder wurde die Tradition des Feuerwehr-Fahrzeugbaus weitergeführt, sie betätigten sich erfolgreich als Hersteller von Lösch- und Rettungsfahrzeugen aller Art.

■ Oben: ***Thornycroft Beleuchtungsfahrzeug mit offener Pritsche der Neptune Rose Fire Company, Burlington, New Jersey/USA.***

THORNYCROFT

■ Rechts: ***Thornycroft Nubian Major/Dennis Mk.9 6x4, ca. 1970, einst an die Royal Air Force Großbritanniens geliefert.***

Die Firma Thornycroft, 1896 in London gegründet, hat in den frühen 1930er Jahren die ersten Fahrgestelle für Feuerwehraufbauten geliefert. In den 1950er und 1960er Jahren wurde ihr Name vor allem im Zusammenhang mit Lösch- und Bergungsfahrzeugen auf großen Flughäfen bekannt. 1968 ging Thornycroft an Scammell über, und seit 1977 ist der Name von der Szene verschwunden.

Bekannt wurden die schweren 4x4 und 6x6 Nubian mit Wasserwerfer auf dem Dach, die auf Flughäfen stationiert waren und auch als Militärfahrzeuge gebaut wurden. Als Antriebsaggregat diente dem 14-Tonner der Rolls-Royce-V8-Benzinmotor B80 oder B81 mit 5,7 Liter Hubraum und 140 PS, gut für 95 km/h. Als die Passagierflugzeuge immer größer wurden, mussten auch größere Löschfahrzeuge gebaut werden; so entstand der Nubian Major 6x6 mit 300 PS starkem Cummins-Dieselmotor und 5-Gang-Automatik. In nur 41 Sekunden beschleunigte das große Fahrzeug mit seiner 31.800-l/min-Schaumkanone auf 65 km/h.

■ Links: ***Thornycroft Nubian Major/HCP Angus 6x4 Schaumlöschfahrzeug auf dem Internationalen Flughafen von Dubai, Vereinigte Arabische Emirate.***

Nubian Major 20 t	
Baujahr	1966
Motor	V6 Diesel
Leistung	300 PS
Getriebe	5-Gang Halbautomatik
Besonderheit	6x4

TOYNE

Die Toyne Inc. ist eine amerikanische Gesellschaft mit Sitz in Breda, Iowa, wo sie 1942 von Gilbert Toyne gegründet wurde. Toyne baute sein erstes Feuerwehrfahrzeug auf dem Fahrgestell eines alten Ford T; aus diesen Anfängen entwickelte sich ein erfolgreiches Geschäft. Seine Fahrzeuge wiesen Vorbaupumpen auf und hatten 2270-Liter-Löschwassertanks; sie erwarben sich ein gutes Renommee für ihre Robustheit, die besonders beim Einsatz abseits der Straße geschätzt wurde. Im Jahr 2001 expandierte die Firma auf doppelte Größe, und zum Bauprogramm gehören Lösch- und Tanklöschfahrzeuge ebenso wie Drehleitern und Rettungswagen. Die Aufbauten bestehen aus einer speziellen Aluminiumlegierung wie beim Modell »Metrocat« oder aus rostfreiem Stahl; ihre Oberflächen brillieren meist im Zapfenschliff. Verwendung finden Serienfahrgestelle bekannter Hersteller oder durch Toyne optimierte Chassis. Die Tank- und Tanklöschfahrzeuge können mit Reservoiren von 4500 bis 15.900 Liter geliefert werden, mit Vorbau oder Mittelpumpen und zusätzlichen Tragkraftspritzen. Drehleitern von 15 bis 33 m Arbeitshöhe sind ebenfalls im Programm, für Mittel- oder Heckaufbau, und werden wahlweise in Edelstahl- oder Leichtmetallausführung angeboten.

TOYOTA

Der erste Toyota-Lastwagen von 1936 basierte auf einer Chevrolet-Konstruktion. Seither sind zahlreiche Nutzfahrzeuge, auch mit Feuerwehraufbau, in Toyota City gebaut worden, ab 1967 auch mit Dieselmotor. Noch in den frühen1960er Jahren waren die meisten Fahrzeuge in offener Bauart ausgeführt. Sie hatten das Fahrgestell des Toyota BC80 mit 80 PS starkem Sechszylindermotor und Vierganggetriebe.

Japanische Wehren bevorzugen heute meist die Löschpumpe MWG 40T mit einer Förderkraft von 2270 l/min und einen 4000-Liter-Löschwassertank. Die Fahrerhäuser bieten Platz für sechs Mann. Auch in vielen anderen Ländern Asiens sieht man dieses Fahrzeug, von dem es eine 4x4-Version gibt, die sehr schmal gebaut ist, um die engen Straßen japanischer Städte befahren zu können.

■ Oben: ***Toyota Dyna Einsatzleitfahrzeug von ca. 1980 der Feuerwehr von Neu Delhi, Indien. Auf dem Dach ein gelegter Antennenmast. Die weiß-rot-karierte Lackierung weisen in Indien nur solche Einsatzleitfahrzeuge auf, normalerweise aber nur auf der oberen Hälfte der Karosserie.***

Toyota HJ 4x4	
Baujahr	1955
Motor	6-Zyl. Benzin
Hubraum	3,3 Liter
Getriebe	4-Gang Handschaltg.
Besonderheit	Leichtes Löschfahrzeug

WEITERE FABRIKATE

■ TEMAX

Die Firma Temax mit Unternehmenssitz in Athen ist Griechenlands bedeutendster Hersteller von Feuerwehrfahrzeugen. Im Programm sind sämtliche Fahrzeugtypen, die in Griechenland benötigt werden, auch zur Waldbrandbekämpfung, für militärische Einsätze und für Industriebetriebe. Die meisten Fahrzeuge basieren auf Fahrgestellen bekannter Hersteller wie Mercedes-Benz, Scania, Volvo und Dodge. Die verwendeten Pumpen rangieren von 400 bis 6000 l/min, die Löschwasser-Tankkapazitäten von 500 bis 12.000 Liter. Es gibt manuell zu bedienende oder elektrische Haspeln zum Aufrollen der Schläuche. Alle Fahrzeuge werden nach individuellen Vorgaben durch den Auftraggeber gebaut. Für Flughäfen fertigt Temax große Schaumlöschfahrzeuge mit ferngesteuerten Kanonen auf dem Fahrzeugdach an.

VARLEY

■ Links: ***Varley Tanklöschfahrzeug auf einem Scania 94D-310-Chassis, gebaut 2000 für den Queensland Fire & Rescue***

Die Varley Specialized Vehicles entstand 1999 als Tochterfirma der australischen Warley Group, die im Rüstungs-Business ebenso aktiv ist wie im Kraftwerkbau oder im Schiffsreparaturgeschäft. Die neue Firma begann mit der Herstellung von Feuerwehrfahrzeugen unter Einbeziehung zugelieferter Teile wie Rosenbauer-Pumpen oder Magirus-Gerätschaften. Zwei in ganz Australien verbreitete Hauptmodellreihen bilden das Kerngeschäft: der »Trident« für Flughafeneinsätze und das Tanklöschfahrzeug »Firepac«. Ihre Fahrgestelle sind die herkömmlicher Lastwagen bzw. Omnibusse Der Firepac hat eine geräumige Sechsmann-Kabine, die sich nach vorn abkippen lässt und bequemes Arbeiten an dem 250 PS starken Caterpillar-Dieselmotor ermöglicht. Das Fünfganggetriebe ist von ZF, Vorder- und Hinterachse sind mit Luftfederung versehen. Das Fahrerhaus ist auf besonders schnelle Zugänglichkeit zugeschnitten (Ein- und Ausstieg mit angelegtem Atemschutzgerät) und weist einen Überrollkäfig auf. Die Rosenbauer-Löschpumpe NH30 fördert 3000 Liter pro Minute, die mitgeführte Löschwassermenge beträgt 1000 bis 2000 Liter.

Type 5 Commander	
Baujahr	2002
Motor	6-Zyl. Diesel
Leistung	274 PS
Getriebe	Automatik
Besonderheit	Löschfahrzeug

VOLKAN

■ Unten: ***Ford/Volkan Löschfahrzeug mit 15-m-Drehleiter einer Feuerwehr in der Türkei.***

Die in der türkischen Stadt Izmir beheimatete Firma Volkan baut seit 1974 Fahrzeuge für den Feuerwehreinsatz in Städten, auf dem Land, auf Flughäfen und in der Industrie, wobei das Programm Tanklöschfahrzeuge, Schaumlöscher und Drehleitern umfasst, deren Fahrgestelle Volkan teils von Mercedes-Benz, teils von IVECO bezieht.

Schaumlöschfahrzeug	
Baujahr	2002
Motor	6-Zyl. Diesel
Leistung	326 PS
Getriebe	Handschaltung
Besonderheit	Allrad

VOLKSWAGEN

Seit Einführung des Volkswagen-Transportes (im Volksmund: »Bully«) 1950 ist dieses universelle Fahrzeug in unzähligen Varianten als Feuerwehrfahrzeug aufgebaut worden, als Lösch- und Leiterfahrzeug, als Gerätewagen für Tragkraftspritzen, als Mannschaftswagen. Auch seine Nachfolger bis hin zum T4 sowie alle LT-Versionen standen und stehen in Feuerwehrdiensten in ganz Europa, vor allem bei zahlreichen Freiwilligen Wehren.

■ Links: ***Der VW 181 fand als Einsatzleit- bzw. Kommandowagen bei vielen Wehren in Deutschland Verwendung.***

VOLVO

Die Firma Volvo produzierte ihren ersten Lkw in Göteborg, Schweden, in ihrem Gründungsjahr 1928, und auch das ersten Feuerwehrfahrzeug wurde damals schon gebaut: Es hatte das Lkw-Chassis LV45 und ging an die städtische Feuerwehr Göteborg. Die dadurch ausgelöste weitere Nachfrage veranlasste Volvo, ein spezielles Feuerwehr-Fahrgestell aufzulegen. Bald folgten die ersten Fahrzeuge mit Sechszylinder-4-Liter-Motor, genannt LV70, von welchem zwischen 1931 und 1936 an die 1700 Stück produziert und viele als Feuerwehrfahrzeuge aufgebaut wurden. Eine Spezialversion war ab 1933 mit dem so genannten Hesselman-Motor ausgestattet, der mit unterschiedlichen Kraftstoffen betrieben werden konnte, auch mit Rohöl. Diesen Motor behielt Volvo bis zur Einführung eines Diesels eigener Konstruktion im Jahre 1946 bei. Ein schwerer 4-Tonner war der Typ LV93, bei welchem der Motor direkt auf der Vorderachse saß.

■ Oben: ***Zeitgenössische Aufnahme von 1928 eines Volvo Feuerwehrwagens mit je drei Schlauchrollen an den Seiten. Der 2-Liter-Motor leistete 28 PS.***

■ Unten: ***Volvo LV90 von 1930 mit 15-m-Abprotzleiter und einer Vorbaupumpe auf der vorderen Stoßstange, angetrieben vom Fahrzeugmotor.***

Volvo FL10 ALP

Baujahr	1997
Motor	6-Zyl. Diesel
Leistung	340 PS
Getriebe	Automatik
Besonderheit	32-m-Arbeitsbühne

■ Links: ***1988er Volvo FL6 17/Metz 30 m Drehleiter im Dienst der Hampshire Fire Brigade, England.***

■ Darunter: ***Volvo N12/Hills 6x4 Tankfahrzeug für 15.900 Liter Löschwasser einer Feuerwehr in Minnesota, USA.***

Außerhalb Skandinaviens wurden als Feuerwehrfahrzeuge insbesondere die Volvo-Modelle FL616 und FL617 bekannt. Während der FL616 in erster Linie als Tanklöschfahrzeug gebaut wurde, verwendete man das Chassis des schweren FL617 hauptsächlich als Träger für Hydraulik-Gelenkmasten oder für Gerätewagen mit verschiedenen Modulen. In England tauchte die erste Volvo-Feuerwehr nicht vor 1980 auf, und zwar in Gestalt des FL6. Inzwischen basieren in Großbritannien Feuerwehraufbauten in überwiegender Zahl auf Volvo-Fahrgestellen. Wie sehr sich die schwedische Marke gerade in Großbritannien etabliert hat, geht aus einem Auftrag hervor, der sich im Jahr 2003 auf über 300 Fahrzeuge belief, erteilt von mehr als der Hälfte aller städtischer Wehren. Ein erster Auftrag vergleichbarer Größe war 1990 für den Volvo FL614 ergangen, als die London Fire Brigade in Göteborg 34 Fahrzeuge auf einen Schlag orderte. Offenbar hatte man gute Erfahrungen mit dem Volvo FL10 8x4 gemacht, von welchem in London sechs Exemplare mit Bronto-30-m-Leitern existierten. Damals waren es die größten Leitern in England.

1992 ersetzte der FL618 den FL617. Mit dem FS7 waren die neuen Volvos stärker motorisiert, jetzt mit 7 statt bisher 6 Liter Hubraum und mit 11 Prozent mehr Leistung bzw. 33 Prozent mehr Drehmoment als beim Vorgänger FL6. 1995 erfolgte die Einführung eines neuen 6-Liter mit Abgas-Turbolader, der speziell im Hinblick auf den Einsatz in Feuerwehrfahrzeugen gedacht war. Auch dieser Motor war wieder erheblich stärker als sein Vorgänger mit einem Drehmoment-Plus von 18 Prozent.

Fahrzeuge nach besonderen Wünschen der Auftraggeber werden nach Maß angefertigt. So bestellte eine Wehr in England ein Chassis mit Metz-Drehleiter, dessen Gesamthöhe um 212 mm

■ Unten: ***Volvo FL6 14/HCBB Angus Tanklöschfahrzeug von 1992.***

■ Rechts: ***Dreiachsiger Volvo/Autocar Tankwagen des Selbyville Fire Department, Delaware/USA.***

niedriger sein musste als gewöhnlich – sonst hätte das Fahrzeug nicht die Einfahrt zum Hof der Winchester Cathedral passieren können. Fünf FL611 – einige der kleinsten Volvo-Löschfahrzeuge in England – dienen gegenwärtig in Cumbria. Im dortigen Seengebiet sind die Straßen besonders eng und verwinkelt.

Das große Spektrum das Basis-Modellvarianten mit zwei, drei oder vier Achsen, dazu Sattelschlepper und ein Motorenprogramm bis zu 16 Liter Hubraum haben Volvo auf dem Nutzfahrzeugsektor zu einem der bedeutendsten Anbieter gemacht. Den größten Konkurrenten hat Volvo aber im eigenen Land: Scania.

WEITERE FABRIKATE

■ Van Pelt / FMC

Der amerikanische Feuerwehr-Fahrzeughersteller Van Pelt in Oakdale, Kalifornien, nahm 1925 seine Geschäfte auf. Sie versorgte vor allem die Freiwilligen Feuerwehren an der US-Pazifikküste mit Lösch- und Drehleiterfahrzeugen.

Die Anfertigung eigener Fahrgestelle setzte Van Pelt nach dem Zweiten Weltkrieg nicht fort. Man benutzte künftig solche von Ford, Duplex und Spartan. 1984 wurde die Firma Van Pelt von der FMC (Food Mechanical Corporation) übernommen, einem der weltgrößten Hersteller von schweren Militärfahrzeugen und Raupenschleppern für die Landwirtschaft. Die FMC war bereits im Feuerwehrgeschäft aktiv, nachdem sie 1965 die John Beam Company übernommen hatte, einen führenden Hersteller von Hochdruck-Löschpumpen. Die expandierte Firma baute jetzt auch den Quick Attacker als Löschfahrzeug mit Pumpenleistungen von 1150 bis 6800 l/min und einem 2,5 Kubikmeter großen Gerätestauraum. Ebenfalls im Van Pelt/FMC-Programm war der Roughnet Budget Pumper, ein Tanklöschfahrzeug mit 11.300 Löschwassertank und einer Drehleiter. Pelt/FMC-Fahrzeuge wurden nicht nur in den USA verkauft, sondern in mehr als 30 Länder exportiert. 1990 wurde die Fahrzeugproduktion indessen eingestellt, weil das Unternehmen sich jetzt auf das lukrativere Geschäft mit Flugzeugausrüstungen konzentrierte.

■ Oben: ***1971er Duplex/Van Pelt Löschfahrzeug, 1989 von der Feuerwehr in Ukiah, Kalifornien, aus Redwood City übernommen.***

■ Vogt

Die Firma Vogt AG in Oberdiessbach, Schweiz, produziert eine Reihe unterschiedlicher Tanklösch- und Flughafen-Schaumlöschfahrzeuge, die international angeboten werden. Meist finden hierfür Mercedes-Benz- und Scania-Fahrgestelle Verwendung in 4x4-, 6x4- und 8x4-Konfiguration. Die Flughafen-Löschfahrzeuge lassen sich mit fünf verschiedenen Löschmitteln beschicken. Vogt verwendet elektronisch gesteuerte Pumpen, bei denen die Löschkraft bis zu 6000 l/min programmiert werden kann. Schlauchleitungen und Ventile werden elektropneumatisch betätigt, so dass jeglicher Überdruck vermieden wird, bei Wasser wie bei Schaum. Über Funk werden Pumpen und Strahlrohre fernbedient – ein System, das den optimalen Einsatz aller zur Verfügung stehenden Geräte garantiert.

WARD LAFRANCE

■ Unten: ***Dem Los Angeles County Fire Department gehört dieses Tanklöschfahrzeug Ward LaFrance Ambassador von 1972 mit 4500-l/min-Pumpe und 2270 Liter Löschwasservorrat.***

Die Ward LaFrance Fire Engine Inc. wurde 1918 von dem Amerikaner A. Ward LaFrance in Elmira Heights, New York gegründet und avancierte bald zu einem der führenden Feuerwehr-Ausrüster in den USA. Trotz der Namensgleichheit besteht keinerlei Verknüpfung mit der Firma American LaFrance, die zwar von einem Mitglied der gleichen Familie, aber sehr viel früher gegründet wurde.

Die Produktion umfasste schon bald eine große Palette von Feuerwehr-Gerätschaften und auch Fahrzeugen, die – in der damals üblichen Bauweise mit offenem Fahrerhaus – überall in den USA zu sehen waren. Die Pumpe befand sich stets in der Fahrzeugmitte, die Mannschaft stand während der Fahrt zum Einsatzort auf einer Plattform im Heck.

Den von Ward LaFrance gebauten »Fireball« gab es bis in die 1950er Jahre; in den 1960er Jahren folgte die Reihe »Fire Brand«. Ihr folgte 1968 der P80 »Ambassador«, ein Tanklöschfahrzeug mit 280 PS starkem Sechszylinder-Benzinmotor von Waukesha, Typ F817G, und Fünfganggetriebe. Gleichzeitig führte Ward LaFrance seinen mobilen Kommandoturm ein, ein Fahrzeug mit etwa 7 m hoher, hydraulisch geliftteter Plattform mit einem 4500-l/min-Wasserwerfer.

Drehleitern stellt Ward LaFrance ebenfalls her mit Arbeitshöhen von 23 bis 30 Meter, hinten oder in der Fahrzeugmitte aufgebaut. Je nach Gewicht sind die Leiterfahrzeuge Zwei- oder Dreiachser. Gelenkmastfahrzeuge mit Arbeitsbühnen am Kopf, kleinere Löschfahrzeuge und Teleskop-Wassertürme werden auch gebaut. In der Hauptsache aber stellt Ward LaFrance heute schwere Transportfahrzeuge für die US Army sowie Kipper bis zu 80 t her.

■ Oben: ***1973er Ward LaFrance Löschfahrzeug des Orbisonia-Rockhill Fire Department in Pennsylvania, USA.***

■ Unten: ***International 2010A/Ward LaFrance Tanklöschfahrzeug von 1973 mit 4500 Liter Wasser an Bord.***

WESTATES

Die Westates Truck Body Inc. – nicht zu verwechseln mit der Firma Western States – nahm ihre Geschäfte 1956 in Redwood City, Kalifornien, auf und produzierte anfänglich nur Lastwagenaufbauten. In den frühen 1960er Jahren entstanden die ersten Feuerwehraufbauten, in Auftrag gebeben von der California State Division of Forestry. Schwere Feuerlösch- und Rettungsfahrzeuge gehören seither zum Programm.

1969 bezog Westates neue Betriebsräume in Menlo Park, Kalifornien, und 1983 erfolgte abermals ein Umzug, jetzt nach Woodland. Als Besonderheit hatten die von Westates gebauten Tanklöschfahrzeuge in den späten 1970er Jahren geteilte Wasserbehälter mit der Leiter im Raum dazwischen.

Tanklöschfahrzeug	
Baujahr	1986
Motor	6-Zyl. Diesel
Leistung	350 PS
Getriebe	Handschaltung
Besonderheit	6800-l/min-Pumpe

■ Oben: ***1985er Ford L8000/Westates Tanklöschfahrzeug der Feuerwehr von Getchell, Washington.***

■ Links: ***Duplex D350/Westates Tanklöschfahrzeug von 1984 in Antloch, Kalifornien.***

■ Links: ***1983 gebauter Ford C/Westates mit 4500-l/min-Pumpe des Skagit County Fire District, La Conner, Washington.***

Durch diese und andere Innovationen sicherte sich Westates eine gute Position auf dem Markt. Beim Zuschneiden der Karosseriebleche verwendete man schon früh die Lasertechnik.

Der jüngste Westates vom Typ L2000 ist modular aufgebaut und kann wahlweise als Tanklöschfahrzeug, Drehleiter oder Gerätewagen geliefert werden.

■ Links: ***1986er International S2674 mit Aufbau von Westates. Der Tank fasst 3400 Liter Löschwasser, die Pumpe schafft 6800 l/min.***

WESTERN STATES

■ Unten: ***Autocar/Western States Löschfahrzeug Baujahr 1989 des Lebanon Fire District, Oregon, mit 6800-l/min-Vorbaupumpe.***

Die amerikanische Firma Western States Fire Apparatus Inc. in Cornelius, Oregon, hieß ursprünglich Neep Fire Equipment und stellte Brandschutzgeräte her, ehe 1941 der erste Aufbau eines Feuerwehrfahrzeuges vorgenommen wurde. Weitere Fahrzeuge folgten, und als Gloyd Hall das Unternehmen Ende der 1940er Jahre erwarb, bekam es seinen neuen Namen: Western States Fire Apparatus.

In vermehrtem Umfang entstanden große Lösch- und Tanklöschfahrzeuge, viele auch mit Vorbaupumpen anstelle der in dennUSA üblicherweise mittschiffs montierten. Bis heute wurden etwa 1200 Fahrzeuge gebaut, von denen die meisten in die nordwestlichen US-Bundesstaaten geliefert wurden, aber auch nach Texas, Kalifornien oder Wyoming. Western States Feuerwehrfahrzeuge wurden auch nach Kuwait exportiert.

■ Oben rechts: ***1975er Seagrave/Western States 6x4 Tanklöschfahrzeug mit Wasserwerfer und allen Bedienungsorganen an der Fahrzeugfront.***

■ Rechts: ***1981 gebauter Spartan mit Western States-Aufbau und ebenfalls vorn montierter Löschpumpe.***

■ Oben: ***Ford F800/Western States mit Vorbaupumpe des Skagit County Fire District, Birdsview, Washington/USA.***

WHITE

Die Brüder Thomas, Rollin, Windsor und Walter White bauten 1900 in Cleveland, Ohio, ihren ersten Dampfwagen. 1909 entstand das erste Auto mit einem Benzinmotor. 1916 erfolgte die Gründung der White Motor Company; sie bestand bis 1988, als White mit GMC und Volvo fusionierte (Volvo-White Truck Corp.). Zuvor waren die Nutzfahrzeugfirmen Stirling (1951) und Autocar (1953), Freightliner (1963-77) und Diamond-Reo (1975) dazugekommen. Auf White- bzw. Volvo-White-Fahrgestellen wurden in den USA viele Feuerwehrfahrzeuge diverser Kategorien aufgebaut, ehe die Marke 1995 von der Szene verschwand, nachdem sie für Volvo und GM keine Bedeutung mehr hatte.

■ Oben: ***1991 gebautes Volvo-GMC-White/Anderson Tanklöschfahrzeug in British Columbia.***

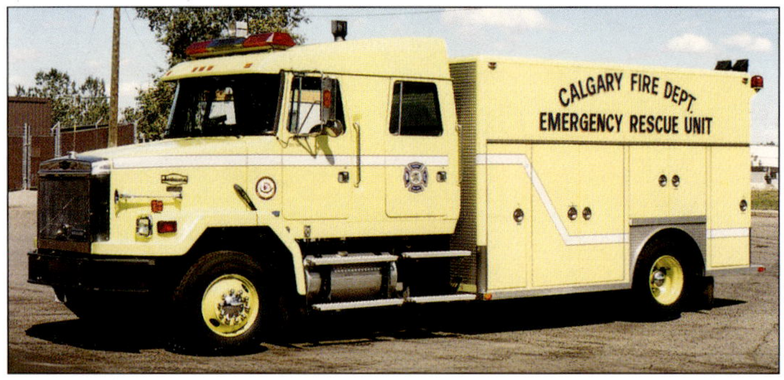

■ Links: ***Gerätewagen Volvo-GMC-White/ Autocar/Computer Log von 1990.***

Tanklöschfahrzeug	
Baujahr	1975
Motor	V6-Zyl. Benzin
Hubraum	6,0 Liter
Getriebe	5-Gang Handschltg.
Besonderheit	Allradantrieb

■ Links: ***1986 gebauter White/ Marion, speziell für den Einsatz bei Chemie- und Gift-Unfällen eingerichtet, im Fuhrpark der Feuerwehr von Reno, Nevada/USA.***

WEITERE FABRIKATE

Waterous

Die Waterous Company wurde 1886 in St. Paul, Minnesota/USA von den Brüdern Waterous gegründet, die Dampfspritzpumpen zur Montage auf Pferdewagen und andere Löschgeräte herstellten. Mit ihren Dampfpumpen hatten die Waterous Brothers großen Erfolg, und 1898 bauten sie die erste Benzinmotor-Löschpumpe Amerikas, aber noch immer auf einem Pferdewagen. 1906 entstand ein Feuerwehr-Motorfahrzeug mit zwei separaten Motoren für Antrieb und Pumpe, ein Jahr später mit nur einem Motor in Kombination. Komplette Feuerwehrfahrzeuge wurden bis 1929 gebaut, danach konzentrierte sich die Firma Waterous auf Löschpumpen-Technologie, die sie weltweit zu vermarkten verstand. Waterous-Pumpentechnik hat sich inzwischen in ganz Nordamerika und auch in vielen anderen Ländern durchgesetzt.

Wawrzaszek

Die Firma Wawrzaszek in Bielsko-Biala, Polen, stellt Feuerwehr- und Unfallrettungsfahrzeuge aller Art her, Lösch- und Tanklöschfahrzeuge, Drehleitern, Fahrzeuge mit Gelenkmasten und Arbeitsbühnen, Geräte- und Rettungswagen. Für zahlreiche Industrie-Feuerwehren hat Wawrzaszek Spezialfahrzeuge angefertigt. Es werden Fahrgestelle diverser Hersteller verwendet.

YOUNG

1932 gründete der Amerikaner Alan Case in Buffalo, New York, die Firma Cayasler, eine Fabrik zur Herstellung von Feuerwehrwagen, die 1944 in Young Fire Equipment Inc. umbenannt wurde und bis zum Jahr 1991 bestand.

Unter der Marke Young wurden etwa 2000 Fahrzeuge gebaut. In den letzten Jahren ihrer Existenz entstand der Young Crusader mit 22,5-m-Hydraulik-Gelenkmast, ferner ein in mehreren Exemplaren hergestelltes Tanklöschfahrzeug mit Falttüren, die sich über Pneumatik öffnen und schließen ließen.

■ Oben: ***Beim Mt. Jackson Fire Department, Shenandoah County, Virginia, steht dieser 1989er Young Cruisader II mit vorderem Saugrohranschluss im Dienst. Die in der Fahrzeugmitte eingebaute Löschpumpe fördert 5700 l/min, der mitgeführte Wasservorrat beträgt 2270 Liter.***

■ Unten: ***2002 gebauter MAN/Ziegler 8x8 als Schaumlöschfahrzeug auf dem Flughafen Stuttgart.***

ZIEGLER

In Giengen, Württemberg, etablierte sich 1890 Albert Ziegler als Hersteller von Feuerlöschgerät, hauptsächlich Schläuchen. Den Aufbau kompletter Feuerwehrfahrzeuge begann man bei der Firma Ziegler jedoch erst 1953; das erste Fahrzeug war ein Opel Blitz 1,75 t in der deutschen Löschgruppen-Konfiguration LF8. Weitere Löschfahrzeuge folgten, ab 1963 auch mit Diesel- statt Benzinmotor. Ziegler-Fahrzeuge gingen an Wehren in ganz Europa.

Ein erstes Flughafen-Tanklöschfahrzeug lieferte Ziegler 1969 nach Kopenhagen. Jetzt waren bereits Rettungsfahrzeuge, auch Drehleitern und Rüstfahrzeuge aller Größen im Programm. Die Herstellung von Pumpen, Schaum- und Trockenlöschern sowie anderen Geräten fand ebenfalls einen kontinuierlichen Ausbau. Heute darf sich Ziegler als Deutschlands größter Hersteller von Brandschutzgeräten bezeichnen; Kunden sind Wehren in mehr als 70

Ländern. Zu den jüngsten Fahrzeugmodellen gehört der VRW für den Erstschlag ebenso wie das schwere FLF 60/Z8 in 8x8-Ausführung. Der VRW basiert auf einem Mercedes 412D 4x2 mit 122 PS starkem Fünfzylindermotor oder einem Chevrolet 4x4 Suburban K 2500 V8 250 PS, wird als leichtes Löschfahrzeug geliefert oder als Geräte- und Generatorwagen. Beim FLF 60/Z8 handelt es sich um einen Flughafen-Schaumlöschwagen auf Basis MAN 38.1000 mit 38 t Gesamtgewicht; sein Zwölfzylindermotor mit Getriebeautomatik leistet 1000 PS, gut für eine Beschleunigung aus dem Stand auf 80 km/h in nur 20 Sekunden. An Bord befinden sich 12.000 Liter Wasser, 500 kg Trockenlöschmittel und 1500 Liter Schaumkonzentrat. Die Ziegler-Pumpe schafft bis zu 7000 l/min, der Wasserwerfer auf dem Dach 5000 l/min, die Spritze an der Fahrzeugfront 1000 l/min. Beide können von der Fahrzeugkabine aus ferngesteuert werden. Ziegler baut auch Drehleitern wie die DLK 32/12 auf dem Chassis des Mercedes-Benz Atego 1528 oder MAN 15.264, ferner den Bronto Skylift Hydraulikmast F32 MDT mit Arbeitsbühne auf Mercedes-Benz Atego 1828 oder MAN 18.264.

VLF 24/12	
Baujahr	2002
Motor	6-Zyl. Diesel
Leistung	240 PS
Getriebe	Handschltg. oder Autom.
Besonderheit	Erstschlagfahrzeug

■ Oben links: ***MAN 14.254/Ziegler Tanklöschfahrzeug 16/25 4x4, gebaut 2002.***

■ Oben rechts: ***1971er 2,1 t Opel Blitz Gerätewagen mit Ziegler-Technik der Freiwilligen Feuerwehr von Bad Nauheim.***

■ Links: ***Die Feuerwehr der westfälischen Stadt Lüdenscheid besitzt diesen Mercedes-Benz 1019/Ziegler für Mannschaft und Geräte.***

WEITERE FABRIKATE

ZIL

Die Zavod Imieni Lichacheva, kurz ZIL, in Moskau ging aus der Marke ZIS hervor und baut seit 1942 auch Lastwagen. Feuerlöschfahrzeuge entstanden zunächst auf dem 4x4-UAZ-Chassis 450A, ab 1957 als ZIL bezeichnet. Die ZIL-Feuerwehrfahrzeuge 130 und 150 waren in allen Ländern des Ostblocks vertreten, sie hatten einen 95 PS leistenden Sechszylinder-Benzinmotor und eine 1800-l/min-Löschpumpe. Der Tank des ZIL 130 fasste 2100 Liter, der des 150 2150 Liter Wasser. Einige in Raffinerien stationierte Fahrzeuge wiesen eine Schaumlöschanlage auf. Ein besonders schwerer ZIL war der dreiachsige Typ 131 6x6. Auf seinem Chassis thronte eine in der Sowjetunion gebaute 30-m-Drehhleiter vom Typ AL-30.

ZIL-Tanklöschfahrzeuge fanden später auch ihren Weg in andere Staaten, zum Beispiel in den Iran, nach Ägypten und in etliche Länder Afrikas.

STICHWORTVERZEICHNIS

BILDNACHWEIS